政治学王冠上的宝石

——建设社会主义核心价值体系

岳德常　著

黄河水利出版社
·郑　州·

内 容 提 要

当今人类政治过程问题丛生，当政者们面对着战乱、经济危机和生态灾难等堆积如山的各种难题，焦头烂额，血指汗颜，束手无策。其之所以如此，原因就在于流行的政治学话语体系只注意到自由、民主、人权等浅层次目标，没有发现问题的根源在于社会价值体系的发育不全；不能正确地提出问题，当然也就无法找到解决问题的方案。幸运的是，在坚持中国特色社会主义道路的伟大实践中，中国共产党人突破了流行的政治学理论话语体系的遮蔽，发现了社会价值体系中的问题，提出了建设社会主义核心价值体系的新目标，构建了一套新的话语体系，所以就能站在政治学理论发展的最前列，为人类找到走出困境的出路；做好了这件事情，中华民族自然也就摘取了政治学王冠上的宝石，为人类文明做出了一项新的贡献。

图书在版编目（CIP）数据

政治学王冠上的宝石 ：建设社会主义核心价值体系 / 岳德常著. -- 郑州 ：黄河水利出版社，2015.1

ISBN 978-7-5509-1023-2

Ⅰ. ①政… Ⅱ. ①岳… Ⅲ. ①社会主义建设模式－研究－中国 Ⅳ. ①D616

中国版本图书馆 CIP 数据核字(2015)第 033424 号

出 版 社：黄河水利出版社

地址：河南省郑州市顺河路黄委会综合楼 14 层　邮编：450003

发行单位：黄河水利出版社

发行部电话：0371-66026940、66020550、66022620(传真)

E-mail：hhslcbs@126.com

承印单位：河南省瑞光印务股份有限公司

开本：720 mm×1000 mm　1/16　　印张：17

字数：260 千字　　印数：1—1500

版次：2015 年 2 月第 1 版　　印次：2015 年 2 月第 1 次印刷

定价：36.00 元

前　言

关于社会治理体系和治理能力现代化的问题是当今人类的共同问题，几乎所有的国家都面临着严峻的治理危机，究其原因，都可以归结为主导社会运行过程的价值体系的缺陷，或者说是发育不全。当今世界流行的西方那一套政治学理论本能地坚持着私有制价值体系，只注意到自由、民主、人权等浅层次问题，由于这一套话语体系的遮蔽，人们不能正确地提出问题，所以也就无法找到解决问题的方案，无法合理行动。由于主导社会运行的根本因素仍然处在人们的意识之外，人们在社会政治领域就无法进入自由王国，各国当政者们面对战乱、经济危机和生态灾难等堆积如山的各种难题，焦头烂额，血指汗颜，找不到解决问题的出路。

幸运的是，我们中国共产党人突破了西方政治学话语体系的束缚，提出了社会治理体系和治理能力现代化的目标，同时也发现了价值体系在社会运行过程中的作用，提出了建设社会主义核心价值体系的新目标，为人类找到了走出政治困境的路径。我们之所以能够做到这一点，首先是中国特色社会主义事业的伟大进程使我们在政治实践中面对着许多新情况、新问题，面临一系列尖锐矛盾和挑战，迫使我们深入查找这些问题的根源，从而认识到价值体系在社会运行过程中的主导作用；其次，我们有马列主义、毛泽东思想和中国特色社会主义理论的指导，又有中国优秀文化传统的长期积淀，这使我们能够超越西方政治理论的狭隘眼界，站在人类整体利益的立场上研究社会政治问题，从而有能力发现社会主义核心价值体系的存在，完成政治学理论范式上的突破，建设一套新的话语体系。

凡是读过徐迟的报告文学《哥德巴赫猜想》的人，都知道哥德巴赫猜想是“数学王冠上的宝石”。既然在数学的王冠上有一颗宝石，在政治学的王冠上也应当有一颗宝石。现在看来，建设社会主义核心价值体系就是政治学王冠上的宝石。由于历史的机缘，我们中国人站在了政治学理论发展的最前列，恰好处于摘取政治学王冠上的这颗宝石的有利地位，做好这件事情，将是我们中华民族为人类文明所做出的一项最最重大的贡献。

在不断推进社会主义核心价值体系建设的基础上，党的十八届三中全会又进一步提出了“推进国家治理体系和治理能力现代化”的问题。围绕这个问题，本人从这些年来所写的稿件中选取21篇，结集出版，希望能对这个问题的深入研究发挥一点积极作用。书名取自其中一篇为研究毛主席的《关于正确处理人民内部矛盾的问题》而撰写的文章，当时认为正确处理人民内部矛盾就是政治学王冠上的宝石，现在看来，要想正确处理人民内部矛盾，就必须有一个价值体系的转换提升，否则的话，人们就难以正确认识现实，也难以合理行动，当然也就难以正确处理人民内部矛盾。因而，建设社会主义核心价值体系才是政治学王冠上的宝石，毛主席当年就已经发现了这个问题，他说“世界观的转变是一个根本的转变”，现在应当是解决这个问题的时候了。

政治学是一门最古老的学科，同时也是一门最年轻的学科，它依然处于蓬勃成长的过程之中。中国特色社会主义的理论与实践使我们正好处于政治学理论创新的临界点上，所以我们就能够高屋建瓴，深入认识社会主义核心价值体系在社会生活中发挥作用的机制，找到正确处理人民内部矛盾的途径，进而对如何建设一个完善的社会政治制度形成全面的认识，建立一个把东西方文明的精华都包含起来的理论体系。在改革开放三十多年创造的物质基础和先进科技成果的基础上，我们中国人完全有条件做好社会主义核心价值体系的培育和建设工作，实现国家治理体系和治理能力的现代化，在社会政治领域进入自由王国。这样一来，我们也就可以摘取到政治学王冠上的这颗宝石，把无数古圣先贤所期待的和谐社会理想变成现实，实现中华民族伟大复兴的中国梦。

本人现在执教于黄河科技学院，这里有一个宽松的鼓励理论创新的科研环境，董事长胡大白先生和其他各位领导对本书的编辑出版工作给予了大力支持与鼓励，在此谨致衷心感谢；岳紫园同志为本书提供了印刷费用，在此也谨致以衷心感谢。

2015年1月于黄河科技学院

目　　录

第一编

价值体系的高度决定政治文明的高度

价值体系：社会运行的序参量

苏联东欧社会主义政权的崩解是一本生动的历史教科书，透过整个事件过程的纷纭复杂的表面现象，我们看到的是社会主义和资本主义两种价值体系的较量。资本主义价值体系越来越强大，对社会主义制度的否定态度来势汹汹，步步进逼，逐渐占据优势地位；大量民众不再维护现存的体系，或者是保持缄默，从而有意无意地撤回了对现存体系的支持，最终使社会主义政权失去民意的支持而轰然倒塌。正是在这场巨大的历史事件中，历史女神撩开了她的神秘面纱，让我们看到了价值体系在社会运行过程中所发挥的重要作用。苏联社会主义政权的倾覆，源于社会主义价值体系的瓦解，我们对此必须高度重视，认真总结，提炼出一些有价值的东西来，也不枉历史付出的这一笔昂贵的学费。

历史的发展已经使越来越多的人认识到价值体系在社会生活中的重要作用，包括许多西方学者，虽然他们不是马克思主义者，但纷至沓来的历史事件和科学家的本能，使他们不可避免地接触到真理。被誉为一般系统论之父的贝塔朗菲说："作为最后一着，起决定作用的，总是价值体系、观念体系和思想体系。尽管一小批移民曾为美利坚合众国战斗过，但是创建这个强大帝国靠的还是观念。一种观念之所以使一帮被称为古代基督徒的微不足道的反叛者得胜，是因为他们的对手虽然还统治着世界，但是已经丧失了对它自己存在的基本观念。饥肠辘辘、衣衫褴褛的拿破仑军队，用观念和信心攻克了意大利和欧洲。我们没有任何理由设想这条历史法则已经变了。……如果生活的目的、指导的观念或生命的价值已经衰竭了，那么军事机器，包括最先进的超级炸弹也挽救不了我们。这是由历史变迁中得出的几个稳妥可靠的结论之一。"[①]

拉兹洛将这个决定社会运行的因素称为"文化信息库"，他说，"社会

[①][奥]贝塔朗菲．人的系统观[M]．北京：华夏出版社，1989：17．

系统是由人来运转的，但并不是处在任何个人的全面的和有意识的操纵之下。生产、消费和管理系统是按照作为社会成员的许多代人创立的传统准则在运行。个人极少能做出什么贡献来创造和改变这些准则，即使是那些身居高位的人，他们也发现自己行动的自由仅仅局限在由自己的地位或职务限定的特权和职责的范围内。

“对社会基本活动进行编码的那些准则的总和构成了一个基本信息库，它属社会全体成员所有。这个集体的信息库相当于社会的文化……如果社会的信息库（广义的“文化”）是赶上时代和合用的，那么生产和消费系统就能够恰当地发挥功能并把社会维持在它的环境中。所有必须有的流体都得到补充，所有基本的下层系统都得到修复或更新。社会是能支撑住的，人与人都能和睦相处并同他们的环境保持平衡。反之，如果社会不能补充那些流体，不能修复或更新它的下层系统，社会就是危机的不稳定的，或者说处在一个突变分叉点上。在这种不稳定和不能支撑的状况下，社会成员就必须改进与改变他们的文化形态，即他们集体的信息库，使它现代化。他们要么竭力渡过难关，建立起一种新的有效的社会、经济和政治的组织模式；要么他们的社会陷入无政府状态，甚至可能会分崩离析，一片混乱，成了比较稳定和强大的敌国可以轻易掠夺和吞并的对象。”①

协同学的创始人哈肯把他在自然科学上的研究成果外推到社会学中来，他把社会舆论称为“序参量”（order parameter即控制秩序的参量），它在整个社会的自发的自组织过程中，决定了社会演化和社会行为。他说：“政治制度……无非是一种以国家形式表现的舆论而已。”②“流行的舆论起着序参量的作用，它支配着个人的意见，强制形成一种大体上是一致的舆论，借以维持其自身的存在。”③

当代资产阶级政治家们对思想意识、价值体系的制导作用是看得很清的，比如布热津斯基就曾这么说，“说到底，动员人们采取政治行动并从而塑造世界的正是思想。这些思想既可以是简单的，也可以是复杂的；好的或坏的；可以充分理解的或只能本能地感觉到的。有时候，这些思想会被

①[美]拉兹洛．进化——广义综合理论[M]．北京：社会科学文献出版社，1988：104.
②[德]赫尔曼·哈肯．协同学：大自然构成的奥秘[M]．上海：上海译文出版社，1995：160.
③同上，148.

具有超凡魅力的人物表达出来；有时候只不过流传盛行罢了。我们正处在全球政治觉醒的时代，因此，政治思想大概会越来越重要，它要么成为精神凝聚力的源泉，要么就是混乱之源；要么成为达成政治共识的基础，要么就是冲突的祸根。”[①]所以他们专心致志地运用思想武器来搞垮社会主义政权，这正是他们的过人之处。他们资助戈尔巴乔夫的改革，办针对苏联东欧人民的广播电台，同苏联东欧做生意，开展科技文化交流，等等。这些都包含着用西方的价值体系影响苏联东欧人民的企图，这并不是什么秘密。尼克松说：“我们应当充分运用作为西方文明基本特点的精神和文化价值观的影响。”[②]“苏联需要同西方接触……当他们打开门，取他们想要的东西时，我们应当把尽可能多的真理送过去”。[③]西方政治家们诉诸人的基本需要和本能，采取种种手段来影响、塑造和改变社会主义国家的人民，被塑造和改变的人们便以为西方的经济政治制度就是天然合理的，是符合人的本性的。另一方面，在社会主义国家的人民群众中，其发展水平参差不齐，有那么一部分人很容易接受西方那一套价值体系，他们以为放纵情欲、物欲便是人的自由，谁要是想让他讲理想、讲道德，进入更高的发展层次，便是不民主、不人道。在演变的过程中，接受西方价值体系的人越来越多，由量变到质变，成为制导社会发展方向的主要因素，在它的制导下，社会便不可避免地趋向资本主义，社会主义制度便不可避免地崩溃了。用协同学的话来说，“看来革命之前总是出现不稳定，也就是大量民众不再维护或不再坚决地维护现存的体系。此外还有相互的易感性和相互的影响……对统治体系的否定态度以排山倒海之势而来。这种猛烈的来势更以现存体系的支持者越来越自我孤立和缄默而加强”。[④]

尽管这些学者和政要们的专业领域各不相同，所用的术语也不一样，但他们都得出或是支持这么一个结论：价值体系是社会运行过程中的序参量。

其实，强调价值体系在社会生活中的重要作用，并不是什么新见解。

[①][美]兹比格涅夫•布热津斯基．大失控与大混乱[M]．北京：中国社会科学出版社，1995：2．
[②]辛灿．西方政界要人谈和平演变[M]．北京：新华出版社，1989：31．
[③]同上，18．
[④][德]赫尔曼・哈肯．协同学：大自然构成的奥秘[M]．上海：上海译文出版社，1995：168．

《共产党宣言》中说，“任何一个时代的统治思想始终都不过是统治阶级的思想。”[①]这也就是说，一个阶级的价值体系在社会上占了支配地位，也就维持着这个阶级在社会中的统治地位；毛主席也说过，凡要推翻一个政权，总要先造舆论，革命的阶级是这样，反革命的阶级也是这样。正因为如此，共产党人历来重视意识形态，注意用共产主义思想宣传教育发动人民群众，社会主义运动的不断深入便是这个宣传教育不断深入的过程；奇怪的是，夺取政权后，共产党的一些败家子却忘记了这项工作的重要性；舆论这个武器反过来却被西方资产阶级的政治家运用来对付社会主义国家，在苏联东欧的剧变过程中，他们的舆论宣传工作做得如此成功，以至于在社会主义制度中生活的许多人对西方社会的那一套价值体系趋之若鹜，而社会主义国家的领导人却懵懵懂懂，不知利害，没有一点招架之力，完全不是一个档次的对手，稀里糊涂地丢掉了社会主义政权。

总结苏联东欧剧变的历史教训，我们认为，共产党人只有始终抓好人民群众的教育工作，保持社会主义核心价值体系在社会生活中的主导地位，才能把社会运行过程稳定在社会主义的轨道上。在此基础上，我们才能正确处理社会主义历史时期的一系列重大的理论与实践课题。

一、关于历史必然性问题

长期以来，人们对历史必然性的理解形成了一个误区，似乎人们只要有充分的耐心等下去，便可以像看戏一样看到最后的结局。事实并非如此，在历史舞台上，每一个人都是演员，不论是主角还是配角，人们的选择都对历史过程发生着一定的影响作用。是走向更高层次的文明阶段，还是走向毁灭，历史的发展取决于每一个人的选择；尽管单个人的选择是微不足道的，但错误的选择一旦形成气候，便会把越来越多的人吸引过来，形成气候，进而决定历史的方向。因而并不存在一个绝对的、机械的历史必然性，真善美一定会战胜谬误和邪恶，作为最终结果，我们应当有这个信心，但向这个最终结果奋斗的过程却是一个曲折的过程，在某些时候，谬误与邪恶也能占上风。作为个体，人会犯错误；作为集体，社会也会犯错误。

[①]马克思恩格斯选集：第 1 卷[M]．北京：人民出版社，1995：292．

而且，同个人一样，社会一旦在犯错误的路上开了头，也会一路错下去。

马斯洛说："我越来越相信对自身幸福的熟视无睹是人类罪恶、痛苦以及悲剧的最重要的非邪恶的起因之一。我们轻视那些在我们看来是理所当然的事情，所以我们往往用身边的无价之宝去换取一文不值的东西，留下无尽的懊恼、悔恨和自暴自弃。不幸的是，妻子、丈夫、孩子、朋友在死后比生前更容易博得爱和赞赏。其他现象，如身体健康、政治自由、经济富强等也是如此。它们的真正价值只有在丧失后才被认识到。"[①]当人们长久地生活在社会主义制度之中的时候，逐步淡忘了先辈们为了社会主义制度是如何奋不顾身地奋斗的，他们没有经历过旧社会的苦难，也就体会不到新制度的优越性，满眼看到的都是新制度的弊端；必须马上丢掉它才能称心如意；后来的领导人看不到以前的领导人是在什么样的历史条件下艰苦奋斗才打下这份基业的，只看到前人的失误，不惜以否定前人来抬高自己，从而主动地为否定社会主义制度而打开大门。还有一些掌权者肆无忌惮地巧取豪夺，挖社会主义的根基，他们争先恐后，唯恐自己吃了亏，还有大量的官僚主义、铺张浪费。俗话说，成家好比针挑土，败家犹如水洗沙，社会的兴衰也是同样道理。尽管社会主义家大业大，但也还是经不起大批蛀虫的啃咬，在这种心腹之患的威胁下，苏联东欧的社会主义政权的垮台就只是一个时间问题了。

协同学的创始人哈肯在研究各类不同系统在相变时的性质，发现它们在相变过程中，其众多状态变量中有的起作用大些，有的起作用小些；起作用大的变量不仅决定了系统相变的特点和性质，而且决定了其他变量的变化。他发现，只要分析清楚了这些变量的演化规律，其他变量的演化规律也就随之了解了。哈肯对这类现象加以总结，提出了"支配原则"："支配原则认为任意系统的状态可由多个变量描述时，其中必然存在少数几个随时间变化慢的变量，它们被称为慢变量也即序参量；而其余随时间变化快的变量，被称为快变量。慢变量的变化决定了系统的相变，而快变量如何变化却与相变无关；快变量本身的变化要受到少数慢变量的支配。"[②]社会是一个大系统，从一种社会制度向另一种社会制度的转变，也就是哈肯

[①][美]马斯洛．动机与人格[M]．北京：华夏出版社，1987：192．
[②]姜璐、王德胜．系统科学新论[M]．北京：华夏出版社，1990：108．

所说的“相变”，他所说的支配原则在这个领域里也是适用的。所谓序参量，或者“支配原则”，其实也就是毛主席在《矛盾论》中所说的“主要矛盾”，“研究任何过程，如果是存在两个以上矛盾的复杂过程的话，就要用全力找出它的主要矛盾。捉住了这个主要矛盾，一切问题就迎刃而解了。”[①]

有了这么一个抓主要矛盾的思想方法，我们就要思考，在社会主义制度的运行过程中，什么是主要矛盾呢？透过苏联东欧演变的整个事件过程的纷纭复杂的表面，我们看到，社会主义和资本主义两种价值体系的较量就是主要矛盾，不是东风压倒西风，就是西风压倒东风。大国之间的博弈不仅发生在战场上，同时也发生在意识形态领域。

在社会价值体系出现混乱的情况下，人们不知道什么是珍贵的、美好的，把那真正有价值的东西弃若敝屣。而只有当人们失掉它时，当人们生活在失业饥饿混乱动荡的威胁之下的时候，他才能回想起社会主义制度的好处。还是用马斯洛的话来说吧，“对这类人，特别是那些对实践没有热情、死气沉沉、意志薄弱、无法体验神秘感情、对享受人生和追求快乐有强烈抵触情绪的人，让他们去体验失去幸福的滋味，从而能重新认识身边的幸福，这是十分必要的。”[②]然而这个代价是否太惨重了？要知道，社会制度可不是一件想穿就穿、想脱就脱的外套。

二、关于政治与经济的关系问题

在不少人的头脑中暗含着这么一个假设，只要生产力发展起来了，社会便可自然地进入新的轨道。有很多事例说明，这个假设是有问题的。特别是苏联东欧的剧变，向人们揭示了这样一个事实，即使是在生产力已经相当发达而且是在共产党领导的名义下，资本主义的那一套价值体系仍然有可能发展起来，把社会导向资本主义。

并不存在纯粹的经济过程，经济总是与政治融合在一起的。不是用共产党人的价值体系来组织社会生活，便是用资产阶级的价值体系来组织社会生活。认为存在着纯粹的经济过程，实际上是资产阶级的偏见，如果共产党人接受了这种偏见，就会对经济运行过程中所包含的资本主义价值体

[①]毛泽东选集：第一卷[M]．北京：人民出版社，1991：322．

[②][美]马斯洛．动机与人格[M]．北京：华夏出版社，1987：83．

系丧失警惕，为其泛滥发展最终冲垮社会主义政权埋下种子。毛主席曾说过，“林彪一类如上台，搞资本主义很容易”，其原因就在于，资本主义的价值体系在社会生活中是一个天然的存在，并不需要特别倡导，哪怕是人们也在口头上高喊着要反对它，只要不认真地改造它，它就仍然在社会经济运行的过程中不断滋长起来，资本主义的复辟就仍然是一个必然的过程。因此，无产阶级夺取政权后，就必须对社会进行一个脱胎换骨的改造，要把社会主义核心价值体系灌输到社会经济运行过程中去。

市场经济与生俱来地包含着资本主义价值体系，我们无法把两者分开，在与它打交道时，就必须多一个心眼。一方面，我们要利用市场经济来发展经济；另一方面，又必须驾驭它，把它所造成的危害控制在适度的范围内。要做好这件事情，作为执政党，我们就必须在价值体系上达到社会主义核心价值体系的高度，站得高才能看得清、看得远，不被表面现象和眼前利益所迷惑，明智地驾驭市场经济，用“看得见的手”来驾驭那只“看不见的手”，这才是社会主义市场经济。但这种驾驭过程毕竟是一件劳心费力的事情，我们要想从这种繁重的任务中解放出来，那就必须在发展生产力的同时，培育社会主义核心价值体系，使之渗透到经济过程中去，逐步形成一种新的经济运行模式，逐步取代斯密的那只“看不见的手”。我们相信，在社会主义核心价值体系的支配下，在人性发展的较高水平上，人们不再是在生存的自然必然性强制压力下劳动，社会经济过程将会消除资本主义经济过程的各种弊端，运行得更好。

任何一个社会都必须抓好经济建设，这是不言而喻的事情，人民生存出了问题，任何政权都不能保持稳定；社会主义也一样，也必须把发展生产力作为中心，但仅有这一手还是不够的，如果不注意保持社会主义价值体系在社会生活中的支配地位，经济过程就不能稳定地运行在社会主义轨道上。即使像苏联那样生产力获得了巨大的发展，一度成为可以与美国在世界上争霸的超级大国，也依然是不稳定的，最终沦为被西方国家任意掠夺欺凌的对象。因而，精神文明建设这一手绝对不能软。尼采说：“人需要一个目标，人宁可追求虚无也不能无所追求。”[①]对于社会主义社会的管理

[①][德]尼采．论道德的谱系[M]．北京：三联书店，1992：76．

者来说，必须关注人们的精神追求，把人们的追求引导到与社会整体利益相协调的方向上来。“任何一个社会为了自身的生存，都必须以某种方式塑造其成员的性格，从而使他们能够自觉自愿地去做他们不得不做的事情；他们的社会职能必须内化，转变为渴望去做某些事情而不是非得做某些事情不可。一个社会不能容许人们偏离这一模式，因为如果这种‘社会性格’丧失了它的凝聚力和稳定性，许多个人的所作所为就不再符合社会的希望，而社会在一定形式中的生存就会受到威胁。”[①]作为社会主义社会，如不培养与之相适应的“社会性格”，反过来纵容另一种“社会性格”的发展，这就必然会把私有制社会的种种弊端带到社会主义制度中来，在这种情况下，想保持社会主义政治的稳定，就必然是可望而不可得；想保持社会主义经济的稳定，也只能是一厢情愿。

由此可见，社会运行过程也像人造卫星一样，存在一个制导系统，这便是社会价值体系。共产党人要建设社会主义，就必须控制住这个制导系统，不然就会大权旁落。生产力的发展是社会进步的动力系统，它与制导系统必须配合起来，倘若生产力很先进，但制导系统跟不上，卫星便无法进入预定轨道；反过来，即使有很精确的制导系统，却没有强大的动力，卫星也无法进入轨道。搞社会主义就像造卫星一样，要想使社会进入社会主义轨道并稳定下来很难，而要搞资本主义则很容易，放手让资本主义的一套价值体系发展起来就可以了。当年的戈尔巴乔夫也曾宣称什么“全人类的价值”，敷衍应付那些希望走社会主义道路的人民群众，给资本主义发展提供时间，等到资本主义经济基础和意识形态发展到位了，大势所趋、无法可救的时候再把底牌亮出来，人民群众明白过来时已经晚了，苏联已经不存在了。经过戈尔巴乔夫和叶利钦的改革，留下了一个饱受创伤的俄罗斯。破败的经济图景，羸弱的国力，使得苏联的强大成了昨天的记忆。然而市场经济的大方向已经牢牢确立，俄罗斯所面临的已不再是在共产主义和资本主义之间进行选择，而是在两种资本主义之间进行选择：是要一种能够推行法制的自由资本主义，还是要那种官僚和裙带资本主义。

[①][美]弗洛姆．精神分析与禅宗[M]．贵阳：贵州人民出版社，1988：141．

三、关于阶级斗争与价值体系问题

在社会主义历史时期，社会进步与倒退的战场已不再是过去的那种阶级斗争了，这个战场现在转到了人们的心灵深处，阶级地位已不足以决定人们的立场了，决定人们政治立场的是人们的价值体系。即使是在工人阶级内部，其思想观念也会发生蜕变。所以，笼统地说要依靠工人阶级，已经成了没有意义的废话，工人阶级也会出现分化，包括其先锋队共产党内也会出现腐败。摆在我们面前的实际问题是，如何在党内和工人阶级内部培养社会主义核心价值体系，抵制资本主义价值体系的侵蚀。只有把这项工作想明白了、做好了，共产党人才能抓住主要矛盾，在西方的和平演变战略面前掌握主动权。

在社会主义时期，彼此对立的两种价值体系此消彼长，两头小，中间大，形成了一场拉锯战，哪一头能取得居于中间的人民群众的支持，哪一头就能取得最后胜利；社会主义事业要取得人民群众的支持，就必须两手抓，一方面不断发展生产力，满足人民群众的物质需要，另一方面还必须用社会主义核心价值体系来引导人民群众。社会主义的根本目标就是要做好人性的引导工作，运用执政权为社会主义核心价值体系的成长创造经济的、政治的和文化的条件，将人性中健康向上的潜在倾向发挥出来，把人们引向更完美的发展。这项工作做不好，人民群众便会一边吃肉，一边骂娘，对共产党有意见。资产阶级和西方敌对势力时时刻刻地与共产党人争夺人民群众，他们诉诸人的低层次欲望，用民主自由的空话来欺骗人民群众，千方百计地把社会主义国家的价值体系搞乱。为避免这种局面，共产党人就必须运用执政权力搞好价值体系建设，引导人性健康向上，正确处理人民内部矛盾，在矛盾刚出现时就要进行引导，把它控制在人民内部矛盾的范围内，不能让它发展起来，走向极端，形成敌对矛盾，酿成亲痛仇快的悲剧。要像老子所说的那样，“图难于其易，为大于其细”，在社会价值体系的引导上取得主动权。

任何一种学说，只有赢得人们的真诚信仰，才能在社会上站住脚，儒家学说与各种宗教是这样，共产主义理论也是如此。众所周知，如果没有无数老一辈共产党人的真诚信仰、不惜流血牺牲，就不会有今天的社会主义制度。共产主义理论在那时具有征服人心的力量，是因为它为在黑暗中摸索的人们指明了生命的意义；对于今天的人们来说，要想使共产主义受到人们的真诚信仰，它必须能为人们解决生活中的各种问题：生存与安全、归属感、社会尊重、自我实现等等。这样它才能渗透到社会生活中，成为社会大众的共同追求，才能具有生命与活力。共产党人之所以来到世界上，其目的就是要用社会主义核心价值体系改造世界，所以就不能让自己反过来被低层次的价值体系改造了，要生活化而不能世俗化。共产党人必须关心人民群众的生活，但这不是把人们的注意力集中到物质需要上来，而是要为人民群众摆脱资本主义价值体系、实现精神上的解放创造条件，让每一个人都能得到自由全面的发展。为此就必须使共产党人的价值体系渗透到社会生活中去，改造和提升社会生活，而不能让世俗的价值体系改造了共产党人，共产党人必然与世俗化格格不入，这是判别真假马克思主义的一条标准。然而这一点经常地被人忽略，现实中确实有不少“共产党员”一边高谈理想，把理想抬高到在实际生活中可望而不可即的程度，一边在实践中奉行着自己在口头上予以挞伐的价值体系，用最纯洁的理想掩盖着最粗俗的目的，我们的古人称这种口言善而身行恶的人为“国妖”，亡党亡国，必然是从这种人开始的。

成为一个人是多么可贵的事。如果作为一个人而不知利用其有利条件追求更完美的境界，不知珍惜生命，任意挥霍，让邪恶与情欲物欲牵住了鼻子，那就叫做暴殄天物。为什么有那么多的人置组织上的关心教育和党纪国法的惩戒于不顾，争先恐后地走上腐败堕落之路，关键是这些人没有真正地树立正确的价值体系，他们没有能力抵制不良风气和驾驭自身欲望，等到最后明白过来时，却已为时太晚。所以，社会主义应当研究人的价值体系的形成过程，实实在在地引导人们特别是党员和干部队伍真正地树立起社会主义核心价值体系，要因人制宜地进行引导教育，创造性地做好思想政治工作。

社会的进步与个性的进步是有机的整体，只在其中的一项上下功夫而不注意另一项的协同，就不可能在任何一项上取得真正的进步。苏联东欧社会主义政权的崩解告诉我们，一种新制度的建设如不同时伴随人性的更新与提高的过程，便必然会遇到麻烦；从一方面来看，离开了社会的进步，人性的进步便缺少了环境与基础而成为空中楼阁；从另一方面来看，离开了人性的进步，社会的进步则缺少动力。两者必须有机地结合起来，在实现对方的同时才有可能实现自身。所以，共产主义运动必须伴随一个普遍的精神解放的过程，通过唤醒人们对自身更高层次目标的追求，人们将会在心理上更健康，对自己的生活承担更大的责任，并进而联合起来，为自身的自由全面发展创造经济政治文化上的条件，在更大的程度上掌握自己的命运，在塑造自身的完美的同时也塑造出完美的社会。在社会的这种整体进步的过程中，人的自由全面发展就成了我们每一个人都可以达到的目标；这是共产主义运动为人们提供的终极关怀，同时也只有做到了这一点，共产主义作为一种新型的文明才能极大地繁荣起来。

四、西方文明已被牢牢“锁定”在资本主义的轨道上

价值体系尽管不是一个有形的物质实体，但它确实是一个客观存在，在社会生活中发挥着控制和导向的作用。有那么一个长期使人困惑的问题，那就是为什么无产阶级革命不是发生在生产力高度发达的资本主义的成熟阶段，而是发生在资本主义刚刚萌芽的俄国和中国，为什么资本主义国家生产力大大发展了，却没有发生社会主义革命。如果我们认识到价值体系在社会生活中的制导作用，这个问题就不再难于理解了。正是在资本主义刚刚诞生的时候，这些地方的资本主义价值体系还不稳固，社会向哪个方向发展的问题还没确定，在这种混沌无序的状态中，共产党人的价值体系还有可能乘虚而入，无产阶级还有可能夺取政权。一旦生产力发展起来了，资本主义价值体系也会随之而稳固下来，其运行得越有序，发生无产阶级革命的希望就会越渺茫。这种制度尽管有很多弊病，却难于改弦更张，因为更高层次的价值体系只能存在于学者的书斋里，难于取代在社会运行过程中的价值体系。现在，资本主义的价值体系制导着社会的运行，形成强大的引力场，彻底地改造社会生活的各个方面，不仅在他们自己的国内这么做，而且在国际舞台上也是如此，力图在国际交往中输出其价值体系，把其他国家也纳入自己的引力场内，这种趋势发展下去，就会形成一个天文学上所说的“黑洞”，把一切都毫不留情地吸进去。“尽管民主国家的意识形态是自由的，但那里的人民文化是单一的，几乎没有什么真正的多元

化。”[①]因而这个社会运行得越是稳定，其社会价值体系就越是单一，也就越是难于革新；所以就被牢牢“锁定”在资本主义的运行轨道上。这种稳定并不是好事，因为它会毁灭社会向更高层次进化的希望，各种矛盾不断积累，直至其彻底崩溃也找不到解脱的出路。历史就这样钻进了死胡同。

无知者无畏，西方人为了维护资本主义价值体系，无所不用其极，本来是在加速人类的毁灭，却还自以为是在捍卫人类的基本价值。他们的做法可以说是“盲人骑瞎马，夜半临深池”。有越来越多的人们清醒地看到了西方文明所面临的这种必然命运。正如《二十一世纪的警钟》的作者所说，“遍布全世界的不合理现象已达到空前的顶点。而且现代迫切要求处理和期待的问题之多也是前所未有的。与这些问题有关的人的数量已达到极其庞大的数字，相比之下，很多状况是不明朗和不稳定的，这也是空前未有的。根据现在的估计，我们无法应付的、甚至无法理解的庞大数量的重大问题，今后将会愈来愈多，愈来愈复杂。人类已为无法控制的力量的气势所压倒，正走在通向大灾难的道路上。”[②]且看西方国家的近来表现，可知此言不差；强大的军事力量处于非理性的掌握之下，为了军火商的利润，不惜把别的国家变成武器试验场，恃强凌弱，肆无忌惮。这种趋势发展下去，其结局肯定危险。布热津斯基也清醒地看到了西方文明所面临的困境，也认为产生这些问题的根源在于价值体系。他在《大失控与大混乱》一书中说：“我所论及的问题是棘手的、深深植根于长期历史潮流中的问题，解决这些问题首先需要对基本的政治和社会价值观念作深刻的重新评估。”[③]不过由于他极端敌视社会主义，不可能跳出资本主义价值体系的框框，所以我们没有看到他为解决这个问题提出了什么好办法。

五、共产党人的价值体系代表了全人类的利益

资本主义价值体系在苏联东欧国家的重新泛滥所带来的社会动乱和人生悲剧表明，它是把人们引向堕落、把人类引向毁灭的价值体系，这从反

[①][法]莫里斯·迪韦尔热．政治社会学——政治学要素[M]．北京：华夏出版社，1987：103.

[②][日]池田大作，[意]奥锐里欧•贝恰．二十一世纪的警钟[M]．北京：中国国际广播出版社，1988：221.

[③][美]布热津斯基．大失控与大混乱[M]．北京：中国社会科学出版社，1995，3.

面证明，唯有共产党人的价值体系是健全的、合理的，只有它才能保证个性的自由全面发展、社会的稳定进步，同时又保证地球生态系统的和谐安全，避免人类的自我毁灭。人类文明的进步必须摆脱私有制及其价值体系的枷锁，以适应环境变化和社会进步的需要。

共产党人在过去被说成是杀人放火、共产共妻的土匪，现在也还有人攻其一点不计其余，千方百计地必欲把社会主义政权搞垮才能睡个安稳觉。但如果客观地比较一下，那些真正的共产党人，如雷锋、焦裕禄、孔繁森，有谁能比他们更好。他们是人类历史上最完美的人，他们具有最高尚的道德。虽然这样优秀的人物在共产党内也不多，但他们代表历史的方向，代表人性所能达到的高度。然而也正是由于他们代表人类的方向，也就反衬出某些人的缺点甚至恶劣，所以他们也就最易招致那些价值体系不健全的人们的误解与嫉恨。所有的坏人都在反共的旗帜下团结起来，一方面，他们千方百计地用自己的一套价值体系来腐蚀共产党的队伍中的某些意志薄弱者，然后在另一方面，又用这些被拉下水的腐败变质分子作为口实来攻击共产党和社会主义政权。小人不欲成人之美，在日常生活中是这样，在两种价值体系、两种社会制度的冲突中也是如此。

社会主义社会的管理工作是一件太复杂的事情；要发展生产力，要防御自然灾害，要同外部敌对势力作斗争，还要改造社会政治、文化，同内部各种愚昧落后的倾向作斗争，同违法乱纪、贪污腐化、官僚主义作斗争。这不是因为共产党人好斗，而是因为要维护社会稳定发展，要维护人民的利益，就必须把这些事情全部做好。即使我们心怀仁慈，不再搞运动，可那些腐朽落后的敌对势力并不因此就受到感化，正像《东郭先生和狼》的寓言中所说的那样，狼总是要吃人的，绝不会因为获救而感恩不尽，它只要有机会就会按自己的本性行事。那些贪污腐败、坑蒙拐骗者和各种敌对势力只能按自己的本性行事，他们对社会主义事业和善良无辜的人们脸厚心黑，得寸进尺，步步进逼，无所不用其极。

在西方敌对势力咄咄逼人的攻势面前，共产党人必须保持清醒。在社会生活中培育、强化社会主义核心价值体系，这并不单纯是为了维护共产党的领导权，更重要的是因为，它代表了人类进一步进化的希望，唯有这种价值体系能够保证个性的自由全面发展、社会的稳定进步，同时又保证地球生态系统的和谐安全，避免人类的自我毁灭。

我们还必须注意到，由于资本主义价值体系的强化所引发的违法乱纪行为的膨胀会增加社会管理费用。据说，抓一个妓女的平均费用是 700 余元，要抓一个抢劫犯的平均费用是多少呢？抓一个贪污犯呢，改造一个吸毒者呢？这些都是要花钱的。如果听任各种违法乱纪行为源源不断地滋生出来，就会打开许多吞噬人民血汗的无底洞；进一步来看，要是社会管理层也被资本主义价值体系腐蚀改造了，尸位素餐，且不说他们对社会稳定所可能产生的各种破坏作用，单是他们自身队伍的膨胀，就会成为社会躯体日益不堪承受的重负。长此以往，无须来自外部的压力，其自身的重负就把社会压垮了。

由此可见，在资产阶级的价值体系不断强化的情况下，社会公共利益与贪婪腐败、各种愚蠢邪恶的冲突就会越来越尖锐激烈，想要回避是回避不了的。毫无疑问，这种趋势要是一直延续下去，要维护社会公共利益就越来越困难。所以，人们如要保持社会的稳定进步，就必须扭转资本主义价值体系不断强化的大趋势，不是仅仅在口头上坚持社会主义方向，而是要牢固地树立社会主义核心价值体系的支配地位，使之成为社会运行过程中的“序参量”，把党员领导干部和全体民众的行为都引导到健康向上的轨道上。只有做好了这件事情，才能消除矛盾产生的根源，才能最终消除资本主义复辟的可能性，实现老子所说的那种“无为而治”，使社会主义进入稳定发展的阶段。

动物的天性是不可改变的，而人性则可以因其所受的引导而变化。走向堕落与走向崇高都是人性中潜在的可能，社会主义的根本目标就是要做好人性的引导工作，运用执政权为社会主义核心价值体系的成长创造经济的、政治的和文化的条件，将人性中健康向上的潜能发挥出来，把人们从偏见中解脱出来，从造成社会分裂的各种纷争中解放出来，社会才有可能从愚蠢的个人私欲无限膨胀的侵害中解放出来，走向祥和、安宁与富足。

社会政治过程中的“路径依赖”

一、社会政治过程中存在一个“路径依赖”问题

举目望去，当今世界很不太平，社会政治过程都是在低水平上运转，各国政治过程无不陷入混乱之中，面对堆集成山的问题一筹莫展，得过且过，混一天算一天；也有一些人们认识到了问题的存在，力图救治，但是都没能真正解决问题，在社会政治过程中存在一个协同学上所说的“路径依赖”(path dependence)，把社会政治过程锁定在低水平上。

所谓的“路径依赖”，我看可以这样来对它进行形象地表述：很早的时候，我在街上围观过一种赌博性的游戏，老乡们称之为“打彩”，其装置不大，一个扁平的木箱，一边有一个把手，只要交上一毛钱，就可以使劲一拉那个把手，它往回一弹，便弹出一个小铁球，箱子上面是玻璃，可以看见它在箱子里滚来滚去，玻璃上面还摆着香烟、糖果，与之对应的箱底上有一些小洞，铁球滚到哪个洞里，就可以把玻璃上摆的那些东西拿走。可也奇怪，多少人都来碰运气，那小球就是不按人们所希望的走，最后都滚到箱子角落的那个上面啥也没摆的洞——人们称之为“茅缸”——里去了，于是乎围观者一片哄笑：又掉到“茅缸”里了。根据协同学的观点，那小铁球的运动轨迹有一个“路径依赖”，当它带着一定的惯性冲出来时，就只能沿着椭圆形的箱壁运行，待到其惯性力消失了，便由于自身重力,顺着倾斜的箱底滚到“茅缸”里了。

在社会政治过程中也存在这种“路径依赖”，比如说中国历史上的周而复始的治乱循环，人们也想了很多办法，力图避免重蹈前代人覆灭的命运，但防不胜防，最后都摆不脱这个历史的宿命。明代大儒方孝孺有一篇《深虑论》(《古文观止》卷十二)，总结思考了社会政治过程的诸多教训，他举例说“当秦之世，而灭诸侯，一天下。而其心以为周之亡，在乎诸侯之强耳，变封建而为郡县。方以为兵革可不复用，天子之位可以世守，而不知

汉帝起陇亩之中，而卒亡秦之社稷。汉惩秦之孤立，于是大建庶孽而为诸侯，以为同姓之亲，可以相继而无变，而七国萌篡弑之谋。武、宣以后，稍剖析之，而分其势，以为无事矣，而王莽卒移汉祚。光武之惩平，魏之惩汉，晋之惩魏，各惩其所由亡而为之备。而其亡也，皆出于所备之外。唐太宗闻武氏之杀其子孙，求人于疑似之际而除之，而武氏日侍其左右而不悟。宋太祖见五代方镇之足以制其君，尽释其兵权，使力弱而易制，而不知子孙卒困于敌国。”

这样的例子仍在继续，为争皇位，朱棣起兵攻入南京，叔侄之间拼了个你死我活，方孝孺本人因为拒绝为朱棣起草即位诏书而惨遭灭十族之祸，此后的明代政治在宦官专权和外戚专权之间来回倒腾。此外还有周而复始的吏治腐败，我们甚至可以说，中国封建社会史就是一部贪污腐败史。封建社会也反贪，朱元璋、雍正在反贪方面走在历代帝王的前列，他们大肆杀戮，血腥镇压，在他们的严厉惩处之下，贪污腐败虽有所收敛，但治标不治本；此外还有豪强兼并、军阀混战，如此等等。人们在政治舞台上争来斗去的目的也无非是要争权，即奴役和剥削民众的权力。民众的命运始终是悲惨的，也就是那首曲子所说的“伤心秦汉经行处，宫阙万间都做了土。兴，百姓苦；亡，百姓苦。”两千多年的社会政治运行过程走不出这个怪圈，老在低水平上重复着。这便是毛泽东当年与黄炎培所谈到的“历史周期率”，每个朝代一开始，当政者们也是认真总结历史教训，励精图治，可最后都毫不例外地归于毁灭。就像一个不好好上学的孩子一样，老在一年级停留着，两千多年了，周而复始的治乱循环，走不出这个怪圈。

西方资本主义同样也在低水平上转圈。在资本主义价值体系、丛林法则的支配下制造出来的这些重大问题，如果仍然在这种价值体系的框架范围内摸索，那就找不到解决办法，只能是使冲突进一步激化，或者是把冲突爆发的时间向后拖延一些时间，使矛盾积累得更多更复杂，直到更猛烈地爆发，从而更难解决。

二、只有在共产党的领导下，才能打破这个“路径依赖”

在街头打彩的游戏中，铁球在地球引力的作用下，一次又一次地掉进“茅缸”，它没有能力打破地球引力所规定的“路径依赖”；但是火箭就可以，通过燃料的剧烈喷发，它就可以克服地球引力的束缚，腾空而起，把卫星送入新的运行轨道。同样道理，要想打破社会政治过程中的“路径依赖”，也需要有强大的动能把它推到新的运行轨道上去。这个能量从何而来呢？它只能来自于人类自身。人身上蕴藏着巨大的潜能，在通常情况下没有得到充分利用；要想利用它们，就需要有新的人生理想来唤醒它，并需要有一个具有严格纪律性的组织来把这些调动起来，组织起来，它就可以产生巨大的动能，推动社会政治过程进入新轨道。谁能做得到这些事情呢？那就只能是共产党了。共产党有马克思主义的一套科学理论，还有一个严密的政治组织，所以，要打破社会政治过程的“路径依赖”，建设一个完善的政治体制，只有共产党能做到。

中国共产党建党以来的历史证明，它确实能打破旧制度的运行轨道，把它推进到一个新轨道上去。旧中国的是一个什么情况呢？战乱、分裂、灾荒，帝国主义侵略，盗匪横行，低层民众民不聊生，在上层则盘踞着大量的贪官污吏。这样一种局面只有在共产党的领导下，才得到了彻底的改观，建立了空前统一的政治局面，彻底地清扫了旧官僚地主、流氓土匪等长期积存下来的社会垃圾，清扫了吸毒娼妓等社会丑恶现象，广大人民群众朝气蓬勃地投入到建设新中国的伟大事业中去，使中国的社会政治过程进入了新的轨道。

毛泽东同志清醒地认识到共产党人的这一历史使命，在谈起中国共产党如何跳出历史周期率问题时，他自信地说：“我们已经找到新路，我们能跳出这周期率。这条新路，就是民主。只有让人民来监督政府，政府才不敢松懈。只有人人起来负责，才不会人亡政息。”他在 1949 年带着自己的战友们去北平时说是要去赶考，考题是什么呢，也无非就是如何打破治乱循环的怪圈，不当李自成，使自己的队伍不腐败。为了这个目的，毛主席殚精竭虑，做出了极大的努力，取得了很大成效，带出了一支全心全意为人民服务的好队伍，降低了社会管理的成本，建设了一个廉洁高效的政府。他后来的实践表明，他对民主的坚持是真诚的，并不像人们所说的那样是什么搞了封建专制。他的民主实际上是要把社会从实质和形式上都来一个大变革，把革命理想引入到社会生活中，正因为如此，他才能领导人民开创历史发展的新天地，使中国的政治文明完成了一个伟大的飞跃。当然，这个跃迁过程是一个漫长的过程，需要一代又一代共产党人前赴后继不懈努力，那些真正的共产党人为了国家和人民的利益，不计个人得失，以为人民利益做出牺牲为荣，因而他们的个人利益得不到正常的满足，因而通常是过早地耗尽自己的生命。在过去的战争时期就不用说了，最危险的时候，通常是共产党员冲在前面，就是在现在的和平建设时期，也是同样，焦裕禄、王进喜，还有郭秀明，都是为了人民利益而早早地耗尽生命的人。他们活了一辈子，吃了两辈子的苦，做出了三辈子乃至四辈子的贡献。

对于一个国家来说是这样，对于一个地区、一个单位乃至于一个村子来说，也是同样道理。党的领导并不是泛泛而谈的可有可无的东西，而是实实在在的客观存在，有没有这个存在，对于人们的生存来说，大不一样。就像有些村子一样，乱上一段时间，经济发展上不去，吃亏的终归还是老百姓，要想收拾这个烂摊子，还是要从头来，选出一个能全心全意为群众着想的领导班子，还是要坚持“三个代表”重要思想，团结全村人艰苦奋斗，没有别的捷径可走。最终还是要靠史来贺、郭秀明这样的共产党人发挥领导作用。

三、离开了党的领导，社会政治过程便会重新进入“茅缸”

把社会政治过程送入新轨道，这是一项很艰巨的任务，需要有大智慧，大担当。这是少数人的事业，绝大多数人看不到这件事，也干不好这件事，他们只能坐享其成。历史的进步从来就是这样，谁看到了任务就由谁来做。于是那些目光敏锐、理想远大的人就要为人类进步做出更大的努力，甚至是巨大的个人牺牲。因而掌权执政对共产党来说是他们为了人民的利益而自告奋勇地承担起来的重大责任。然而遗憾的是，很多人对这项任务认识不清，把共产党所肩负的这项任务等同于一般的社会管理工作，好像共产党还没有他会干似的，在那里横挑鼻子竖挑眼，他们只觉得当官是一件很风光的事，想方设法地让共产党下台，由他们来干。与之同时，共产党的队伍中也出现了蜕变，原来的锐气朝气在日常的社会管理工作中逐渐消磨，许多党员忘记了共产党人本来的任务。苏联人的卫星上了天，红旗却落了地，其原因就在于他们不能坚持革命理想，其社会政治过程失去了进入新轨道的动力，又回到了原来的轨道上。在我们的社会政治过程中，也存在掉进“茅缸”的危险，诸如腐败、瞎指挥、政绩工程、面子工程、官僚主义、跑官要官等现象，在经济过程中存在两极分化，还有违法犯罪活动越来越猖獗，这些都表明，那种要把政治过程拉入“茅缸”的力量正在发挥作用。

从一些村委会选举中出现的情况就可以看出我们所面临的这种危险。手边有一张小报，介绍了一些农村选举中的拉票现象：在河南省汝阳县小店镇小店村今年的换届选举中，一个有经济问题且受到党纪处分的王某当选了村主任。村民张某说，选举开始之前，王某和一些代理人就四处活动，给群众送烟、送洗衣粉和糖果，还许下批宅基地等好处，从而拉走了很多选票。村民郭某说：“王某送给我一条洛烟，价值 25 元，我家两张选票都投给了他。”为什么 25 元钱就能买走神圣权利？关键是选举从一开始就变了味，许多人抱着“反正谁上台都要占群众的便宜，不如先占他点便宜”的心态，把选票投给了他。正阳县一位农民说：“我们村选举时，一天早上，我一开门，两条烟从门上掉下来砸在我头上，烟上还拴着纸条，要求选谁不选谁。”这些问题确实是给我们提了醒，搞社会主义民主政治建设，并不是一民主就灵，那些靠拉票当选的人，上任后肯定是要想办法捞好处的，他们肯定不会把人民群众的根本利益放在首要位置上，这就必然地要把这个村的政治过程拉进“茅缸”。

还用打彩的比喻来看，铁球掉进“茅缸”，是由于其自身的重力与箱底有一个倾斜度的必然结果，有一个人们看不见的万有引力决定它只能在这个位置才能稳定下来。对于人类社会来说，由于人们的自私和目光短浅而追求那些愚蠢的目标，哪怕是同胞手足也要血刃相见，所以最终都要跌落到很低的政治状态上，但在这里并不意味着铁球进入“茅缸”那样进入稳定状态，而是意味着战争、灾难，社会经济过程一片混乱，人的最基本需要得不到保障，长期停滞在这种状态，即意味着毁灭。所以人的生存需要又迫使人们重建社会秩序，提升社会政治状态。在一部分先进的人们小心翼翼地努力地把社会秩序建立起来后，另一部分人又开始了破坏，于是在建设者与破坏者之间就必然地产生尖锐的冲突；破坏者一旦占了上风，社会政治状态便会重新往“茅缸”里滑。在农村基层民主政治建设中出现的那些问题，诸如拉选票，请客，家族派性，支部书记与村委会主任不团结，为什么会出现这些问题，原因就在于没有坚持党的领导，正气不占上风，领导班子思想混乱了，没有把全村老百姓的利益放在第一位，而是把个人的、家族的、少数人的利益放在了第一位，干部们这么做，群众思想也就更混乱了，在这种情况下的发扬民主，就只能是进一步加剧混乱。

所以说，不管人们说得多么花哨，离开了党的领导，背离了社会主义价值体系，社会政治状态便会重新往“茅缸”里滑。

四、始终坚持社会主义价值体系，才能打破政治过程中的“路径依赖”

马斯洛的人本心理学研究的是人性所能达到的境界，我们在讨论政治文明建设时，也应当研究政治文明建设所能达到的境界。就像有的人会先富起来一样，在政治文明建设上也一定会有一些人、一些地区和国家“先富起来”，形成民主团结、生动活泼、安定和谐的政治局面。

政治文明的新境界在由具有更高价值体系发展水平的人组合起来的集体中自然地呈现出来的，而不是刻意达到的；这就像人的风度是其内在修养的外部表现一样，如果人们仅仅在外部模仿，那就会表现为做作。价值体系的高度决定社会制度的高度，一个更高级的制度只能在更高的价值体系水平上产生出来，水可载舟的比喻也可以用在这里，人民价值体系的高度是水，政治体制是舟，水涨船高，如果是在人民价值体系水平很低的情况下，就不可能提高政治体制的水平。因而要想打破政治过程中的“路径依赖”，使社会政治过程进入一个新境界，就必须在价值体系的进化上下功夫，就需要建设社会主义核心价值体系，用这个价值体系来教育和引导人民。坚持党的领导便是坚持社会主义核心价值体系，提高人们对个人利益的认识，把个人利益放到社会公共利益之中来认识，从而引导人性进化，提高社会政治水平。只有坚持共产党人的这一价值体系，才能提升社会生活过程，走出治乱循环，这个价值体系是共产党所赖以安身立命的根本，必须坚持用它来改造旧世界，而不能反过来被旧世界改造了。

政治文明的这个进入新境界的过程，从总体上看，应当是一种历史必然性，但在不同国家的具体实施过程中，则更像是一种“打彩”，要靠运气。比如说，现在大家都在说民主，可在实质上存在两种彼此对立的民主理想，是建设一个全新的政治体制，还是简单地照搬西方民主模式，这一矛盾贯穿在新中国建立以来的政治过程。在这样一个表面的分歧之下，还存在一个更深刻的根本矛盾，即是否坚持用社会主义核心价值体系来教育民众。这是检验真民主与假民主的试金石，那些坚持着抽象民主也即假民主的人们，所向往的东西其实是西方那一套价值体系，把个人利益与社会利益对立起来，强调个人利益，其个性发展的不充分使他们不能想象什么是真正的民主。这样一种发展不充分的个性使他们无论是在家庭中还是在社会中都是问题人物，没有能力对自己的主张和行为负责，其对社会生活的无知决定了他们的民主诉求是不可能实现的。他们所主张的这种西方式民主必然地要使社会政治过程重新进入旧轨道，在这条路上如果走得太远就难以找到回来的路，就会锁定在旧轨道上，失去了进一步进化的机遇，掉进“茅缸”。在历史上经常看到，愚蠢也有可能形成潮流，从而引导或裹挟着人们沿着错误的方向把整个社会推向毁灭，所以，善良的人们必须提高警惕，要想不重蹈覆辙，就必须在价值体系问题上保持清醒。

我们目前的政治文明的发展有两种方向，一种是以资本主义为方向，重走资本主义的老路；另一种是沿着社会主义方向，在共产党的领导下进行民主政治建设。正是西方民主所造成的各种弊端以及盲目跟从者的幼稚，使越来越多的人头脑清醒了，看到了西式民主道路是走不通的。因而只有共产党领导的民主政治建设才是真正的切实可行的民主，沿着这个方向才能使社会政治过程进入新的轨道。当今资本主义生产力水平很高，但到现在也没有出现无产阶级革命，这是因为他们的发展方向被锁定了。而我们则幸运地走上了另一条岔路口，所以就有可能总结西方人的教训，创造出一种更高水平的政治文明，在社会主义核心价值体系的引导下，使社会政治过程进入一个稳定和谐的境界。

创造出一种完善的政治体制，这是一个关乎人类文明的前途命运的难题，我们所要做的实际上是历代圣贤包括美国的那些开国元勋们所想做但没做好的事情：“真正能够通过深思熟虑和自由选择来建立一个良好的政府”，而不是“永远注定要靠机遇和强力来决定他们的政治组织”[①]。我们相信，社会主义民主政治具有强大的生命力和优越性，只有继续坚持社会

[①]亚历山大·汉密尔顿．联邦党人文集[M]．北京：商务印书馆，1995：3．

主义核心价值体系，才有可能找到无数古圣先贤所孜孜以求的这个目标，走出“历史周期率”的束缚，“为万世开太平”。没有别的捷径可走。

五、共产党人应当研究社会运行中的路径依赖问题

关于这个问题，可以分为以下三个层次来说。

首先，从当前的社会运行情况来看，资产阶级按照自己的价值体系来改造社会，工作很有成效。共产党人中尽管有很杰出的人才，能够清醒地看到面临的危险，议论起来才华横溢，慷慨起来情绪激昂，但在实际上却无法改变资本主义价值体系对社会运行过程的控制，社会生活依然按照它自身的逻辑向前走去，社会主义依然面临巨大的危险。所以共产党人应当总结经验教训，打破旧的“路径依赖”，建立起新的“路径依赖”。

其实坚持资本主义价值体系的这些人水平很差，但他们为什么就能改造世界而且很有实效呢？其原因就在于他们的那一套价值体系先入为主，形成了路径依赖，社会生活就只能按照原来的惯性向前滑行。两种价值体系都想对社会生活发挥作用，谁能实际地发挥作用呢？这就像梁山泊的王伦一样，他先入为主，这就是优势，林冲水平很高，却也只能受气

所以共产党人就应当总结教训，在这个问题的认识上来一个突破。其实毛主席早就发现了这个问题，他说，“林彪一类如上台搞资本主义很容易”。而与之相应的，共产党人要想搞社会主义就很难。不仅要夺取政权，还要进一步改变社会生活过程中的那个路径依赖，让共产党的价值体系在社会生活中强化起来，形成新的路径依赖。毛主席一生中所办的第二件事，就是与这个东西进行斗争，这是社会主义革命深入到这一步之后所必然要遇到的新任务。这个任务绕不过去也躲不开，只有硬着头皮顶上去，把这个任务完成好，社会主义事业才能向前再推进一大步。

但如果共产党人认识不到这个东西的存在，这个东西就依然在社会生活中发挥作用，光有一腔道德义愤是解决不了现实问题的；有一些共产党人喜欢空谈，坚持着什么历史唯物主义之类的词句。我不知道这个路径依赖算不算是一个“物”，但我们无论如何都要研究它、驾驭它。道德的义愤和理论上的空谈都无助于扭转社会生活中的这个路径依赖，必须找出改变这个路径依赖的办法才行。这个任务之所以很难，关键在于知难行易，共

产党人的认识还不到位，它隐藏很深，很难发现。如果我们认识到问题的存在，以共产党的人才优势，是不难找到解决办法的。

党的十六届六中全会决定对这个问题的认识已经取得了新突破，提出了建设社会主义核心价值体系的任务。于是共产党人应当在这个问题上发挥优势，要想办法打破社会生活中的旧的路径依赖，对如何将新的价值体系灌输渗透到社会生活中去，想出新办法，拿出新行动。

其次，这些年来，理论家和政治家们围着摸的那个“大象”是什么呢？就是社会生活中的这个“路径依赖”。是让资本主义价值体系的“路径依赖”继续控制社会生活呢，还是打破这个“路径依赖”，让新的价值体系的“路径依赖”主导社会生活？

这两个“路径依赖”，一个是社会主义核心价值体系控制的“路径依赖”，另一个是资本主义价值体系控制的“路径依赖”，为了简化起见，我们称为“和谐路径”和“丛林路径”。“和谐路径”是进化的路径、成长的路径，趋向于和谐社会；“丛林路径”则把社会锁定在丛林状态，进一步地趋向于退化毁灭。因而这个路径的选择是一个很关键的问题，比哈姆雷特所问的那个问题还重要，因为它不是个人命运的选择，而是人类命运的选择。

要认识到打破“丛林路径”的重要性，人们先要解决自身的价值体系问题，先要超越旧的价值体系。此即中国人多少年来所一直谈论的“闻道”、“开悟”，这不是一个可以通过纯粹的读书可以解决的问题，而是一个要在生活过程中培养锻炼和提升自身价值体系的过程。

庸人无法提出这个问题，因为他无法想象会有那么一个社会，在那里生活的人们不再是他这样的庸人。他生活在“丛林路径”中很自在，很舒服。但对于真正的共产党人来说，他就不能安于这种庸人的生活。“丛林路径”所带来的问题迫使他正视问题的存在，苏联的崩溃和在中国出现的各种问题，迫使共产党人寻找原因和答案，这个寻找过程把共产党人引到超越“丛林路径”和建立“和谐路径”的路上来了。

其三，社会主义事业所面临的新形势新任务迫使我们研究新问题，推动理论创新工作。人们经常地把社会分为“我们好人”和“他们坏蛋”这两部分，一切坏事都是由于“他们坏蛋”造成的。现在看来，这也是一种偏见。毛主席说“所有的人都要改造，包括我们自己”，这是因为所有的人都生活在现实社会环境之中，都有一个摆脱旧的价值体系以获得解放的过程。就像小鸡必须自己啄破蛋壳一样，人只有自己努力，才能获得解放，成为新社会的合格成员。就算共产党人把一切都安排好了，民众自己不觉悟，照样还是庸人，在庸人充斥的社会中，社会主义政权就保不住。要坚持社会主义方向也就是坚持社会主义核心价值体系，我们所做的一切工作都应当围绕这个核心价值，包括“改革”，也必须服务于建设社会主义核心价值体系这个总目标，如果改掉了社会主义核心价值体系赖以立足的经济基础，改出了一个人欲横流、享乐主义、贪婪残忍、自私自利的社会风气，改出了一个两极分化、环境污染、政治腐败的局面，“产生了什么新的资产阶级，那我们就真是走了邪路了。”[①]

现在我们可以看清了，在由私有制价值体系控制着社会运行过程的“路径依赖”的情况下，不管生产力发展到多么高的水平，都不可能建成社会主义。在这种情况下，共产党的执政地位就必然要出危险。构建和谐社会的目标的提出，又一次明确地把消灭私有制的问题提到了人们的面前。私有制与和谐互不相容。和谐与财富的私人占有不一样，它不能由单个人独自享受。和谐是全体社会成员共建共享的目标，而要共建共享，人民群众就要知道用力的方向。但在被“丛林路径”控制着的情况下，民众找不到正确方向，生存的自然必然性控制着人们，他们必须适应这个大趋势，否则就要被抛出生活过程。在“丛林路径”控制了社会生活过程的情况下，基尼系数的扩大、违法犯罪现象的增长、矿难的频发、女孩子为了生计而出卖身体等现象，都会自然而然地产生，它们是一个统一整体的有机组成部分，这个“丛林路径”就是各种社会不和谐现象的总根源。如果人们不去致力于改变这个“路径依赖”对社会生活过程的控制，那他对不和谐现象的批评都不过是一种道德的义愤，他提出的对策都只能是隔靴搔痒。我们要想构建和谐社会，就不能听凭“丛林路径”继续控制社会生活过程。

[①]邓小平文选：第三卷[M]．北京：人民出版社，1993：111．

宗教在价值体系进化过程中的作用

整个人类历史也无非是价值体系的进化史，在这个进化过程中，宗教是其中的必不可少的环节，研究价值体系的人自然就要研究宗教问题。马克思曾说过，“人体解剖是猴体解剖的一把钥匙”，按照同样的逻辑，站在马克思主义的立场上，在具有了充分发展了的完善的价值体系的情况下，我们便可回过头来认识一下宗教中的价值体系问题。

一、历史进程中的两个动力

在历史进步的过程中有一个矛盾，个人利益与整体利益、精神文明与物质文明、天理与人欲等等，都是这一矛盾的不同的表述方式，它们分别代表人类生活的两个方面，都不可或缺。两者都是历史进步的牵引力，个人的欲望，对更好的物质生活的追求，驱使人们去改造自然、征服世界，正如恩格斯所说，恶是历史发展的动力。但是，仅有这一种力还不够，人类是一种社会生物，个体的需要只有在社会中才能得到满足，个人的发展也必须在社会中才有可能。因而社会整体利益与个人利益是一枚硬币的两面，对社会整体利益的维护也是个人利益的不可分割的组成部分。但是，对个人利益的追逐是人的天生的本能，生下来就会，而对社会整体利益的维护则很微弱，它隐藏在人的心灵深处，要使它上升到意识层面，进入人们的价值体系，成为人们的自觉行动，就需要有一个觉悟的过程。所以在两千多年前就有那么一个元典时代，出现了老子、孔子、释迦牟尼、基督、穆罕默德等伟大人物，他们出现在不同的地域，用各自不同的方式来唤醒人类的整体意识。两千多年来，他们所创立的学说经历了无数变故，也曾被人用来谋私，也曾被其不肖子弟引入极端，造成许多灾难、不幸，但其核心内容依然如同凤凰涅槃一样一次又一次在烈火中获得新生，这是因为他们的学说代表人类进化的方向，植根于人的生存需要之中。

因而历史就有两个动力，一个是人性向上进化的力，一个是人性向外扩张的力，这是一辆两驾马车，两匹马必须协调好，社会才能稳定，历史才能进步。但在实际上，两千多年来，两匹马一直没有协调得好，老是闹矛盾，所以社会就一直在跌跌撞撞地向前发展。要想让社会稳定进步，就必须在两匹马的协调上下功夫，把两匹马统一成一匹马。马克思把这两种力有机地统一起来了，用他自己的话来说，“这种共产主义，作为完成了的自然主义＝人道主义，而作为完成了的人道主义＝自然主义，它是人和自然界之间、人和人之间的矛盾的真正解决，是存在和本质、对象化和自我确证、自由和必然、个体和类之间的斗争的真正解决。它是历史之谜的解答，而且知道自己就是这种解答。”[①]就像百川归大海一样，各种政治学说，最终都要汇聚到马克思这里，要想构建和谐社会，为万世开太平，必须以这里为起点。

可是，在当前社会主义市场经济的体制下，精神文明建设这一手总是抓不上去。其原因主要是两条，一是搞宣传的人自己都不信，空洞说教，也就不可能让别人相信；二是人们的现实问题解决不了，既然把市场经济这匹马放出来，它所带来的两极分化以及基本生活、医疗方面的问题又没有相应的保障，它就会在人的生活中造成痛苦，有痛苦就需要求医，宗教不是被称为“精神鸦片”吗？于是它就又有了市场。市场经济这匹马的旁边需要有宗教这匹马与之相配合，这是一枚硬币的正反两面。

二、马克思首先把两个动力结合起来

当然，马克思并没有完成这个结合过程，他只是开辟了一条新路，创造了一个让马车走稳的可能。但要实际地让两匹小马变成一匹大马，也就是让两种互相冲突矛盾的价值有机地协调起来，成为一个成熟完备的价值体系，并让它在社会生活中占据支配地位，还需要一个漫长的历史过程。马克思不会变戏法，某些人也不要指望在他那里买一块一贴就灵的膏药。人性解放的过程离不开个人的自觉努力，马克思主义可以引导人民革命，

[①]马克思恩格斯全集：第3卷[M]. 北京：人民出版社，2002：297.

可以形成历史潮流，可以建立社会主义制度，但如果人们有了这种好条件而不知珍惜，照样还是要倒霉。某些人实际上很可怜，由于没有正确的价值体系，不知道什么是值得追求的，热血沸腾地追求着自以为正确的目标，结果却是自己把自己往火坑里推。甚至还有一些人联合起来把一个社会往火坑里推，比如说苏联的崩解，有人在上面领着哄着骗着，有人在下面鼓动着，另外还有许多人稀里糊涂地跟着，于是错误的价值体系就形成了时代潮流，少数人看出了问题也没办法，被无可奈何地拖入潮流之中，跟着倒霉。

要避免苏联的历史悲剧在中国重演，就必须继续沿着马克思所开辟的方向往前走。我们中国具有很多有利条件，比如说有共产党的领导、有社会主义制度、有优秀的文化传统等等，所以，就有条件开创一个新文明。我们必须认识到，作为执政党，共产党的工作很努力，政绩很显著，其他任何政党来干都干不成这个样。有人说党内有腐败现象，哪个国家没有？它是私有制价值体系的伴生物，是两匹小马中的一匹的必然表现，真要想消灭它，关键是要有一套引导人性向上的价值体系。如果批评党内腐败现象的人没有这个价值体系，他所说的反腐败，我看不过是红眼病，想把别人的腐败权拿过来为己所用。如果没有一套抵制腐败的价值体系，还不如过去的宗教。当然，我们这么说并不是主张用宗教来反腐败。通过宣传腐败的干部下地狱、廉洁的干部上天堂来引导干部，这种说法在王熙凤的时代就不管用了，她就不怕阴司报应，所以便肆无忌惮。而且从历史上看，宗教也一次又一次地腐败，沦为某些人谋取私利的工具。真正的反腐败还是要靠共产党自己痛下决心，在铁腕反腐的同时发挥自己的优势，用成熟的、科学的价值体系来教育干部。

三、历史最终要稳定在社会主义价值体系上

冷战结束后，西方人有一个历史终结说，这个观点认为，从此之后，构成历史的最基本的原则和制度就不再进步了，自由民主制度也许是人类意识形态发展的终点和人类最后一种统治形式， 除了自由民主制和资本主义，人类社会没有别的进化可能了。但我们发现，西方的那一套自由民主制度没有能力终结历史，因为它没有能力保证社会稳定团结、人生幸福圆

满、人与自然生态和谐相处，他们那一套价值观蔓延到哪里，就把灾难扩散到哪里。西方人不仅在世界上到处“捅漏子”，而且连自己的家事也管不好，一片混乱。

没有一个科学合理的价值体系，这个世界就不会稳定。人这种动物很聪明，但在价值体系上却是盲目的，因而就需要有一个完善的价值体系来保证他的正常发展。人的智慧命中注定地要服务于一个更高的目标，一个超越性的目标，如果没有这个目标，仅靠那一套虚伪的民主说教来终结历史，那也太不自量力了。

当然，我们说资本主义价值体系不合理，这并不意味着我们现在的事情都办得很满意了，实际上我们自己的事情办得也不怎么样，科学合理的价值体系在我们的社会中也还没有占据支配地位，马克思主义并没有渗透到社会生活中去，在实际上起作用的还是旧的传统的和从西方传过来的价值体系。它们在社会生活中造成了很多灾难不幸。但是，这个账不能算在马克思主义和共产党的头上，只能算在那些水平太低的或是对马克思理解不全面的某些人的头上。那把成克杰引向毁灭的是马克思的价值体系吗？他的毁灭只能是因为在他的心灵深处起支配作用的还是老一套价值体系，这一套价值体系与封建的官本位的以及西方的价值体系一脉相承，他摆不脱这个价值体系的控制。马克思的学说明明白白地写在纸上，但要真正地理解并付诸实践，则需要有一个内在的人格成长过程，没有这个过程，纵然是成天把马列主义挂在嘴上，也只能是“小和尚念经，有口无心”，谁也帮不了他的忙。

有些人搞不清这个因果关系，把成克杰等腐败分子的毁灭算在共产党的账上，好像只要把西方的那一套制度搬来就可以解决问题了。他们看不到价值体系在社会生活中的制导作用，更看不到自己那一套价值体系正是各种社会问题的根源。他们只想按自己的价值体系来改造社会，却又不想要这种价值体系带来的后果，这就很幼稚、很自相矛盾。没有正确的价值体系，就不可能正确地提出问题，也不可能找到解决问题的办法。这种人如果成了气候，大家肯定都要跟着倒霉。

回到正题上来，对于宗教，执政党要全面看待，不能简单否定，要因势利导。但这毕竟是权宜之计，从根本上来说，还是要发掘我们自己的大宝藏，马克思主义提供了一种科学合理的价值体系，既可以满足人们精神进化的需要，也可以保证人们物质生活的和谐，只不过我们还没有充分发挥它的作用而已。

四、两手抓问题是政治的永恒主题

社会是一个由两匹马拉的车，这两匹马在什么地方呢，都在人们的心里，一匹是人们对物质利益、基本需要的追求，一匹是人们对于更高层次人生需要的追求，诸如对友谊、爱、成就感、自我实现等高层次需要的追求。一个发展程度高的、成熟的人能把二者统一起来，但如果是一个发展程度不高的人，就无法把二者统一起来。与之相应的，一个发展水平不高的社会也无法把二者协调起来，不是强调了物质需要而忽视了精神需要，就是强调了精神需要而忽视了物质需要。如何把两匹马的牵引力协调起来，拉着社会稳定向前发展，这正是我们一直关注却又一直没有搞妥贴的问题：两手抓，两手都要硬，这是政治过程的永恒主题。

以前的人们没这么说，但也一直在纠缠着这个问题。宗教之所以出现，就是因为需要有一种东西来启发人性中高层次的因素，约束人们的贪欲、情欲，使其不致过度泛滥而危及了人的生存；但由于宗教所提供的不是全面的价值体系，它的约束反过来又损害了人的健康发展，如西方的漫长的黑暗的中世纪就是证明，后来就必须有一个文艺复兴。

社会就像人的躯体一样，有一个自动平衡机制，任何一种倾向都难以持续到绝望的程度，在未达到极端之前就会产生出一个与之对抗的力，而这种力也会过分地发展，以致它们又引起前者的反作用。这两种力都不能独霸天下，都不能把对方清除掉，在这两种倾向互相角力的过程中，社会便不能稳定协调地发展。中国人也在这两个极端中摇摆，出现了“存天理、灭人欲”的说教，戕害了人性，但这个账能算到孔夫子头上吗？只能怨人们自己摆不平两者的关系。在这两种力量的矛盾中，还出现了一种伪善，嘴上说的都是仁义道德，实际行的却是坑蒙拐骗。东方西方都有这种人物，包括现在的贪官污吏。某些人很反感这种伪善，但这并不说明他们自己就是对的，如果他们不能建立起科学合理的价值体系，从而把自己引上一种真诚的道德，那他就不过是连这种伪善的道德也不想要，企图为自己的不要任何道德寻找借口，进而把社会导向不要任何道德的野蛮状态。

总之，历史一直是在两个极端中摇摆，如何让两匹马协调起来，这就是历史之谜。共产党虽然还没有很好地解决这个问题，但把这个问题提了出来，正确地提出问题也就为解决问题开了一个好头。从毛泽东的理想主义到邓小平的现实主义，两位伟人都真诚地为人民服务，都代表着人性中的最深刻的需要中的一极，在总结了他们的历史经验之后，进一步把两者协调统一起来，也就是顺理成章的事情了。在当今世界上，唯有中国共产党人有希望完成这个综合，解答这个历史之谜，摘取政治学的皇冠上的这颗宝石。

苹果树一种到地里，就是苹果树，虽然它还没有结苹果，但它仍然是苹果树。在马克思种的这棵树上肯定会结出苹果来，其他树怎么样呢？我看是不行的，因为它们根本就没想过“两手抓”这个事。

五、价值体系的演变是一个自然历史过程

价值体系在社会生活中发挥着重要的制导作用，从历史的角度看，价值体系有一个漫长的演变进化过程，一个从不完善发展到完善的过程。宗教也是这个长链条中的必然环节，我们不能简单地否定它，但也要看到，它毕竟不是最后的、完备的价值体系，要想保持社会的稳定和谐，我们还是要从马克思那里找答案。

关于社会价值体系的演变过程，从网上看到《钱穆论“气运”》一文，其中有精辟的论述：

“当知一切新风气之创辟，其开始必然在少数，而在此少数人身上，又必然有其永久价值的本质美，内在美，而此种具有永久价值之本质美，内在美，又必早已埋伏在绝大多数人心里，因此仍必在多数人心上显现出来。即如美女之美，也即是多数人所欣赏之美，一切美之型式之出现，不能不说是先在多数欣赏者之心里早埋下了根。品德之美亦然，故孟子说，圣人先得吾心之所同然。

“一代大师，在学术思想上有创辟，彼必具有一番济世救世淑世教世心，而又高瞻远瞩，深思密虑，能补偏救弊，推陈出新，发掘出人人心中所蕴藏所要求之一个新局面与新花样。他一面是挽风气，救风气，一面是

开风气，辟风气。其发掘愈深，则影响衣被愈广。

“因此一代大师在学术思想上之创辟与成就，往往举世莫知，而且招来同时人之诽笑与排斥，只有少数聪明远见人，才能追随景从。如是积渐逐步展开，往往隔历相当岁月，经过相当时期，此项本质内在之美，始可获得多数人之同喻共晓。但到那时，早已事过境迁，此一时，彼一时，又待另一派新学术新思想针对现实，继起创辟。而且最先此一创风气者，彼言人之所不言，为人之所不为，在旧风气中，彼仍一孤立者，彼乃一独见者，彼乃一叛逆者，彼乃一强固树异者，彼之一段精神，一番见识，必然因于其处境孤危，而历练奋斗出格外的光彩来。但追随景从他的，处境不如他孤危，觅路不如他艰险，他早已辟了一条路，别人追随他，纵能继续发现，继续前进，所需的精力识解，毕竟可以稍稍减轻，因而光彩也不如他发越。如是越下递减，数量愈增，气魄愈弱，每一风气，必如是般逐步趋向下坡。待到多数景从，而风气已弊，又有待于另一开创者来挽救。

“少数者的事业，本是为着多数而始有其价值与意义，也随而变质了，仍待后起的少数者来另起炉灶。关于学术思想，正为多数参加，其事不易，故此项风气，可以维持稍久。”

所以，无论是孔孟老庄，还是各种宗教，或是马列毛邓，都是为人性的进化而开辟风气的一代大师，我们不管是抱怨还是拥护，都被他们所影响乃至决定。实际上我们仍然处在风气的流变过程之中，相当数量的人所表达的不过是在其无意识中感受到的社会风气。认识到这一事实，非常重要，因为生命如此珍贵，我们应当为其找到一个尽可能完备的价值体系。在当今这个高度复杂、急剧变化的世界上，选择并坚持正确的价值体系，无论对个人，还是对社会来说都至关重要。选对了，个性健康发展，社会稳定进步；选得不对，个人身败名裂，社会混乱失控，灾难丛生。人类是有可能自我毁灭的，正如心理学所揭示的那样，人性中天然地存在着邪恶的倾向，如不能对之进行正确引导，落后倒退的倾向就会形成时代潮流，把文明引向毁灭。

选择科学合理的价值体系，管好自己的事情，这是当下就可以做的，这是一件非常具有“可操作性”的事情。如果人们在做好这件事的同时，又能像钱老先生所说的那样，“具有一番济世救世淑世教世心，而又高瞻远瞩，深思密虑，能补偏救弊，推陈出新，发掘出人人心中所蕴藏所要求之一个新局面与新花样”，那就更好了，其他人也都可以跟着沾光。

六、共产党具有走向成熟的内在潜能

政党是往社会中灌输和维持价值体系的工具。为什么要有政党这个东西呢？我看它无非是一个工具，一个用来往社会中灌输或者是维持价值体系的工具。价值体系是社会运行的序参量，要维持一个社会在现有的轨道上运行，就要维持现有的价值体系在社会生活中的支配作用；如果我们对现有的社会秩序不满意，就需要对现有的价值体系进行改造、转换，用一种新的价值体系来取代现有的价值体系。要做好这件事情，就需要有政党，通过这个组织来孕育培养新的价值体系，吸引越来越多的追随者，通过他们的示范作用，把更完善的价值体系渗透到社会生活中去。共产党就要往社会生活中灌输共产党的价值体系，而西方的政党，不管是共和党、民主党还是其他名称的政党，都是资产阶级政党，他们也要坚持自己的价值体系。由于他们的价值体系已经是现成地存在于社会过程之中，不需要费力气灌输，只需要维护一下就行了，所以他们的工作就比共产党的工作容易得多。

作为一个政党的领导人，如果不知道坚持和维护自己的价值体系，那他就是外行，就不是称职的领导人。前面说过，中国共产党有希望搞好“两手抓”问题，解答这个历史之谜，摘取政治学的皇冠上的这颗宝石，而其他的政党则不行，干不成这个事，其理由就在于共产党知道坚持和维护自己的价值体系。我们从共产党的口号的演变就可以看出这个根据，毛泽东时代是“以阶级斗争为纲”，邓小平时代是“一个中心，两个基本点”，后来是“三个代表”重要思想，这是一个重要的创新。

从这个口号的演变中可以看到，中国共产党确实是与时俱进的，不断地深化对“人民利益”的认识，并始终以人民的根本利益为思考和行动的出发点。从“以阶级斗争为纲”转到“一个中心，两个基本点”，这是一个巨大的飞跃，而从“一个中心，两个基本点”发展到“三个代表”，也包含了一个深刻的转变，后者在生产力发展的要求和先进文化发展的方向之上，又加上了一个人民的根本利益，这就更好地体现了“两手抓”的要求。目前所说的"三个代表"，非常重要，我认为这实际上是提出了一个标准，一个用于衡量各个政党的先进与落后的标准。就像小学生年底要评三好学生，农村要评十星级文明农户一样，对一个政党来说，也有一个评价标准，虽然没有人出面组织各种政党进行评先，但是人民心中有杆秤，你这个党执政执得怎么样，人民在评价，历史也在评价。

中国共产党建党以来一直代表着人民的利益，但并不是这支队伍中的每一个人都能清醒自觉地意识到这一点，许多人怀着翻身求解放的淳朴愿望加入到这支队伍中来，他们没有什么理论，甚至连字也识不了几个，更不懂为人民服务的大道理，只是想报仇，想过好日子，在老一辈革命家的领导下，这些人被团结到一起，完成了推动历史进步的伟大事业，代表了先进生产力发展的要求，代表了先进文化发展的方向，也代表了人民的根本利益。为什么中国共产党建立了新中国，人民群众那么高兴，就是因为人民群众从共产党的干部战士身上看到，这支队伍是真心实意地为老百姓办事的，代表了人民群众的根本利益。中国共产党提出了"三个代表"重要思想，这表明这个党对于自己应当成为一个什么样的党有了一个清醒的自觉。

这个评价政党的优劣的标准不可能由别的什么政党提出来，只能由共产党提出来。台湾的国民党、民进党，美国的民主党、共和党，他们虽然自我标榜民主，但为什么就想不起来提出这个标准呢？这就说明他们的素质不怎么样，而中国共产党这个政党的素质则比他们要好，有发展成熟的条件，因为他们有科学的世界观，有成熟的价值体系。大家可以看到，在台湾的竞选中，各个政党为了拉选票而不遗余力，请客送礼，互相攻击，忙得不亦乐乎，还有一个人想了个招，在小狗身上捆上写有竞选人名字的旗子，在大街上招摇过市，还有竞选人用裸奔来吸引选民的注意力，非常可怜。像这样的政党，根本就没有能力想到"三个代表"的问题，在参选政党的这种素质的基础上，就算台湾的民主制度再完善又能选出个什么名堂呢？与之相对比，中国共产党则具有走向成熟的内在的素质，有一种成熟的价值体系，也就是说有科学合理的人生与社会理想，也就具有改造世界、引导其发展进步的潜力，这就是共产党的政治优势。

当然，就像一个人有可能言行不一一样，一个政党也有可能言行不一。

认识到“三个代表”的要求，还是远远不够的，还必须教育好自己的党员、干部队伍，让自己的党员像一位真正的教徒一样，真诚地信仰共产主义，全心全意地为人民服务，抵制市场经济的腐蚀，这是一个很难的难题。我希望中国共产党能够发掘自身的优势，把这个困扰了人类几千年的“两手抓”问题解决了，把历史拉升到一个新的境界，为万世开太平。

总结国际共运的经验教训，我们可以得出这样一个结论，共产党就必须坚持和维护自己的价值体系，夺取政权，发展经济，让人民安居乐业，都不过是为了做好这件事创造条件，为了让共产党的价值体系在社会生活中牢牢地站住脚。只有做好了这件事，才能为万世开太平。坚持和维护自己的价值体系，这是共产党的通灵宝玉、命根子。

为了做好这件事，共产党就必须发挥党组织的作用，引导教育全体党员都按党的章程办事，坚守科学合理的价值体系，用自己的行动在人民群众中传播科学合理的价值体系。然而这件事很难，它需要有一个人格的发展成熟过程，与之相应的还要有一个社会经济政治体制的变革过程。在社会各种因素的互相作用过程中，价值体系很重要，是主导因素，如果要想对它作点手术，就会受到其他因素的牵扯、阻碍。可以想象，要让共产党的价值体系在社会生活中占据支配地位，必然要有一个漫长而艰难的发展历程。

在坚守科学合理的价值体系的过程中，对不同的人群要有不同的教育方法，因材施教，比如说，对那些素质高的人们，共产党员们，干部们，就要让他们学习实践“三个代表”重要思想，而对那些起点还不高的人们，跟他们说“三个代表”，他们会觉得味同嚼蜡，不如去打几圈麻将。对这样的人，如果有那么一个宗教，教育他们敬畏上帝，为了死后能进入天国而多做善事，也能引导人性向上，对公婆也孝顺了，邻里之间也和睦了，热心于帮助别人了，这不也挺好吗？吹尽黄沙始到金，淘去了宗教中的迷信的渣滓之后，宗教信仰可以为人们接受科学合理的价值体系打下基础。所以说，为了适应人性的现实水平，用宗教来引导人们，搞点权变措施，也很有必要，总而言之是不能听任人们去放纵情欲物欲。

法治与价值体系

这些年来，我们实施依法治国基本方略，在建设社会主义法治国家上取得了一定成效，但与之同时也带来了一个副产品，那就是在某些人中间产生了一种对法治的迷信，他们把法治当成了一种万应良方，只要遇到一种社会问题，首先就想到要“立一部法，规范一下”。可在实际上，由于缺少良好的道德风尚做基础，很多法律的实施情况并不理想；人们在做坏事之前，往往要找法令的漏洞，为了防范这个漏洞，又要进一步立法，于是法治建设便进入了老子所说的“法令滋彰，盗贼多有”的怪圈，这与构建和谐社会的目标是相悖的，如果继续发展下去，必然要对党的执政能力构成新挑战。在这个重要问题上，我们不能继续泛泛而谈了，必须认真研究价值体系以及它与法治的关系问题，还必须抓好教育，在社会主义核心价值体系的建设上掌握主动权，才有可能走出上述怪圈，把社会主义法治建设引上正轨。

一、社会价值体系是法治的内在生命

法治与人的价值体系是有机地联系在一起的，有很多人忽视或误解了这两者的关系，在他们看来，不管人们怎样行动，也不管社会风气如何演变，只要人们愿意，想要建立什么制度就可以建立起什么制度，想要依法治国，也就是只需要把法律一部一部地制定出来就可以了，这就像小姑娘们只要买几件好看的衣服就可以打扮起来一样。

马克思对庸俗经济学的批评完全适用于这些人：“粗率和无知之处正在于把有机地联系着的东西看成是彼此偶然发生联系的、纯粹反思联系中的东西”[①]；当年的卢梭也比这些人深刻，他写道：“正如建筑家在建立一座大厦之前，先要检查和勘测土壤，看它是否能担负建筑物的重量一样，明

[①]马克思恩格斯选集：第2卷[M]．北京：人民出版社，1995：6.

智的创制者也并不从制订良好的法律本身着手，而是事先要考察一下，他要为之立法的那些人民是否适宜于接受那些法律。”[①]随后，卢梭又谈到了法律的分类，在提到了政治法、民法和刑法之后，他说：“在这三种法律之外，还要加上一个第四种，而且是一切之中最重要的一种；这种法律既不是铭刻在大理石上，也不是铭刻在铜表上，而是铭刻在公民的内心里；它形成了国家的真正宪法；它每天都在获得新的力量；当其他的法律衰老或消亡的时候，它可以复活那些法律或代替那些法律，它可以保持一个民族的创制精神，而且可以不知不觉地以习惯的力量代替权威的力量。我说的就是风尚、习俗，而尤其是舆论；……唯有慢慢诞生的风尚才最后构成那个穹窿顶上的不可动摇的拱心石。”[②]

卢梭在这里所说的第四种法律、风尚、习俗、舆论，正是我们这里所强调的社会价值体系，它在社会运行过程中发挥着“序参量”的作用，也就是说，它是控制社会秩序的参量。现在我们可以在马克思主义的理论高地上重新审视这一问题，价值体系问题实际上是社会的内在生命，法治是外在表现。马克思说：“整个历史也无非是人类本性的不断改变而已”，现在看来，这句话也无非就是说，整个历史也无非是价值体系的不断进化过程而已。这个进化过程首先是发生在个人的身上，但又不是单独某一个人的进化，而是社会整体的进化过程。随着价值体系的这个进化过程，全部经济基础和上层建筑都随之而或快或慢地发生变化，政治制度法律规范也就随之而发生变化。社会价值体系是一条流动着的河流，历史进步的根源就在于人类本性的进化，也即是价值体系的进化。随着这个价值体系的进化，社会政治过程也在不断地进步，由奴隶制演变为封建制，再演变为资本主义，再发展到社会主义制度。

马克思曾说过，法律是对事实的公认，他还说过，法律是统治阶级意志的体现。我们现在则进一步认识到，一个阶级之所以能登上统治地位，就在于它带来了新的人生需要，代表了人性进化的方向，发展出了一套新的价值体系，受到了社会的认可，成为社会中居于支配地位的价值体系，这样一个事实自然要上升为法律，反映到社会政治的演变过程上来。

[①]卢梭．社会契约论[M]．北京：商务印书馆，1994：59.
[②]同上，73.

价值体系的发展演变便是社会制度或者说法治演变的内因，是它的内在的跳动着的心脏。如果我们要对价值体系与法治的关系找一个恰当的比方，我看可以用海螺来做比方。一些旅游点出售的海螺壳，很大很漂亮，但它肯定不是一生下来就是这么大的，而是有一个成长过程；这个成长过程肯定不是海螺壳自己在成长，而是有一个柔软肉体的生命在其中成长着，这个柔软的肉体是本质，是目标，服务于这个内在生命的成长过程，其外壳也在成长着。这个内在的生命衰老死亡之后，便剩下坚硬的外壳，孤独地躺在海滩上。法治也是这样，它不过是时代精神的外壳，随着时代精神的成长与演变，这个外壳也随之而演变。有些文明夭折了，法治的演变也就结束了，于是便留下了一些法典孤独地躺在图书馆的书架上。

二、必须自觉坚持社会主义核心价值体系，才能开辟法治建设新境界

任何一个社会都有一个人格模塑的工作要做，这也即是说，都要进行价值体系的建设工作，这是从事政治活动的人们的基本功；搞不好价值体系的建设，就不是称职的政治家。对于一个社会集体来说，来自外部的打击会把它搞垮，来自内部的动乱也会把它搞垮，但不管是来自这个社会集体的外部还是内部，站在地球人的立场上来看，都产生于人性中的缺陷与邪恶；它存在于每一个人的内心深处，必须约束这个东西，防止其破坏性发展起来，社会组织才能保持稳定地存在下去。有多少显赫一时的大帝国，从古代的罗马到现代的苏联，都是因为不知道进行价值体系的建设，放纵人的情欲物欲，打开了“潘多拉魔盒”，最终在积重难返的内乱中轰然坍塌。日本和德国在上世纪纵容军国主义、种族主义势力发展，也是打开了“潘多拉魔盒”，不仅给世界带来了一场巨大的灾难，同时也把自己拖进了毁灭的深渊。

所以执政者必须对人性中的缺陷乃至邪恶因素保持高度警惕，把人的欲望和精力引向有利于自身和社会整体利益的方向，用高尚的理想和情操教育人，防止人们把精力使用在低层次的目标上。社会主义社会也要做这件事；而且由于社会进化了，对人性也就有了更高的要求，就应当用更高级的健康向上的价值体系，这便是十六届六中全会公报中所提出的社会主义核心价值体系，它是建设和谐文化的根本，必须坚持马克思主义在意识

形态领域的指导地位，牢牢把握社会主义先进文化的前进方向，倡导和谐理念，培育和谐精神，进一步形成全社会共同的理想信念和道德规范，从而引导人性趋向于自由全面发展。社会主义法治之所以是一种高于资本主义法治的更高级的政治文明，其根本原因就在于它的内在生命是社会主义核心价值体系，与资本主义政治文明的内在生命迥然不同。我们要想建设社会主义政治文明，让政治文明上台阶，就必须使其具有内在生命力，所以就必须建设社会主义核心价值体系。这种新的价值体系不仅是执政者要坚持，全体民众都要坚持，只有当这个价值体系不断地成长起来的时候，社会主义法治才有了成长的动力，才能通过自己内部各部分之间的相互作用而自发地形成有序结构，形成更高级的政治文明，长出一个大而美丽的“海螺壳”来。

但如果没有社会主义核心价值体系的成长，那就只能是听任旧的价值体系继续主导社会运行过程。在这种情况下，不管人们把“民主、法治”的口号喊得多么响亮，也不管人们在科技进步上取得多么大的成就，社会都仍然要被锁定在两极分化越来越严重、矛盾冲突越来越尖锐的运行轨道上。在人类交往范围不大和科技生产力还不发达的时代，资本主义价值体系所导致的危害还局限在地球的局部范围内，不至于把整个人类推向彻底毁灭，而在当今这个经济全球化、人类生产力和科技能力空前强大的情况下，资本主义价值体系的缺陷也必然要被放大开来，使人类面临着自我毁灭的威胁，逼迫人类正视价值体系问题。在这种情况下，我们中国人就不能在法治问题上泛泛而谈了，我们必须走上另一条法治建设之路：在建设一个可以保证人类行为合理性的价值体系的前提下进行法治建设，实现治理体系和治理能力的现代化。

当然，我们对社会主义核心价值体系的认识也有一个发展过程，这是一个随着社会主义事业的发展而不断完善的过程，党中央近来提出了“以人为本”、“科学发展观”、“构建和谐社会”等社会发展目标，还提出了“八荣八耻”的社会主义荣辱观，最终在十六届六中全会决定中提出了“建设社会主义核心价值体系”的任务，这是这个认识过程的新高峰，它不仅是对改革开放以来的经验与教训的科学总结，也是对新中国成立半个多世纪以来社会主义建设实践的理论升华，体现了与时俱进、开拓进取的精神。

经过这样一系列的理论与实践的互动，由量变的积累而达到质变，最后形成了一个科学完整的社会价值体系，为其普及奠定了基础。但要想使之真正地具有生命力，还必须让它渗透到人民群众之中，使之在社会生活中占据支配地位。

然而我们必须看到，正是在这个社会主义核心价值体系的建设上，我们这些年来的工作成效一直很差，虽然我们也在强调着以德治国，加强社会主义精神文明建设，但一直是抓而不紧，甚至是不作为，忽视了教育，听任各种腐朽的思想文化甚嚣尘上。在这个基础上，能长出来什么样的法治呢？在社会主义这个历史阶段，本来就存在着两种价值体系的冲突，对资本主义价值体系任何放纵，都意味着对社会主义核心价值体系的压制。社会主义法治的基础不是现成地存在着，而是要在社会主义制度的条件下培养出来，发展起来。社会主义革命的使命就是要解放那些在旧的私有制社会中孕育着的新社会因素，为此就必须经过长期的努力，必须经过一系列把环境和人都完全改变的历史过程。如果没有这个过程，社会主义制度就无法稳定，就不过是一次私有制范围内的改朝换代而已。

与之相应的是有那么一部分人，盲目照搬西方的法治经验，硬要用一个狭小难看的“海螺壳”往社会主义的身上套。这一点可以从某些法律界人士们“言必称欧美”的习惯中看出来，他们缺少开创社会主义法治的首创精神，有意无意地坚持着资本主义的价值体系。社会价值体系的建设犹如逆水行舟，不进则退，如果不能自觉地建设社会主义核心价值体系，这就意味着对资本主义价值体系的放纵，当资本主义的那一套价值体系在社会生活中甚嚣尘上时，它必然要为自己开辟成长道路，产生出自己的法治形式——资本主义的政治体制，这是一种自组织过程。

在这种情况下，我们的法治建设必然要进入老子所说的“法令滋彰，盗贼多有”的怪圈，法律越来越多，体系也逐步完备起来，但违法犯罪现象却越来越多，不断地增加警力也赶不上发展的需要。这实际上也完全符合精英们向国际社会“接轨”的主张，人家西方国家的法律早就被称为“汗牛充栋”了，监狱里早就“人满为患”了。资本主义的政治体制是人类不成熟阶段的政治体制，其突出特点是自己折腾自己，放纵邪恶，搬起石头砸自己的脚。我们要学习的是西方的优点，完全没有必要在这些社会弊端上向他们看齐。要想避免走入西方法治建设的困境，走出一条社会主义法治建设的新路来，我们就必须建设社会主义核心价值体系。

三、必须坚持党的领导，才能把社会主义核心价值体系建设起来

社会主义核心价值体系是社会主义法治的内在生命，反过来，社会主义法治也应当服务于这个内在生命的成长过程，保护这个成长过程，就像海螺壳保护着海螺的成长一样。要做好这件事，执政的共产党人自己首先要确立新的价值体系，这样才可能产生培育社会主义核心价值体系的高度自觉性，不是一般地挂在口头上，而是要让它渗透到思想的行动中，渗透到血液之中。这样才能像老子所说的那样："图难于其易，为大于其细；天下难事，必作于易，天下大事，必作于细。是以圣人终不为大，故能成其大。"（《道德经》第六十三章）只有把社会引导到健康发展的方向，才能把执政能力提高到一个新境界。

这个建设社会主义核心价值体系的任务很艰巨，包含了两个方面的任务：一是要引导人性的进化，从而使社会政治、经济运行过程向更高的发展层次进化；二是要加强法治，保证社会生活正常运转。这两个方面是有机地统一在一起的，如果不能约束危害社会稳定的违法犯罪活动，就不能保证社会在现有水平上的正常运转，要想让它向更高的发展层次进化，那就根本不可能。但是，如果没有一个引导社会向上的牵引力，要想保持它的正常运转，那就是不可能的。所以我们不仅要依法治国，还必须有以德治国的另一手。

我们不应当简单地谈论以德治国，中国人讲这个话已经讲了几千年了，现在共产党要讲的以德治国，应当有新的内容，那就是要用共产党人的价值体系来引导社会生活。既要坚持共产主义理想，又要考虑人民群众的接受能力，既要积极主动，又要量力而行。不仅要在口头上说，而且要用自己的实践来向人民群众作出示范，还必须长期地坚持不懈努力，不仅要讲大道理，还应当为之创造经济基础、政治条件和文化环境，这样才能使它渗透到人民的心里去，在社会生活过程中成长起来，才能把理想与现实有机地结合起来，从而使社会冲突越来越少，越来越趋向于和谐。在此过程中，社会也仍然还需要法治的一手，惩戒的一手，因为社会在任何时候都

会有不合格的人，都会有无知、懈怠与失误，但是，随着人性的趋向于成熟，犯罪与失误会越来越少，法治也就会越来越简单，而不是需要不断地加强。在这个过程中，一种新政治秩序就逐步形成起来了，这也是一个自组织过程。

为了保证这个自组织过程的顺利发展，所以就需要坚持党的领导，这是社会主义政治体制的优越性之所在。党的领导是火车头，领导着、拉动着社会政治过程进入新境界，攀登新高度；同时它也像一个大磁场，把其他各项政治因素磁化，有机地组合在一起。处在这个磁场中，人大就要按照共产党的价值体系来审议决定国家政治事务，行使决议权。人大及其常委会的讲台相当于一个舞台，人们的各种思想主张必须在这里通过了以后，才能取得法定效力。"一府两院"的行政权和司法权，也要按照共产党的价值体系来管好社会事务，为人们创造安居乐业的环境，解除生存的后顾之忧，使每一个人都能有所作为，都能得到充分的发展。所谓的以德治国，就是要用社会主义核心价值体系来领导社会，使其成为社会生活的核心，民主法制都要围绕着这个核心运转，当共产党的价值体系在社会生活中占据支配地位后，在人大及其常委会的讲台上，人们也就不会提出不利于人性健康发展的议题，人们就根本想不到这些事情，就像我们现在根本不会讨论人们是否应该拥有枪支一样。

由此可见，要解决我们现在面临的各种难题，并非像某些人所认为的那样，不要党的领导，照搬西方的"三权分立"，而是恰恰相反，必须真正地坚持党的领导，把共产党的价值体系灌输和渗透到社会政治过程中去。经过新中国近六十年的发展，我们已经形成了一种新型的政治结构，这便是由党委的领导权、人大的议决权、政府的行政权与两院的司法权组成的政治结构；为了与西方的"三权分立"相区别，我们可以将其称为"四权一体"。党委的领导权为其他三权明确目标、保证方向；而其他三权又是党委领导权的依托，只有通过它们，党委的领导权才能得到落实。与西方的"三权分立"相比，"四权一体"具有明显的优越性："三权分立"是个平面，"四权一体"是个立体；在"三权分立"结构中，价值体系的引导工作没人来做，这是因为它只需要把人性维持在丛林法则的水平上，维持在人的本能的水平上；而在"四权一体"的结构中，有共产党的领导来引导人性进化，保证社会价值体系的进步，把社会主义核心价值体系灌输到社会生活中去，因而就可以把社会政治文明提升到一个新阶段上稳定下来；这样才能走出“法令滋彰，盗贼多有”的怪圈，实现中国古代文人的那个宏愿：为万世开太平；当共产党完成了这一历史使命之后，也就可以逐步消亡了。

社会主义的政治体制有一个建立、成长、完善的过程，不是颁布一道法令就可以把这个政体建立起来的。当前这个体制中还存在问题，不是因为这个体制不好，而是因为它还没有发展到理想的水平，党的领导还不到位，坚持社会主义核心价值体系的意识还不够自觉，甚至是形同虚设，没有有效地影响社会生活，而是反过来让人情关系、腐败、黑金等与党的主张相悖的东西侵蚀了党的组织，侵蚀了社会政治生活。党内腐败现象与那些主张“三权分立”的人们正好是互相配合的，他们都坚持着资本主义的那一套价值体系。在这一类人看来，人类社会就是要遵守丛林法则、互相之间就是要打打杀杀的，在这种思想的引导下，他们能建立起来什么好体制呢？而我们有了更高人生理想的共产党人，则希望社会进化到和谐发展的新阶段，希望每一个人都能得到充分自由全面的发展，所以就应当自觉坚持共产党的领导，真正地搞好社会主义核心价值体系的建设，这样才能引导社会主义法治建设进化到一个新的阶段。只有在这个进化过程中，我们才能摆脱现有的各种矛盾的纠缠，使社会管理工作越来越简化。

人性与价值体系

人性问题是哲学的根本问题，两千多年来，无数哲学家在这个问题上绞尽了脑汁，众说纷纭，莫衷一是。在建设中国特色社会主义的过程中，中国共产党人提出了建设社会主义核心价值体系的新目标，站在这个新的实践高度上，我们就可以重视审视人性这个老问题，提出一些新认识。

一、从人性到价值体系的认识发展过程

人性与价值体系所指向的是同一个客体。既然已经有了“人性”这个名称，我们为什么还要给它换一个名称呢？这是因为，即使是同一个客体，人们对它的认识也会不断深入。这就像物理学一样，原来认为世界是由金木水火土构成的，后来发现了近百个元素，再后来又发现原子核，再后来又发现原子核里面有几百个基本粒子，现在则知道 6 种夸克和 3 种电子是最基本的。据说物理学家们还在进一步研究，所以这些知识还不能算完。

关于人性的知识也同样要不断进步，与“人性”这个词相对应的是人类知识的初级阶段，在这个阶段，人们的头脑被本原论的哲学范式所控制，人们力图透过客观世界的各种现象，运用抽象思维，找到人的固定不变的本质属性。但这是一个无法完成的任务，人之为人的特性就在于他的本性的丰富、微妙、复杂，人们找不到固定不变的本质属性。柏拉图说人是两腿而无毛的动物，于是就有人提着一只拔光了毛的鸡，说“这就是柏拉图所说的人”。儒家学说以规范提升人性为宗旨，在此前提下，孟子持性善论，荀子与之相反持性恶论，他们俩都抓住了人性的一个重要方面。告子把孟子的“性善说”和荀子的“性恶说”合而为一，主张“性无善无不善”，避免了孟子和荀子的片面性，却忽略了孟子和荀子规范引导人性的初衷。

尤其重要的是，人性处于发展变化过程之中，运用本原论的思维范式难于认识进化中的人性，就像难以用一幅静止的照片来反映物体的运动过

程一样。采用人性的概念，研究者只能在现有的人性发展水平上认识人，于是就会不由自主地把现有人性视为天经地义，从而按照这个假设来设定人性，这样的研究成果如果形成了社会共识，便会压抑人性的向上成长。人性的进化有如逆水行舟，不进则退，压制了向上成长的倾向，便会趋向于堕落，进而把整个社会都引向堕落。

为了解决人性趋向于堕落的问题，后来有人创造了一种宗教学说，“人是根据上帝的形象而被创造的，而且他出自上帝之手时的原始状态是与他的原型不相上下的。但是所有这一切都由于亚当的堕落而丧失了。”[①]所以人就应当找到回返之路，恢复他原先的纯粹本质，于是就提出了“人的本质”，把它设定为人所应当回归的目标。这个学说为关于人性的提升开拓了空间，应当得到称赞。但它仍然存在一个问题，那就是忽略了人与社会的有机联系。“人”就是“社会”，“社会”也即是“人”，因而要想提升人性，那就要把整个社会一块加以提升。忽略了这个有机联系，也就解决不了人性的成长问题。

进一步深入开拓人性理论的任务落在了马克思的身上。他发现了人与社会的有机联系，他说：“费尔巴哈把宗教的本质归结于人的本质。但是，人的本质不是单个人所固有的抽象物。在其现实性上，它是一切社会关系的总和。”[②]这个论断进一步开辟了人性理论成长的新方向，奠定了马克思主义理论的基石。认识到人的本质是“一切社会关系的总和”，自然就会发现这个“一切社会关系的总和”还有一个发展过程，所以，马克思后来明确地说：“整个历史也无非是人类本性的不断改变而已。”[③]认识到人类本性是一个不断改变的过程，马克思自然就要强调人对这个改变过程的积极作用：“哲学家们只是用不同的方式解释世界，而问题在于改变世界。”[④]此后马克思便投身于改造社会的伟大实践之中，现实的紧迫任务占据了他的注意力，没有继续深入研究人的本性问题。由于同样被改造社会的实践占据了全部精力，列宁也没有深入研究人的本性问题。

[①][德]恩斯特•卡西尔．人论[M]．上海译文出版社，1985：14．

[②]马克思恩格斯选集：第1卷[M]．北京：人民出版社，1995：56．

[③]同上，172．

[④]同上，57．

然而，社会与人是有机的统一，改造社会的目标自然也就包含着改造人性的目标，同时也只有在人性提升的基础上，共产党人改造旧世界的成果才能巩固下来，保持下去。共产主义运动的实践过程推动了人类对自身本性的认识的进一步深入。从马克思以来，国际共产主义运动既经历了辉煌壮丽的高歌猛进，也遇到了艰难曲折的低潮。总结170历史的经验教训，中国共产党人提出建设社会主义核心价值体系的目标，它不仅是现实的政治目标，同时也是对人类本性理论的新突破。

认识自我乃是哲学探究的最高目标，这是各种不同哲学思潮的牢固而不可动摇的中心，同时也是历史发展过程的内在动力。突破关于人性的思维范式的束缚，深入认识人的价值体系，这是人类对自身认识的一大飞跃。有了价值体系这个新概念，我们也就无须继续沉溺于虚幻的思辨之中，继续为寻找一个关于人的本性的定义而绞尽脑汁，而是站在现实的基地上来观察现实中的人。借助于价值体系这个分析工具，我们就可以把人性的不断改变过程理解为价值体系的进化过程，准确地描述人类自身与社会的不断改变过程，进而找到其中的规律，为人类的自觉进化与社会的科学管理奠定理论基础，找到人性进化的方向。通过自觉追求这个目标，人类也就开辟了一个历史进步的新起点，为共产主义运动注入了内在的动力。

二、必须借助于价值体系这个概念，才能看清个体与社会的有机联系

人不同于动物，就在于人在意识的支配下行动。在人们的意识的深处发挥核心作用的是其价值体系，它受社会制度、文化环境以及个人成长过程、受教育程度等诸因素的控制，其进化水平的高低决定了人的行为。社会价值体系的发展水平决定了个体价值体系的发展程度，水涨船高。

于是我们就可以发现，有一个社会价值体系在我们之外和之前存在着，它产生于无数人类个体的生命过程，是这个过程的总和，并随着时代的发展而演变，在无数个体的生命过程之上获得了独立的生命，即使作为一个个体的人们不存在了，它也仍然存在着。根据协同学的理论，系统的有序状态支配着各个个体，各个个体的状态又决定着系统整体的有序状态；同样道理，社会的政治经济文化的发展水平支配着各个个体的价值体系，各个个体的价值体系的水平反过来又决定着社会政治经济文化运行过程。这

个在个人价值体系与社会价值体系之间互相决定的过程，我们可以借用现代科学的术语，称之为“超循环”。这个价值体系“超循环”才是真正的中心。整个历史也无非是人类价值体系“超循环”的不断演变而已。当人们的深入认识到价值体系“超循环”的存在，便会发现，“社会”即是“人”，“人”也就是“社会”。社会价值体系与个人价值体系之间存在着一个互相决定、互相制约和互相推动的成长过程。这是一个有机的发展过程，个人的成长与社会的进步有机地联系在一起。

身处这个“超循环”过程中，人们各自有不同的命运，有人做了大官，有人在底层挣扎；有人贪腐而被抓，有人依然逍遥法外；有人在宝马车里哭，有人在疯人院里笑。这各种不同命运的区别，只不过是站在个体的立场上来观察的结果；当我们像后退一步以欣赏一幅油画一样整体地观察社会历史进程的时候，个人的升沉荣辱便微不足道了，所有的人都不过是在社会潮流中漂荡而已。本人当年在滕王阁转了一圈，虽然不懂平仄，亦附庸一下风雅，写了一首诗，想表达的正是这种感慨：

滕王阁里叹蹉跎，感世伤怀文士多。

时代潮中一滴水，浮沉同归逐逝波。

当我们突破了个体的兴衰际遇的感叹，从宏观尺度上来观察历史过程的时候，我们就会发现社会价值体系的进化过程，它产生于无数人类个体的生命过程，却又超越和凌驾于各个个体的悲欢与命运之上，就像台风的形成过程与其中的每个水分子的关系一样，各个特定阶段的价值体系都有一个“核心价值”，都会形成一种“超循环”，它有独立的生命过程和发展规律。在这个巨大的过程中，个体的生命是微不足道的，是被决定的，但这个巨大的过程确实又是由无数个体的生命过程组成的。对于私有制社会来说，虽然人们分裂为彼此对立的阶级，却具有同样的价值体系。社会价值体系处于低水平上，决定着个性发展的不充分，个性发展的不充分反过来又进一步强化着社会价值体系的低水平，两者互相决定，形成了一个“超循环”。人们来去匆匆地投入到这个过程中，只能演好自己在这场历史剧目中的角色，是资本家还是工人，是打手还是黑窑奴，则纯粹是一种偶然的命运，而作为一个被卷进这个“超循环”的人，人们都被强加了同样的价值体系。正如马克思所说的那样：“不管个人在主观上怎样超脱各种关系，他在社会意义上总是这些关系的产物。”[①]

由于个体与社会之间的这种有机联系，所以以往的道德家们便面临着一个非常尴尬的处境，他们所主张的道德不过是“说教”，是一个软弱无力的“应该”，无法实现自己。“在这种‘应该’里，总是包含有一种软弱性，即某种事情，虽然已被承认为正当的，但自己却又不能使它实现出来。”[②]以往的道德之所以是一个软弱无力的“应该”，其原因就在于它与现实的价值体系相冲突，人们只是在口头上坚持道德，真正起主导作用的是社会生活过程中的那个价值体系“超循环”。要想使道德变成真道德，就必须打破旧价值体系的“超循环”；而要想打破旧价值体系的“超循环”，那就只有靠内在的动力——价值体系的提升，像老子所说的那样“闻道勤行”，把大道“修之于身”，而后才能“其德乃真”，然后还要把它“修之于家”、“修之于乡”，直至“修之于天下”。

把大道“修之于天下”是一个漫长的历史过程，要实际地完成这项任务，对于老子来说，太遥远了。这是我们这一代人的任务，我们可以站在马克思主义的立场上重新审视这个问题：人们所实际具有的价值体系并不仅仅是他自己可以随心所欲地改造的“世界观”，这是马克思所说的那个“一切社会关系的总和”，是包括了经济基础、上层建筑、生活习惯、文化环境等因素的总和，它们像一面大网，笼罩着每一个人，限定着每一个人的生存状况。虽然大家都不满意这种状态，但如果不能从自身开始改变，就无法摆脱这种状态。人们要想改变这种僵持状态，就必须有人从自身做起，通过把自己的价值体系提高到一个新水平上，进而来改变这种价值体系“超循环”，拖带这面大网一块上升到一个新水平上。唯其如此，才能改变物欲横流、道德沦丧的现状。“每一个人都在改造自己和改变自己，其程度正如他改变和改造那整个一套的相互关系，而在这一套相互关系中他本人就是一切线索汇集的枢纽。”[③]

因而，我们可以断言，如果没有新的价值体系的“超循环”来取代旧价值体系的“超循环”，社会就只能在旧的历史轮回中打转。人们要关心自

[①]马克思.资本论[M].第一卷.北京：人民出版社，2004：10.
[②][德]黑格尔.小逻辑[M].北京：商务印书馆，1980：208.
[③][意]安东尼奥•葛兰西．狱中札记[M]．北京：人民出版社,1983：36.

己的命运，就必须投身到建设社会主义核心价值体系的过程中去。只有内在价值体系的提升，才能把人们从命运之神的摆布下解放出来，反过来说，如果人们达不到社会主义核心价值体系的高度，就不可能合理行动，也就不可能掌控自己的命运。一旦人们这样来提出问题，解决问题的办法也就找到了，那就是自觉推进价值体系的进化。有些贪官企图捞一把就跑，到国外过自己的幸福生活，这就极其荒诞。当一个社会被腐败的大潮席卷而去的时候，有谁能独得幸免？当整个地球生态环境都被大崩溃的危机所席卷的时候，又有谁能找到“诺亚方舟”？

三、必须深入认识和自觉掌控价值体系，人类才能走出困境

关于性恶论与性善论，人类已就这个问题争论了几千年，与之相应的还有一系列的两极对立，比如唯物主义与唯心主义、个体与社会、理想与现实，如此等等，如果人们依然固守这种两极对立的思维范式，那就仍然找不到解决问题的方案。这种思维范式遮蔽了真正重要的核心——价值体系，把实际上支配着人们行动的低水平的价值体系隐藏在无意识的黑暗之中。在这种低水平价值体系的控制下，人们既不能认识到自己的真正的利益之所在，也不能客观准确地认识外部环境以合理行动，所以就会搬起石头砸自己的脚。不仅帝国主义和一切反动派会这么做，那些不是反动派的人民内部的人，由于价值体系的发育不全，也会经常地这样做。

在本能的驱使下，动物们都可以合理行动。与之形成鲜明对比的是，拥有智慧头脑、又拥有强大科技能力的人类反而不能合理行动。我们可以以贪官们为例，据网上文章介绍，贪官藏钱的手段可以说非常之多，令普通百姓难以想象。贵州省长顺县发展计划局原局长胡某将巨额存单藏于特制的皮带内，没想到被小偷从窗口钓去裤子连带皮带，小偷扔掉的裤子被小学生发现后报警，结果是东窗事发；还有江苏省建设厅原厅长徐某则将受贿的 400 万元中的部分现金用塑料纸包裹藏在树洞、灰堆、稻田、粪坑里和屋顶瓦下；而江西赣州市公路局原局长李某则特别定制了一个煤气罐，贮藏了数百万赃款，其创新精神令人叹为观止。

网上有文章说：“别以为这些贪官拥有这么多财富就很牛，很有幸福感，其实他们一个个生活得相当悲惨。本来，这些贪官凭职务就可以‘吃喝嫖

赌全报销’了，他们要钱并无多少实际意义，因此不但不能享受这些财富带来的生活质量的同步提高，相反却要时时面对反腐机构的调查，每听警笛声、每听某某官员‘落马’消息，都会不由自主地联想到自己的未来，甚至担心藏钱的地方被小偷光顾。有些贪官自知总有一天会被查，却退赃无门，因此一分钱赃款都不敢花，等着全额被追缴以便从轻发落。在这样的心态下生活，无疑是‘生不如死’。”[①]

只有认识价值体系这个概念，并自觉培育和践行社会主义核心价值体系，人类才能走出困境。人类的愚蠢无知根源于价值体系的发育不全。人们浑浑噩噩地生存，一生下来就接受外部世界既有的秩序，很少有人考虑为什么是这样，也不考虑这么做是对还是错。狂热地放纵自己的低层次欲望的人，看起来是很自私，实则并不知道自己的利益，所追求的实际上是自我毁灭。必须突破这种价值体系的束缚，人性中的巨大潜力才能释放出来。人性有可能进化到至善至美的程度，也有可能堕落下去以至于自我毁灭，为了实现前者和避免后者，人类就必须找到进化的方向，在价值体系上来一个转换提升。在这个问题上，以往的所有的宗教家道德家们有一个共识，那就是相信人性本善，它是潜藏于人的本性中的深层次的需要，只要把它发掘出来，就可以放下屠刀，立地成佛，焕然一新，成为一个新人。虽然这些理论并不复杂，但由于人们自身价值体系没有成长起来，所以就听而不闻，依然停留在原有的生活轨道上，现在应该是到了把它付诸实现的时候了。

认识了社会主义核心价值体系，关于普世价值的争论也就容易解决了。所谓普世价值，只能是一个充分发展的完善的价值体系，其中包括核心价值和次一级的价值，“自由、民主、人权”不是核心价值，它们处在次一级的位置上，核心价值只能是人的自由全面发展；只有在这样的核心价值的主导下，“自由、民主、人权”才有可能真正实现，因而只有社会主义核心价值体系才是真正的普世价值。而那些主张普世价值的人们则回避这个核心价值，因为他们的核心价值是物质财富的私人占有，这个核心价值在价值体系的进化水平上处于较低的位置，不过是动物的本能，拿不出手，所

[①]周蓬安．家藏亿元现金，其实已“生不如死”［DB/OL］．[2014-05-18］
http://www.chinavalue.net/General/Blog/2014-5-18/1040661.aspx

以就把它藏起来，只把“自由、民主、人权”拿出来炫耀。特别可笑的是，就像阿 Q 看见小 D 也把辫子盘在头上就很生气一样，他们不许别人用这几个词。由于坚守这种“普世价值”的人们所坚持的核心价值体系水平太低，代表了人性中的堕落倾向，制造了大量的灾难，其所声称的“自由、民主、人权”也流于空谈、笑柄。

价值体系的进化是整个历史发展的内在动力，因而是不可抗拒的历史发展大趋势。身处这个历史潮流之中，没有谁能置身于其外。所有的人都要面临一个选择：是推进它的进化，还是阻碍它的进化？能够意识到这个进化过程的人们，自然也就超越了那种对于个人命运的感慨，进而把个体生命投入到这个历史潮流之中。这样的人肯定会遇到很多艰难，但最终将会因为顺应了时代潮流而取得胜利；那些抗拒这个进化过程的人，则必然要归于失败。就像当年的蒋介石，虽然兵多将广，却致力于消灭共产党，由于共产党承载着推进价值体系进化的历史使命，蒋介石也就是在与历史大趋势相抗衡，其最终失败的命运就预先注定了，不管他如何挣扎，都是徒劳的，价值体系的发育不全是一种致命的缺陷。现代的国内外的敌对势力，为了阻滞中国的发展步伐，从外部的围堵到内部的煽动破坏，无所不用其极，但由于其方向的错误，其最终失败的命运也是无法改变的。

总之，所谓人性，并非是从无数人类个体身上抽象出来的某种抽象物。人性就是价值体系的进化过程，一个向着“人的自由全面发展”这一终极目标进化的过程。要实现这个目标，人们就应当要超越两极对立的思维范式，找到那个可以把对立的两极都包括在内的高一个层面的概念，认识到价值体系的存在，进而认识到社会主义核心价值体系的存在，自觉地培育和践行它，把它变成自己的东西。只有借助于价值体系这个概念，人类才能走出当前的生存困境，正确认识现实，合理行动，才能逐渐进化成人。

前面所记的那首《滕王阁》的诗，由于受文士们的感染，情绪还有些低沉。其实，不管我们生活在什么时代，也不管个人的得失际遇状况如何，我们能够作为人而生活在世界上，都是一个绝无仅有的奇迹，每个人都应当高度重视，高度珍惜，充分地运用自己的生命与智慧来自觉地推进价值体系的进化，这也就可以说是不虚此生了。

价值体系的高度决定政治文明的高度

一、从人的思想认识中的基因问题说起

毛主席曾经写过一篇《人的正确思想是从哪里来的》，他认为："人的正确思想，只能从社会实践中来，只能从社会的生产斗争、阶级斗争和科学实验这三项实践中来。"他还说："一个正确的认识，往往需要经过由物质到精神，由精神到物质，即由实践到认识，由认识到实践这样多次的反复，才能够完成。"[①]毛主席的这一思想推进了辩证唯物主义认识论的深化。但我们还要强调他的另一个发现：有的人通过参加社会实践，经过由实践到认识、由认识到实践的多次反复，可以得到正确的认识；而另外还有那么一些人得不到正确认识，不管他们如何参加实践，仍然会一直错下去，"带着花岗岩头脑"去见上帝。这是什么原因呢？

经过这些年的实践，我们观察到，这里的原因就在于，人的思想认识的成长过程可以分为两个层次，一是核心层次，一是外围层次，参加社会实践，这是其外围层次，至于能不能在实践中得到正确认识，核心层次发挥决定作用。中国的艺术家们有一个"外师造化，中得心源"的说法，所说的正是同样的道理。我们可以打个比方来说，这个"心源"就好像动物的基因一样，外围层次就像是这个动物的食物一样。猪吃得再好，也还是猪，人吃得再差，也还是按照人的方向成长。这是因为人的基因与猪的基因不一样。基因是生命遗传的"种子"，蕴藏着祖先生命进化演化的一切信息。丑小鸭之所以能够变成白天鹅，那是因为它原本就具有天鹅的基因。

对于人的思想认识的成长过程来说，也存在一个基因问题。同是在大革命失败后，毛主席就能提出"枪杆子里面出政权"，其他人就提不出来，不仅提不出来，还大批这个口号，要撤职处理提口号的人。由此可见，毛

[①]毛泽东文集：第八卷[M]．北京：人民出版社，1999：320-321．

主席的头脑里有正确理论的基因，在对纷至沓来的外部信息进行加工后，总能得出正确的结论。而对于没有这个基因的人来说，就是把“实事求是”每天念上八百遍，也照样做不到实事求是，也照样缺少对形势发展的预见性，非要等到结果出来之后，才恍然大悟。因而我们可以说，如果一个人不具有马克思主义理论的基因，不管把自己打扮得多么高深，也仍然是一个庸人，比如戈尔巴乔夫，这个被钉在历史耻辱柱上的倒霉家伙，虽然把官也做到了共产党的总书记，发表演讲时的调门也很高，主张的是“全人类的价值”，但就是不知道什么是马克思主义，没有马列主义的基因，所以最终在他的手上稀里糊涂地丢掉社会主义政权。

现在看来，人的认识中的基因就是价值体系。人的正确思想并非是仅靠投身到社会实践中就可以自然地形成的，有的人能够形成正确思想，有的人则不能够形成，这是因为他们具有不同的价值体系。价值体系的高度决定人的实践的高度。对于个人来说是这样，对于执政党来说，价值体系的高度也同样决定着执政水平的高度，比如我们中国共产党就可以从执政实践中总结经验，找到正确的路线方针政策，提出构建和谐社会的正确目标，而其他一些政党就做不到，苏联共产党则把苏联搞垮台了，其他的资产阶级政党更是提不出这样的目标。

因而，我们要学习马克思主义，关键是掌握其基因，以往我们也强调学马列要掌握精髓，这两者其实是一个意思。但究竟什么是这个基因或精髓呢？我们现在提出了建设社会主义核心价值体系的目标，也为这个问题提供了答案：马克思主义的精髓就是社会主义核心价值体系，虽然它还必须随着实践的深入而成长，但它在成长起来之后，只能长成马克思主义，而不能长成别的主义。马克思主义从德国古典哲学、政治经济学和空想共产主义理论中产生出来的过程，就是这个新的价值体系的诞生过程。这个价值体系与黑格尔等人的价值体系不同，他们脑袋后面还拖着一个庸人的辫子。作为马克思主义的学习者，人们的思想体系中也有一个基因，如何在学习马克思主义的过程中使自身的价值体系与马克思主义价值体系相吻合，这是能否弄懂马克思主义的关键。如果人们自身价值体系达不到相应的高度，就算是掌握了一大堆马克思主义的词句，那他也不能算是马克思主义者，只能是假马克思主义，用中国人的话来说就是“乡愿，德之贼也”。

比如那些从莫斯科回来的满嘴马列词句的人达不到相应的高度，让他们来领导中国革命，就差一点断送了中国革命事业，而在山沟里的毛泽东则在价值体系上达到了相应的高度，所以就领导中国革命取得了胜利。

由此可见，价值体系的高度决定理论的高度，无论是培养马克思主义者还是搞理论创新，还是实际地从事政治活动，都应当首先培育这个基因，用佛教的说法就是要找到那种“大根器”。如果让那些满脑子功名利禄的人去研究马列、搞创新，搞出来的东西肯定不行，他不是那种“根器”。

二、价值体系的高度决定政治文明的高度

人的思想认识成长过程中的基因就是价值体系。处在某个较低的价值体系发展水平上，人们的目标就被“锁定”了，他的感知能力、实践能力和审美情趣都指向某个方向，所以他的实践就指向一个方向，他的行动就只能遵循“捣乱失败，再捣乱再失败，直至灭亡”的逻辑；如想让他走出这种困境，就必须来一个价值体系的提升，这便是中国人所说的“闻道”、“开悟”。对于个人来说，价值体系的高度决定其人性的高度；对于国家民族来说，则决定其政治文明的高度。如果没有价值体系的提升，不管人们在口头上如何热爱民主和关心民生，都不可能改变丛林法则对社会的控制，都必然要导致一盘散沙、两极分化乃至兵连祸结的局面。美国人以武力在中东进行的民主试验所导致的政治混乱与人道灾难，已经充分地证明，这是一个不以人的意志为转移的自然规律。人类要想摆脱政治上的混乱局面，就需要有一个价值体系进化过程，就像百川东到海一样，这是一个产生于人类天性的自然而又必然的过程。

要想提升社会价值体系，人们首先必须认识价值体系。然而，人们怎样才能认识到那个全面的价值体系呢？价值体系在人的认识过程中，处于一个很深的层次，很多人根本没意识到它的存在，现成地从社会环境得到了一套价值体系。正如笛卡儿的“天赋观念论”所说的那样，它是人们由理性直观得到的，如同数学的、形而上学的公理，一看就知道，清楚明白，无可怀疑，是普遍必然的，不可能来自个别的、偶然的感性经验，只能是理性自身固有的“天赋观念”，他没有认识到这个天赋观念就是社会环境所赋予人们的价值体系。后来休谟提出了一个“怀疑论”，他认为一切知识都

来源于感觉印象，至于感觉印象的来源，休谟认为是一个不能回答的问题，他的怀疑到此为止，没有深入到价值体系这个层次。皮亚杰的“发生认识论”推进了这个问题的研究，他认为“主体只是通过自己的活动来认识现实的，达到客观性要以解除自身中心化为先决条件”。他以天文学的进步为例，“主体是在运演结构的种类日益复杂而无所不包的情况下，通过协调自己的活动，才能做到解除自身中心化的。”[①]他的这个理论较之以前的认识论有了进步，认为人的认识过程中有一个主体的“运演结构”，但这个结构也还不是价值体系，他也没有深入到人的价值体系的形成过程中去。

推动了这个问题研究的是马克思主义理论。马克思借助人的实践力量克服了主观主义和客观主义、唯心主义和唯物主义在理论上的片面对立，他指出：“人的思维是否具有客观的真理性，这不是一个理论的问题，而是一个实践的问题。人应该在实践中证明自己思维的真理性，即自己思维的现实性和力量，自己思维的此岸性。关于思维——离开实践的思维——的现实性或非现实性的争论，是一个纯粹经院哲学的问题。”[②]与此同时，他还发现了异化现象，即由于人们的价值体系发育不充分而导致的不能客观正确地认识现实和不能合理行动，进而导致的对人们自身造成伤害的后果，但他的表述非常晦涩。随着共产党人改造旧社会的实践的逐步深入，处于社会与人性深处的价值体系问题也就逐步呈现出来，认识和改造这个价值体系的问题逐步地提上了人们的议程。毛主席首先提出了知识分子自我改造、与工农大众相结合的问题，后来又强调所有的人都要改造，包括我们自己。他说：“世界观的转变是一个根本的转变。”在毛主席之后，我们把工作重心转移到经济建设上来，经过了三十年的发展，我们取得了突出的成就，也面临诸多严峻问题，正是在解决这些问题的实践中，我们认识到了价值体系的存在，以及它对人性与人类文明发展水平的决定作用，并进一步提出了建设社会主义核心价值体系的目标。

所谓建设社会主义核心价值体系也就是摆脱资本主义价值体系的控制，从以物为本提升到以人为本，以人的自由全面发展作为自己的核心价值。达到了这个高度，其思想认识中也就具有了马克思主义的基因。如果

[①][瑞士]皮亚杰. 发生认识论原理[M]. 北京：商务印书馆，1981：91-92.
[②]马克思恩格斯选集：第1卷[M]. 北京：人民出版社，1995：55.

人们达不到应有的高度，同时他又在从事理论研究或从政，那他就很自然地成为修正主义者，其人性的高度就会制约其眼界，使其无法想象那样一种社会，在那里，人们不再是私有者。人的思想认识上的基因的识别问题非常重要，特别是对于保持共产党的队伍的先进性、选择革命事业接班人来说，具有非常重要的意义。但我们不能仅仅把注意力集中在共产主义事业的后继有人上，而是应当确信，确立新的价值体系对于每一个人来说都是一件好事，是一个大家都应当享受的福利，所以我们就应当创造适宜的条件，把全体人民都提升到这个高度。

三、共产党人必须始终保持价值体系的高度

马克思主义的基因就是以人的自由全面发展为核心的价值体系。这个新出现的核心价值并不是马克思的别出心裁的创造，他不过是发现了那本来就存在于人的天性中的东西。他说“人所具有的我无不具有”，新出现的价值也是人人都具有的东西。但这只是一种潜在的可能性，它没有被其他人发现，而是被中国古代圣贤发现了，后来又被马克思发现了，人类理性之光于是便照亮了原来处于无意识之中的需要，后来者居上，把这个新发现的价值放在人的全部需要的核心位置上，便可形成新的和谐统一价值体系，从而结束原有的价值体系内部的矛盾冲突，以及它对人类社会生活过程中造成的痉挛与灾难，进而开辟人类向更完满的自我认识和自我实现的方向前进的道路。历史发展的新境界并不是自发地出现的，它首先要被人们认识到，然后才能自觉地把它创造出来。马克思说：“历史的全部运动，既是它的现实的产生活动——它的经验存在的诞生活动，——同时，对它的思维着的意识来说，又是它的被理解和被认识到的生成运动。”[①]

在这个新价值体系刚出现的时候，还是一棵幼芽，还需要在实践过程中吸收营养，成长起来，从少数先行者的价值体系成长为普及到全体社会成员的主导社会运行的价值体系。共产主义运动的发展过程也就是这个价值体系的成长过程，这是一个艰难而又漫长的过程，马克思对此早有清醒认识，他说：“历史将会带来这种共产主义行动，而我们在思想中已经认识

---

①马克思恩格斯全集：第3卷[M]．北京：人民出版社，2002：297．

到的那正在进行自我扬弃的运动，在现实中将经历一个极其艰难而漫长的过程。”[①]在此过程中，共产党人必须始终坚持这个价值体系，倡导传播这个价值体系，这就像汽车上坡一样，必须一鼓作气地冲上去，如果半道熄火了，就要往下滑。所以共产党人必须始终坚持这个价值体系，才能推动共产主义事业的健康发展。马克思本人能够始终坚持这个价值体系，但对于其后继者来说，却未必能达到他的思想高度；虽然他们还说着马克思主义的词句，却未必具有马克思主义的基因，于是便出现了修正主义。

伟大的先驱者所发现的理论在其拙劣的后继者手里变成了僵化的教条，导致重大的灾难，这种例子在历史上比比皆是。比如基督教对世人的悲悯与拯救的教义，后来却被后继者们引向节欲苦行自我摧残的歧途，再后来还有教皇出售赎罪券，把宗教变成了教士们谋生的手段；文艺复兴时代唤醒了人们对民主自由的追求，到了后来也脱离了其先驱者的本意，成了人们放纵情欲物欲、自甘堕落的借口。马克思主义也面临同样的命运，有那么一些“马克思主义者”，他们在价值体系上达不到马克思的高度，所以就无法理解马克思主义，说不清什么是共产主义，把无产阶级革命看作是改朝换代的工具。他们所坚持的仍然是私有制的那一套价值体系，在这样的基础上建立起来的社会主义制度是没有生命力的制度，所以就必然要出现共产主义运动在二十世纪后期的大失败。马克思在世时已经看到了其理论被人误解的情况，他说：“我播下的是龙种，收获的却是跳蚤。”

我们要进一步发展马克思主义，就必须始终保持价值体系的高度。马克思主义是从黑格尔、费尔巴哈哲学理论脱胎而来的，必然地带有其先驱者的痕迹或者说是缺陷，马克思主义在发展过程中就必须克服这些缺陷，就像鸟儿让不适于飞翔的旧羽毛从翅膀上脱落下来而代之以新生的羽毛一样，这正是恩格斯所说的那个“脱毛”的过程。这是一个艰难的过程，所以就需要在革命深入的过程中，不断地与时俱进，推动理论发展的新进步。比如那种唯物与唯心的两极对立的思维范式，就需要加以克服，然后才能进一步到认识与实践的哲学范式。毛主席在这个方向上进行了积极探索，在领导中国革命事业的过程中，他深刻地总结革命事业成败的经验教训，

[①]马克思恩格斯全集：第 3 卷[M]．北京：人民出版社，2002：347.

写下了《实践论》、《矛盾论》，他发现了“无产阶级和革命人民改造世界的斗争，包括实现下述的任务：改造客观世界，也改造自己的主观世界——改造自己的认识能力，改造主观世界同客观世界的关系”。[①]这既是对中国哲学“修身”思想的继承发展，也是以中国哲学中特有的内容对马克思主义的补充发展。后来他又进一步发现了实践中的世界观问题，他说，世界观的转变是一个根本的转变。在这些探索的基础上，我们现在提出建设社会主义核心价值体系的目标， 是马克思主义进一步发展的必然阶段。

黑格尔认为，哲学在一个民族中的地位就像是庙里的神，是一个民族的灵魂所在。一个没有哲学的民族就像没有供奉神的庙。一个没有神的庙不足以称为庙，一个没有哲学的民族同样不足以称为民族。我们则进一步认为，一个民族仅有哲学还不行，还应当有一种高水平的价值体系。因为在实际上，有哪个民族没有哲学呢？每个民族都有一套哲学或者说是价值体系，事实上，每个人都是天生的哲学家，都有一套价值体系。虽然人们都有一套价值体系，其高下却有差别，正是价值体系的高度决定了人们的个性的发展高度，决定了一个民族的文明高度。所以我们就需要进行价值体系的建设，只有攀登到价值体系的一个新高度，我们才能保持文明的高度。对于共产党人来说，不仅要在口头上坚持马克思主义，而且必须在实际上达到马克思的理论高度，真正地具有马克思主义的基因，并把这个基因扩散到人民群众中去，才能把和谐社会真正地构建起来。

对马克思主义者来说，全部问题都在于现存世界革命化，实际地反对和改变旧制度。所以当毛主席看到旧制度的基因——官僚主义和腐败现象在他所缔造的政权中又滋生起来时，他就一次次地搞运动。尽管他没有取胜，但他代表了历史中的新因素，代表革命的生机勃勃的然而却又还很弱小的因素。“那些为了实现新的价值观和目标而谋求改变社会结构的领袖，远远超过了那些仅仅迎合表面意见的政客。”[②]共产党人要完成人类的解放事业，体现崇高的道德宗旨，就必须始终坚持马克思主义的价值体系，保持理论的高度，同时还必须根据人们的现实水平而因势利导地把它灌输、渗透到社会生活之中，这样才能代表人民的根本利益。

[①]毛泽东选集：第一卷[M]．北京：人民出版社，1991：296.

[②][美]詹姆斯·麦格雷戈·伯恩斯．领袖论[M]．北京：中国社会科学出版社，1996：497.

四、自觉建设社会主义核心价值体系，攀登文明的新高度

不管是理论的高度还是文明的高度，所体现的都不过是价值体系的高度，价值体系的高度是决定性的。对于动植物来说是基因的东西，对于社会和人来说就是价值体系。动植物都有一套保护基因的办法，其生命过程不过是基因维持下去的工具。对动植物来说，生命过程与基因的维持同样重要，甚至后者更重要。对于人类文明进化过程来说也是同样道理，不同发展水平的价值体系都必须以人的生命为载体，以社会运行过程为载体。价值体系和人的生命过程互为依存，谁也不能孤立地存在。在人类文明的演变进化过程中，价值体系的进化在其中发挥着主导作用，最终要达到的目标就是发育出一个完善的价值体系，发展出一个完美的社会组织，构建和谐社会。因而保护好价值体系的进化成果，使其延续下去，这是人民幸福的保障，也是历史的终极目标。

老子曾说过，“天地不仁，以万物为刍狗”，这是什么意思呢？认识到社会价值体系的进化过程的重要性之后，我们便可理解其含义了。人类价值体系的进化过程具有最重要的价值，相比于这个价值而言，人类个体不过是它用过即扔的“刍狗”。黑格尔在谈到世界精神时也表达了同样的意思：“说它利用了许多民族，许多世代的人类来完成它寻求自我意识的工作，说它造成万物生生灭灭的庞大展览，也还不够。它有充分富足的资源来作无限的展览，它大规模地进行它的工作，它有无数的国家，无数的个人供它使用。”[①]

人类一直被外在的力量控制着，尽管它有时是仁慈的，但大多数情况下是狂暴的。所以我们人类一直怀有这样一个梦想，那就是自己掌握自己的命运，从必然王国进入自由王国。儒家学说鼓励人们“赞天地之化育”，国际歌则告诉人们“要创造人类的幸福，全靠我们自己。”他们都不信任那些外来的力量，不管是我们所说的“天地”还是西方人所说的“造物主”。但是，这一直是一个梦想，为什么会这样呢？这是因为我们没抓住价值体系这个关键。现在我们要对价值体系自觉调控，建设社会主义核心价值体

[①]黑格尔．哲学史讲演录：第一卷[M]．北京：商务印书馆，1981：39．

系，应该是我们实现上述梦想的时候了。我们以前一直是价值体系进化过程中的“刍狗”，以为那支配我们生命的价值体系是不言而喻的。而我们现在要对那一直控制我们的丛林法则提出一个疑问，找到那真正优越的价值体系以及与之相配套的新法则，并精心地培之育之，使之成长起来。这是人类文明迈向自由王国的关键一步。

人类进化的关键一步要在我们自己的控制下来完成，这就是社会主义事业的神圣使命。我们必须创造出一种组织制度，为人们的价值体系的进化创造条件，引导人们自觉进行价值体系的转换。在这一神圣使命的引导下，我们便可形成一门新的中国特色政治学，它与西方政治学的区别就在于，比后者多了一个维度。后者是两维的，只有“长度”和“宽度”，“长度”是指人的寿命长度，“宽度”是指占有财富的多少；就像数学上的从平面几何发展到立体几何一样，政治学的合乎逻辑的发展便是从“平面”发展到“立体”，增加一个新的维度——人性的“高度”。

人性的“高度”也即是人的价值体系和行为法则的高度，这是一个客观存在。正如生活中找不到仅有两维的物体一样，社会生活中也不存在仅有两维的人性，每一个人都有价值体系，实际上都处在人性进化的某个阶段上。虽然两维的人性在现实中并不存在，但抽象思维可以把完整的表象蒸发为抽象的规定，只注意到人性的这一些特征而忽略了价值体系的水平问题。在这种抽象思维的基础上建立起来的西方政治学，只能是两维的平面几何政治学，不能正确地描述人类社会的政治现实，当然也就约束了人性的自由全面发展，导致了社会生活过程中的各种颠倒混乱，所以，人们举目望去，地球人的政治局面非常糟糕：自相残杀，环境恶化，富人胖得发愁，贫者饥寒交迫。

这种两维政治学实际上是把研究者自己的以财富的私人占有为核心价值的价值体系作为不言而喻的前提，作为其理论体系的基本公设。如果研究者超越了这种价值体系而达到了新的高度，便会以性善论作为其政治学说的前提；如果研究者自己站在私有制的价值水平上，其所坚持的只能是丛林法则，他便会以性恶论作为其政治学说的前提。对于性恶论者来说，人性中的那些美好的东西都是不存在的，他缺少感知这些美好东西的器官，他们不能想象还有另外一种充分发展的人性，只能按照自己的水平来设计政治制度，所以便强调监督制约、三权分立，这种以他们自己的人性尺度建立起来的政治学和政治制度，必然要束缚人性的向上发展，把人培养成庸人、坏蛋。那些超越了私有制价值体系的人，则会按照性善论来设想人性、设计政治制度，比如毛主席就期望着“六亿神州尽舜尧”，期待所有的中国人都达到很高的水平。但由于人性的实际发展水平达不到这种要求，所以在社会主义制度下也出现了很多问题，诸如官僚主义、腐败现象、计划经济中的僵化笨拙等等。为了解决这些问题、提升人性水平，他想了很多办法，却也没能做好，只能带着无限惆怅撒手而去。

政治学的进一步的合乎逻辑的发展也就是要总结这两方面的经验教训，从平面到立体，发展出一门实事求是的政治学。如果依然停止在平面政治学的水平上，政治学的理论和实践就只能在前人所划定的圈子里打转，重复前人的错误。在毛主席的探索之后，中国共产党人在建设中国特色社会主义道路上继续进行艰难探索，突破了西方政治学的条条框框，在理论上理清了社会政治过程的理想目标，这对于人类的进化过程来说，具有十分重大的意义。所谓人类的解放便是在价值体系上都达到这个新高度。单个人不能独立地达到这个高度，于是就要创造一种合理的政治经济制度，在此基础上倡导和谐法则，引导人们正确处理人民内部矛盾，从而让大家集体地达到这个高度。这是政治学发展过程中的一个由量变到质变的一个飞跃，是以前各种政治学的合乎逻辑的发展，抓住了以前的政治学所没有注意到的因素，由两维到三维，由平面到立体，既要承认人性发展水平的现状，又要为人性的进一步提升创造条件、预留广阔的空间。经过新中国近六十年来的探索，同时也综合全体地球人的政治发展过程的经验教训，我们可以建立起三维立体政治学，把政治学理论推进到一个新阶段。在此基础上，我们才能保持人类文明进化的成果，开辟新境界，达到新高度。

据说是“人类一思考，上帝就发笑”。但我相信，假如上帝对人类怀有仁慈友好的感情，那他这一次发出的就不再是讥讽的笑声，而是欣慰的微笑。

和谐社会由坚持和谐法则的人组成

一、历史进步与人的精神成长之间存在有机的联系

在某些人看来，不管人们怎样行动，历史规律都在那里发挥着作用，就像钟表一样嘀嗒嘀嗒地转着，共产主义该什么时候实现，就在什么时候实现。记得有人说过，历史并不服从企图引领它的伟人；既然历史不服从伟人的引领，按照同样的逻辑，当然也不会服从笨蛋的引领，贪官污吏们随便怎么折腾都没关系，共产主义照样会像太阳明天从东方升起一样，在某一个时刻冒出来。

这种把历史必然性与人们的价值体系发展水平分离开来的理论是一种幼稚的理论，坚持这种理论的人仍然处于人生初级阶段，持有一种幼稚的思维模式。马克思在批判庸俗经济学家时所说的那句话可以准确地用在这种人身上："粗率和无知之处正在于把有机地联系着的东西看成是彼此偶然发生关系的、纯粹反思联系中的东西"。[①]由于这种迷误，人们把历史进步过程简化为生产力的发展过程，并把它绝对化，他们坚信，只要生产力发展起来了，所有的问题都可迎刃而解。在这种一厢情愿的思维模式指导下，社会政治过程便一片混乱，从政者们在社会实践中碰得头破血流。如果不能摆脱这种简单化、绝对化的思维模式，人们就只能日复一日地重复这种错误的实践，永远带着一厢情愿的空想往现实的无形墙壁上碰撞，不管他们所要建设的是社会主义还是资本主义。

可以说，共产主义理论从空想到科学的发展，就在于摆脱这种幼稚的思维方式，认识到历史进步与人们的价值体系的发展水平之间的有机联系。欧文、傅立叶等人对共产主义的热情追求和对私有制社会的批判当然是真诚的，但他们提出的解决办法却是不科学的，所以他们搞的共产主义试验都失败了。马克思的科学共产主义理论之所以是科学，就在于他发现了人

---

① 马克思恩格斯选集：第2卷[M]. 北京：人民出版社，1995，6.

的价值水平与社会制度之间的有机联系，从而找到了实现共产主义的科学的程序，一个把人和社会都加以改造提升的程序，这个程序从夺取政权、建立公有制开始，然后发展生产力，然后再建设社会主义核心价值体系，建设一个有助于人性健康全面发展的社会。共产主义也无非是那种按照人的自由全面发展的需要而组织起来的社会，在那里，每一个人的才能都能得到很充分的发挥，每一个人的需要也都能得到合理正常的满足，社会也就可以保持和谐，同时也与地球环境保持和谐。但这是一种理想境界，要达到这种境界需要有一个历史过程，在这个过程中，当然要发展生产力，但并不仅仅是发展生产力。这是一个包括生产力的发展、人性的进化以及社会组织的进化过程。

必须经过私有制的历史阶段，在人们追求个人物质利益的过程中，才能推动人性的进化，发育出全面地占有和享受人类文明成果的人。这是一个漫长的历史过程，要想终结这个过程，推动历史进入新阶段，就需要克服幼稚片面，坚持那种成熟的思维方式。但这很困难，因为幼稚片面是人生的起点，是每个人天生都会的东西，而要成长到成熟阶段则需要有主观与客观诸方面的条件，并不单纯是理论上的进步，而是整个人格的进步，深刻地认识到自己与社会的有机联系，这是需要艰苦求索才能达到的境界。中国传统文化一向追求人格的完美，但一直是一种空想。现在，建设社会主义核心价值体系已经上升为社会政治目标，在实现这个目标的过程中，我们便可以使中国人的这一追求完成从空想到科学的跨越，从而也就可以使社会主义实现从空想到科学的跨越。

人们的价值体系与其社会制度之间存在有机的联系，一个社会中占主导地位的价值体系发展水平决定社会制度的选择，这是一个自组织过程。具有不同价值体系的人都参与了这个过程，他们各自的力量大小不同，方向也不一样，有人带来的是积极的正能量，推动社会的和谐与历史的进步，有人带来的是负能量，起着消极或破坏的作用，国家社会的兴衰便是由这无数个力的平行四边形形成的合力决定的。不论是国也好，家也罢，要想把事情办好，都需要大家共同努力，兢兢业业，善始善终；如果要想把事情搞砸，则只需很少几个人捣乱就足够了。价值体系的建设有如逆水行舟，往上进步很难，而要让它下滑则很容易，所以人类社会一直在低水平上徘徊。我们如想提高执政能力，就应当研究价值体系建设的规律，在这个领域里取得主动权，自觉地驾驭这个自组织过程。

二、人的价值体系发展水平是社会制度演变的内因

如果按能否认识历史规律和能否实践历史规律来判断人格的成长过程的话，可以把人的价值体系发展过程分为三个阶段：

第一阶段：既不能认识历史规律，也不能实践历史规律。这个阶段的人像动物一样，只知道自己的基本需要，忙于饮食男女，在基本需要的驱使下活动，为了这些需要的满足而争夺不休；这是人类的幼儿阶段。

第二阶段：知道历史规律的存在，却不能实践历史规律。这个阶段的人有知而无行，也会讲一些仁义道德的大道理，但是无法使其与自己的实践结合起来，知行不统一，人格分裂，嘴上说得好听，实际上却想的还是饮食男女等基本需要。贪官污吏们都是这样的，某些向往西方民主的人也是这样，这些人所喜欢的小布什、陈水扁之流，也处在这个阶段，他们虽然不讲什么历史规律，但也还是有一套民主说教，比如小布什到清华大学演讲，也大谈道德。但他所谈的道德落实不到行动中去，是没有生命力的空谈，实际起作用的是丛林法则。处在这个价值体系水平上，一旦掌权，就必然要为害社会，不是贪污腐败，就是胡作非为。

第三阶段：知道历史规律的存在且又能实践历史规律。这样的人能发现历史过程中潜在的历史必然性，并把它变为现实。比如列宁，知道共产主义的历史必然性，在 1917 年发现了建立社会主义政权的机遇，便领导布尔什维克实现了这种必然性；毛主席则在旧中国那种混乱衰败的状态中找到了农村包围城市的道路，也建立起了社会主义政权。其他还有一些人，如雷锋、史来贺、焦裕禄等等，他们闻道勤行，把共产主义理想渗透在自己的血液中，在自己的日常行为中体现出来。

能够认识历史规律并把它体现在自己的实践中，这正是人之所以为人的根本特点，正是因为这一点，才把人从动物状态提升到人的阶段。人类的进步就体现在这一点上，雅斯贝斯所说的“轴心期”也就是人类在精神上开始觉醒的时代，在东西方不同的地域分别出现各自的圣贤，发现了人类社会所应当遵守的一些规则，然后身体力行地宣传这些规则，让大家都

来接受。当时的人们不知道历史规律，更不知道共产主义，但他们所坚持的则是从社会生活中综合出来的一些新规则，比如说老子孔子的“道”，然后教导人们“遵道而行”。中国古人所说的“天人合一”，也无非就是认识到这个规律并实践这个规律，最后达到尽性以知天、从心所欲的境界。

与人的价值体系发展过程三阶段相对应的是历史进程的三阶段，原始社会、私有制社会和共产主义社会。社会制度的选择并不是一件衣服，而是与人的价值体系发展水平有机地联系在一起的，资本主义对应于人的不成熟阶段，或者反过来说，处在不成熟阶段的人只能适应资本主义制度。这就可能很好地解释为什么有些人强烈地向往资本主义，另外一些人则强烈地向往共产主义，这是因为他们的价值体系的发展水平不同。人们之所以需要共产主义，那是因为共产主义是他成长的内在需要，共产主义是把发生在个人身上的这个升华过程放大到社会集体中，是集体地达到的天人合一、历史与逻辑的统一。个体价值体系的成长水平与社会制度的这种对应关系是一种内在的必然性，随着个体价值体系的普遍成长过程，共产主义的实现也是一种内在的必然性。这两个必然性，前者就像是历史的纬线，后者就像是历史的经线，两者交织在一起，才能织出历史的壮美画卷。

共产主义实现的过程应当遵循由量变到质变的规律。这个量变到质变的过程要分两个层次。第一个层次是单个人的层次，思想认识的转化也是一个积累的过程，由量变到质变，对共产主义由不太相信到相信。这个层次的质变对于第二个层次——社会层次来说，只能算是一个量变，随着完成这种个性转变的人的增加，到了某个临界点，占据了优势，社会就成为共产主义社会了，少数人尽管不赞成，但在亲身体会到共产主义的好处之后，也就逐步接受了。有没有坚持不赞成的人呢？一定要带着花岗岩脑袋去见上帝的人估计也还有，但时间会解决问题，当社会完全由在共产主义环境下成长起来的一代新人组成的时候，共产主义也就实现了。

正如有些人还没达到第三阶段就死去了一样，也有一些民族和国家等不到实现共产主义就夭折了。从这一事实中可以得出两条结论：

1. 历史规律是分岔的，进化路程中有很多歧途，如果没有马克思主义的出现，社会就只能在低水平轨道上轮回，只有马克思主义的问世，才开辟了历史的新方向。

2. 人们不能期待历史规律自动地发挥作用，规律并不是自动地实现的，而是由意识到它的人来推动它的实现。通过努力认识历史规律并自觉实践历史规律，使自己进入人生的第三阶段，是一件很重要的事情，是人之所以成为人的必修课。只有大家都进入了人生的第三阶段，共产主义才能稳定地运行起来。

三、价值体系的转换与道德的关系

恩格斯在《路德维希·费尔巴哈和德国古典哲学的终结》一书中对费尔巴哈的道德论进行了评论："它是为一切时代、一切民族、一切情况而设计出来的；正因为如此，它在任何时候和任何地方都是不适用的，而在现实世界面前，是和康德的绝对命令一样软弱无力的。实际上，每一个阶级，甚至每一个行业，都各有各的道德，并且，只要它能破坏这种道德而不受惩罚，它就加以破坏。而本应把一切人都联合起来的爱，则表现在战争、争吵、诉讼、家庭纠纷、离婚以及一些人对另一些人的尽可能的剥削中。"[①]这个说法仍然适用于现在的各种道德说教。怎样才能使"道德"不再是一个软弱无力的"应该"，这是一个困扰了多少代人的老问题，现在看来，这个问题之所以难于解决，关键就在于人的价值体系在人们的意识深处发挥着决定作用。只有当人们抛弃了丛林法则、从第二阶段上升到第三阶段之后，才能把道德从外在的约束转化为内在的需要，在这种情况下，人们就会无须外在的约束而自然而然地实践道德法则。

因而人的精神成长就有两个方向，一个方向是价值体系的深入，从第二阶段成长进入第三阶段；另一个方向则是通常所说的知识积累。这两个方向是有机地联系在一起的，打个比方，就如一把折叠伞，价值体系的成长犹如伞柄的伸长，知识的成长犹如伞面的展开。伞柄的伸长很关键，没有这个伸长，伞面就打不开，知识的扩展便是无益的，便会出现知识越多越笨蛋的局面。因而在私有制的社会文化环境中，这两个方向经常是互相冲突的。老子据此得出了"知者不博，博者不知"的结论，这里的"知"相当于伞柄，"博"相当于伞面，这两者本来是相辅相成的，但人们却经常

[①]马克思恩格斯选集：第 4 卷[M]. 北京：人民出版社，1995：240.

地把两者对立起来。应当看到，处在第二阶段的人，也可以看到一些事实，但他缺少感知更深层次的真理的器官，就像人的耳朵听不到大象彼此联络时所用的次声波一样。因而“实事求是”并不是每一个人一睁开眼睛就可以做到的，人们必须在价值体系上来一个飞跃，才能看到感受到更全面深刻的真实世界。现在的学校教育只注意到了知识的积累，忽略了传道的功能，所以这种教育是有缺陷的，人们用大量的知识来填塞学生的头脑，反而堵住了孩子们闻道的通道，于是乎便出现了老子所说的那种“知者不博，博者不知”的局面。

当一个人处在第二阶段时，他的浅薄是全方位的，其思想观念、行为模式、审美标准都是浅薄的，不然的话，其性格就会分裂，自相矛盾。比如说，一个人如果不负责任，那他对所有的事情都不负责任，不仅是对集体的事情不负责任，就是对自己的事情也不负责任。一个人如果反对学雷锋，这就是一个不负责任的标志，这样的人也就自我阉割了服务公共事业乃至对公共事务发表议论的能力。这样一种人格特点便是社会矛盾冲突的根源，他不可能提出积极有价值的建议，他的主张不仅对社会是有害的，对他自己来说，也同样是有害的。

如果一个人具有积极的、健康的人格，那也是全方位的，不仅对个人的事情负责，而且对社会集体的事业负责，对别人的事情，哪怕是素不相识的人，也同样持负责的态度。一点小成功不会让他飘飘然，一点小失败也不会让他退缩，他会坚韧不拔地朝理想的目标奋斗，这样的人生才可能是成功的人生。由此可见，如何从第二阶段进入第三阶段，这在人的生命过程中至关重要。对于一个国家或民族来说，也是同样道理。一个国家民族也可能是浅薄的、不负责任的、愚蠢的，只会在世界上制造矛盾动乱。要想摆脱这种状态，也需要自我修养，把自己提升到一个较高的发展层次上，使自己趋向于和谐文明。

站在岸上的人和水里的鱼所看到的世界是不一样的，处在第二阶段的人和处在第三阶段的人所看到的世界也是不一样的。这两种人虽然生活在一起，进行着争论，但实际上分别处于进化的不同阶段，是截然不同的两种人，就如同猴子与人的区别一样。一个处在第二阶段的人不能想象第三阶段的状况，这个阶段对于他来说是不存在的，他的生命因而就是不完美的，不全面的，就如同一棵没有长出果实的树一样。把历史必然性与个人的实践分离开来并对立起来，这是处在这个阶段的人的特点，坚持这种对立，就会把人生引入歧途，这样的人活的时间再长，也都不过是在错误中空耗日月。

处于第二阶段的人也要用自己的价值体系来改造世界，但由于他没有达到成熟的境界，所以就只能以不成熟的价值体系来改造社会。和谐法则便是美的规律，处在第二阶段的人不知道美的规律，所以也就不能用美的规律来塑造自己，也不能用美的规律来改造社会。他们的行为也参与着社会的自组织过程，如果掌了权，其作用要大一些，如果没掌权，作用则要小一些。但不管作用大小，大家都发挥了作用。所以，一个由处在第二阶段的人组成的社会，最终将自然而然地选择私有制。比如说戈尔巴乔夫，作为苏联的领导人，其价值体系对于社会演变作用就很大很重要，由于其价值体系没有达到马克思主义的高度，在实际上支配着其行为的，最终还是资本主义的价值体系，在这种情况下，不管他如何折腾，也不管他口才如何出众，最终建立起来的只能是资本主义。价值体系的高度决定文明的高度，不管是对个体，还是对社会，都是如此。

四、价值体系的转换是一个艰难的过程

很多人对“人民”这个词怀有一种天真的信赖，他们相信，当广大人民群众解决了基本的温饱问题，生活水平进入小康以后，当教育普及提高、各种文化生活大大丰富之后，人民的素质就会自然而然地提高，能够理性地从人类社会整体和长远的利益出发来看问题决定自己的行动。

一位生活在美国的网友就发现，事实并非如此：生活在有着各种理想的物质条件和文化条件中的美国人民不是素质更高更为理性了，反而是更为狭隘、肤浅，更为自私自利、自以为是了。对于中国人来说，情况也差不多，改革开放这些年来，物质已经相当丰富，社会总产值也翻了好几番，应当是“仓廪实而知礼节”了吧，但实际的情况是，人们的道德水平不仅没有提高，反而退化了，这些年来一直有人在惊呼“道德滑坡”，衣食足了之后也仍然没有知荣辱。这种理论与现实的不一致到底是怎么一回事，问题出在哪里？能否找到一个能够与现实存在和历史事实相一致的理论？

这个问题其实不难，关于价值体系问题的研究可以解决这个难题。价值体系是社会运行的序参量，对于个人来说，也同样发挥序参量的作用。历史的进步过程是价值体系的演化进步过程，对于个人来说，也同样有一个价值体系的进步过程。处在不同阶段的人，由于价值体系的不同，人的实践是不同的；如果坚持丛林法则的人在社会中占据了支配地位，则社会必然地指向资本主义。所以西方人便可通过影响其他国家人民群众价值体系的形成过程来实现其和平演变的战略。

这里的关键是，人的价值体系一旦形成，便会保持固有的模式，它会锁定人的行为模式，尽管外部环境变化了，人们会仍然保持原来的模式，就像堂吉诃德一样带着满脑袋的奇思怪想去和风车决斗。价值体系不是一个想换就脱的衣服，而某种融化在血液中的东西，从第二阶段向第三阶段的转换并不是自然而然的成长过程，这中间有一个艰苦的脱胎换骨的转换过程，这便是毛主席所说的“世界观的转变是一个根本的转变。”习惯了丛林法则的人也会坚守自己的行为模式，因而尽管美国的生产力很发达，却没有爆发无产阶级革命，这是由于美国人已经沿着丛林法则走得太远，成了单向度的人，缺少了对另一种更高级的生活的想象力和追求，被锁定在资本主义的轨道上了。

“反者道之动”，正是资本主义价值体系的蔓延，反而暴露了它的弊端。虽然很多人在其控制下不能觉悟，但也毕竟还有一些思想活跃、特别敏感的人能发现问题：在一种低水平价值体系的控制下，没有人能生活幸福。穷人生活不幸福，富人生活也不幸福。于是人们便觉悟过来，自觉地追求新生活的人们，经历了迷茫痛苦的考验，终究会找到进入新制度的大门，于是我们对历史规律的认识便进入到一个新阶段。并不存在一种像钟表一样运行的历史必然性，共产主义能否实现则要取决于人们自身的选择，而这种选择则又取决于人性的发展水平，我们之所以相信共产主义的历史必然性，那是因为我们对人性的进步怀有坚定的信念。

如果人们认为共产主义的实现是一种历史必然性，那也只是因为他的人格成长到了第三阶段，这种认识是其人格成长到了这个阶段后所必然要达到的认识，就像太阳必然发出光芒一样。所有否认共产主义必然性的人，其人格都还处在第二阶段，并且在其内心深处都自然地对人性的这种更高的发展怀有一种恐惧，都不能想象自己还能成长为更完善的人。那些战争罪犯、军火商人、各种违法犯罪者，在其内心深处肯定都没有对于人性的充分自由发展的向往，以嘲讽、蔑视的神情看着他人追求实现这种潜能的努力，压抑自己内心的这种潜能。

价值体系的成长就像对电脑软件进行升级一样，需要卸载原来的软件，加装新的软件。有些人意识到了这个转换过程而自觉地完成，而另外一些人意识不到这个过程，于是便会对别人的转换过程产生反感，甚至坚决反对。这种反对有些是出于他们的阶级地位，他们要保住自己的既得利益，但也还有一些人没有什么既得利益可维护，只不过是因为其个性发展的不充分，没有能力超越丛林法则，他们无法想象一种新生活，所以就本能地拒斥这种生活，并力图把别人也拉到自己的水平上。对这样的人来说，所谓民主，也不过是他坚持狭隘价值体系的借口罢了。

通过对价值体系的研究，我们解释了历史规律与人的实践的关系。从个人的生活过程来看，价值体系是一种精神性的东西，但如果从历史的眼光来看，它是历史大河的河床，我们的生命过程则像是一个水分子，与其他众多的水分子一道沿着这个河床所规定的路线向前漂流。在这个过程中，有一些水分子突然想到要改变这个河床的方向，按照一种新的价值体系来规定历史方向，按照美的规律来改造社会，正如中国古人所说的那样，人定足以胜天，这正是人的伟大之处。马克思高度评价巴黎公社的革命首创精神，列宁发动的十月革命的成功和中国共产党人推翻旧制度建设新中国的伟大胜利，靠的就是这种革命首创精神，共产主义事业靠的就是人的这种内在潜能的发挥。所以，中国文化中的优秀传统在马克思主义者改造世界的实践中得到了实现，他们本来就是相通的。

五、要构建和谐社会，就必须自觉地推进价值体系的转换

虽然生命是属于我们自己的，我们可以而且也必须自己支配生命，但是，是用一种科学合理的方式去支配它还是用一种自暴自弃的方式来支配它，这是两种截然不同的方式，前者是成熟的合乎社会整体利益的方式，后者则是幼稚的违背社会整体利益的方式。由于个人利益与社会公共利益本来是有机统一在一起的，所以成熟的方式自然也就是有利于个人利益的

方式，不成熟的方式自然也就是不利于个人利益的方式，前一种方式自然而然地促进社会和谐，而后一种方式则必然要破坏社会的和谐。

那些处在第二阶段的人们不会正确处理人民内部矛盾，他们总是在有意无意地制造麻烦、内耗以至于各种社会灾难。要构建和谐社会，就必须消除他们造成的危害。但与其被动地跟在他们的后面“擦屁股”，不如想法促进其价值体系的转换，把他们从麻烦制造者转化为积极的和谐制造者。只有当人们自觉主动地追求和谐的时候，和谐才是可以实现的。这大概就是佛教中所说的“明心见性，直指人心。”这同时也是一个拯救，如果完不成这个转换，这些人终生都生活在错误之中，而且他们还会扩散其狭隘的价值体系，形成一个自我强化的“超循环”，让下一代人延续其错误。想要构建和谐社会的“愚公”们所要挖掉的就是这样一座不断成长的“大山”，所以就必须想法打破旧价值体系的“超循环”，让新出生的一代人在社会主义核心价值体系占支配地位的环境中成长起来。

要打破旧价值体系的“超循环”，必须依靠人的创新精神——用社会主义核心价值体系武装起来的人们的历史首创精神。要构建和谐社会，也就是要自觉地促进人性进化到第三阶段，于是每一个人都面临一个价值体系的转换的任务，即由以物为本转换为以人为本，由丛林法则转换为和谐法则。人民群众中会有人自觉地进行这个转换，但绝大多数人受制于旧的经济政治文化环境，心有余而力不足，还有很多人根本就不想转换，于是社会领导者就要领导这个过程，为之创造条件，树立榜样，鼓励鞭策。这是关系到社会主义政权稳定、社会主义事业发展的核心问题，共产党的执政能力就在于能否控制社会气候，主导这个转换过程。

共产党代表人性的进化方向，有谁能比那些真正的共产党人更优秀？这是共产党的优势，我们应当充分发挥自己的优势，按照自己的价值体系来改造世界。共产党执政就是要按照共产党人的价值体系来改造世界，改造人性，这个道理是天经地义的；要求人们树立“八荣八耻”的荣辱观，锻造一个自强不息的完美人格，这个道理也是天经地义的。

所谓“以人为本”，也就是要确立一个全面的价值体系，以人的自由全面发展为核心价值，而不再以物质财富的私人占有为核心价值。把物质财富的私人占有作为核心价值与发展经济保障人们的物质需要，这是两回事。

但那些处于第二阶段的人们没有能力把两者分开，共产党人要构建和谐社会，就必须在理论上把两者分开，在关注人民的物质需要的同时，还要关注人民的自由全面发展，把人民群众从私有制价值体系的奴役下解放出来。对自由全面发展的需要处在价值体系的高端，当我们把它作为核心价值的时候，其他各种需要都可以得到正常满足而不至于膨胀起来把人的发展引入歧途；反之，如果我们专注于基本需要的满足而忽略了高级需要，基本需要就会膨胀起来而损害人的天性的正常发展。所谓以人为本，也就是要以人的自由全面发展为核心来重组社会生活，而不是以经济指标的增长为核心来组织社会生活。只有了解了人性的进化过程，并能有效地促进人的开悟、闻道，我们才能在社会管理上进入自由王国。

只有在以人为本的前提下，人们才能克服狭隘片面的价值体系的误导，立足于社会根本及长远发展需要，组织社会生活过程。作为执政党，只有在以人为本的前提下，才能代表人民的根本利益，才能提高执政能力，真正推动时代和社会进步。站在这样的一个历史高度，我们便可回头借鉴参考古今中外的政治经验。各种宗教、各种哲学政治学理论，其最终目标都有或隐或显地把目标集中在人性的培养塑造上，因而有充分的、大量的经验可以借鉴。包括西方敌对势力的实施和平演变战略的做法，我们也应当借鉴，既然人家在不执政的情况下，就能成功地把我们的下一代演变成他们的人，我们为什么不能充分地利用执政条件，把我们的下一代培养成我们自己的接班人呢？

和谐社会只能由达到了第三阶段的人组成，这个社会制度究竟是什么样子，我们很难在书斋里进行设计。新制度的形成是一个自组织过程，它只能在达到了第三阶段的人们的日常生活过程中自动地产生出来。如果没有引导人性进入第三阶段的基础性工作，单凭某种书斋里的“顶层设计”来构建和谐社会，那就是舍本逐末。历来的智者贤人都力图引导人们走上成熟健康的生活道路，当一个人达到了这种思想境界，也就进入到了成熟的境界、自由全面发展的境界。对于达到这种境界的人来说，他们便可自然而然地组成和谐社会。建设社会主义核心价值体系是建设理想政治制度的基础性工作，在这个坚固基础之上，才有可能矗立起伟大的政治制度。

六、在实践中深化对和谐法则的认识

和谐法则是与社会主义核心价值体系相配套的行为准则，就像丛林法则是与以财富的私人占有为核心价值的价值体系相配套的行为准则一样。正如社会主义核心价值体系有一个源远流长的发展演变过程一样，和谐法则也是一个积淀了几千年的很复杂的道德规则体系。中华民族的文化传统给我们留下了很多引导社会和谐的规则，都积淀在我们的生活中，或者是写在书上，诸如爱人如己、众生平等、艰苦奋斗、为人民服务等等。人类的实践没有结束，不断会有新的问题等着人们去解决，所以这个和谐法则的内涵就依然在发展着。道可道，非常道。和谐法则也是“道”的有机组成部分，只要人类的历史没有终结，这个对道的探索就仍然没有终结。

对这个和谐法则，我们只能基于现在所达到的认识找一个答案，这个答案仍然不是常道，但它应当是当前最紧迫的问题。概括起来，首先要珍视和谐，小心翼翼地维护和谐，我们不能对出现不和谐的可能性听之任之。其次是要为人们接受和谐法则创造经济政治文化环境上的条件。其三是要先实践起来再说，在实践和谐法则的过程中加深认识。

大道是人们天生就具有的东西，如果有了良好的环境引导，它便可以在人们生活成长的过程中进入人的意识，在理论与实践的良性循环过程中，不断地成长起来，形成稳定的个性特征。但在当今人类成长的过程中，常常会有一些因素妨碍人们闻道。

首先，社会经济制度是私有制的，它把人们的注意力引入歧途，生存的自然必然性迫使人们关心个人的看得见的物质利益。请看现在的实际情况，每一个人都要为工作、住房、教育、医疗而苦恼，在到处充满恶性竞争的社会环境下，被“到处都需要钱”这样一个社会现实压迫得喘不过气，无暇顾及国家的未来。即使人们找到了工作，仍然要提心吊胆，因为每个打工者生活来源的保障权利都被老板们攥在了手里。为了获取老板们的赏识，为了谋生，一些人为老板充当打手，一些人为资本家盘剥社会、榨取他人血汗，还有一些人只能出卖自己所能出卖的一切。这样的生存环境无孔不入压制着人的精神成长过程，他们的发展机会、他们的就业机会、他们的吃饭机会都被某些精英、资本家们控制着，试问，在这样的社会现状之下，谁的内心是和谐的？社会又怎么能够和谐起来？

其次，社会文化环境是很糟糕的，国内外敌对势力有计划地运用宣传和其他非战斗活动传播思想和信息，把人们的注意力引入歧途，通过反复的灌输宣传，把丛林法则在人们的内心深处稳定地确立起来。西方国家正在打一场没有硝烟的第三次世界大战，为了达到这个目的，他们认为，“必要的谎言”和欺骗都是允许的。环顾我们的周围的黄色腐朽的文化，堪称触目惊心，在这样的环境中成长起来的新一代，又怎样能完成精神上的觉醒呢？

在上述情况下，社会环境的发展与人的成长之间便成了一个恶性循环，遮蔽了人们闻道的过程，他们就只能在狭隘错误的价值体系控制下，大道进入不了人们的实践，就像大树的种子落在了石板上一样，无法生根发芽。处于这种状态下的人们，也会遇到一些人来给他们讲一些大道理。比如说，也会跟着形势讲一些“三个代表”，但是，其内心深处占支配地位的是丛林法则，这个法则先入为主地控制了这些人的头脑，后来的其他大道理便成了“说教”，成了软弱无力的“应该”。他们被丛林法则控制住了，一般的教育对他们不管用。对这些人来说，道是不存在的。想在这种人格水平的基础上构建和谐社会，那就只能是缘木求鱼。

我们要构建和谐社会，就要从基础工作做起，想办法帮助人们闻道，帮助人们从丛林法则的控制下解放出来。健全的社会应当这样来组织，第一，要保障人们的基本需要，把人们从生存的强制压力下解放出来，这就是要有健全的社会保障制度。于是就必须建立一个和谐的经济环境。把人民从生存的自然必然性的强制压力下解放出来。如不从根本上改变社会价值体系，听任丛林法则继续发展下去，我们的社会就不会趋向和谐，只能是越来越不平衡，人们的心理会变得更加暴烈。矛盾积累到一定程度，就会向外部寻找释放的突破口，很有可能出现剧烈矛盾，那就是平民的暴动。

要防止这种情况，于是就要做到第二点，把人民群众组织起来，投入到有价值的事业中去。通过社会分工，形成强大的生产力，形成一个科学合理的社会组织，为人性的健全发展创造政治的、经济的条件。要做到这一点，就必须用和谐法则来引导人民。构建和谐社会就是要让人的各种目标或需要保持和谐，让社会的各种需要在和谐法则的统领下保持和谐，不能片面地强调某种需要，使其畸形地放大，以至于压抑了其他层次的需要。

所以就需要有一种全面的价值体系，使其中的各个层次互相兼顾，保持和谐。人的基本需要与高级需要的平衡不仅需要人们自己的觉悟，同时还需要社会的经济基础、制度等条件。我们要建设社会主义市场经济，就必须把社会主义与市场经济在个人的生活过程中结合起来，只有达到了这个水平，社会主义与市场经济之间的矛盾才能逐步消除，进而有机结合起来，稳定而和谐地运转起来。

因而这是一个综合性的任务，一是要在人的基本需要与高层次需要之间保持和谐，不能让其中的一个压倒了另一个；二是要自觉维护社会主义制度与市场经济的平衡，也不能让其中的一个压倒了另一个。对这个难题，我们很难找到一个现成的答案，这是因为，理论难题的解决是实践的任务，并且要以实践为中介。但是这种实践不是那种在丛林法则的引导下的实践，大量事实已经证明，这样的实践只能是在解决现有问题的同时带来更多更难解决的问题；继续坚持这种在低水平价值体系主导下的实践，那就只能距离现实问题的解决越来越远。真正能够解决现实难题的实践必须是在和谐法则指导下的实践，在科学的理论指导下的实践是理论自身发展的条件，同时也是和谐法则获得生命力并发扬光大的条件，这样的实践才能引导我们从错误、挫折走向胜利。

但对于我们普通人来说，并不是非要把和谐法则完全弄明白了再来实践，也不是等各种条件都具备了再来实践，更不必非要等到领导或其他人都实践和谐法则之后再来实践，而应当是不管三七二十一，自己先实践起来再说，得一言而拳拳服膺，莫失莫忘，在这种坚持实践和谐法则的过程中，人们才能体验到和谐法则的好处，才能由浅入深，登堂入室，这样我们才能成为和谐社会的积极建设者，才能使我们有限的短暂的生命充实而有价值，体验到那种俯仰无愧的感觉。

第二编

在中国特色社会主义伟大实践中深入认识价值体系问题

价值冲突与阶级斗争

在人类社会中，除了阶级斗争这一矛盾外，还存在一个更为普遍、更为基本的矛盾——价值体系的冲突。人与动物不一样，他有自觉的意识，要为自己选择发展道路，这也就是说，他具有某种价值体系；他的价值体系是否科学合理，决定了他能否认识到正确的发展道路，能否获得充分的发展；由于人们的个性发展水平的差距和所接受的环境影响的不同，人们关于人生与社会的理想是不一样的；然而人们很少意识到这种差别，通常都把自己的价值体系视为唯一正确的价值体系，不管它是否科学合理，都力图用它来改造别人，这样一来，具有不同的价值体系的人们便会发生冲突。探讨这种冲突的特点以及它与阶级斗争的关系，是一个很重要的事情，本文就此谈点看法，向大家请教。

一、价值冲突是一个普遍的存在

人都具有价值体系，如果作为人而没有价值体系，就像说他没有身高和体重一样，那是不可想象的事情；整个历史也无非是人的价值体系的不断进化过程。在此过程中，新的进步的价值体系总是先在少数人身上孕育成熟，然后才逐步扩散到普通大众身上。在接触到新的价值体系的时候，人们会有各种反应，素质高的人一点即透，欣然接受，闻道勤行；素质不那么高的人则疑惑迷茫，置之不理；更下一等的人则是反感抵触，采用讽刺挖苦、打击迫害等各种方式来抵制新的价值体系，这便是价值冲突。尽管冲突的方式与结局各不相同，但这种冲突在社会生活中却是一个普遍的存在。

首先，从时间上来说，从古至今，以至于将来，凡有人群的地方，都会有它的存在。古人所说的君子与小人的矛盾，便是这种矛盾。尤其是在历史上出现了共产党人之后，由于他们追求一种更高的价值理想，要把社会提升到一个更高的发展阶段，于是便会与那些看不到这种未来而力图维护现存制度的人们产生激烈冲突。即使将来这种矛盾解决了，共产主义实现了，在一个更高的价值水平上，也仍然还会有先进与落后的矛盾。

其次，从存在的范围来看，价值冲突不仅存在于阶级之间，而且还存在于阶级内部，存在于大到国际之间、小到家庭内部的各种社会集体之中。在同一个阶级内部，有的人代表这个阶级，维护整个阶级的利益，有的人则由于愚蠢自私而成为本阶级利益的破坏者。如共产党内的矛盾斗争，有的人维护党的整体利益，有的人则借党的名义谋私，败坏党的名誉，虽然他也知道社会主义事业搞垮了，他也不会有什么好结果，但他先不管那么多。即使是国与国之间的冲突，冷战、核威慑、颠覆、制裁等等，也都产生于价值体系的冲突，国际之间事实上是以价值体系的异同来划分阵营的；在资本主义国家内部，不管有多少矛盾冲突，在对付社会主义国家时，便会毫不犹豫地团结起来，资本主义世界对于维护其价值体系来说是很有自觉性的。

价值冲突即是低层次、片面性的价值体系与高层次、更全面的价值体系的冲突。由于人性有一个由低到高、由不完善到完善的发展过程，所以在发展得较充分与发展得相对不充分的人之间就会出现矛盾冲突。在这种冲突中，有一种不同于动物界的生存竞争的新特点；在动物界的生存竞争中，失败者被简单地吃掉，而在价值体系的冲突中，战胜对手的目的不是要吃掉对手，而是用自己的价值体系来改造对方，驾驭控制对方。那些具有低层次价值体系的人也不自知其低，他们也要维护自己的价值体系。家长们软硬兼施地让孩子们按他们所设想的生活道路来发展，妻子们苦口婆心地劝导丈夫，如此等等，都无非是想让对方按自己所设想的道路发展；然而“唯仁者能好人，能恶人”，假如他们的价值观是正确的，用它来引导对方便是有益的，但如果他们的价值体系是有缺陷的，那他们的控制便是讨厌的，便会引起激烈的冲突。

在价值冲突中，从总体上看，进步战胜落后，光明战胜黑暗，这是历史发展的必然趋势，但也必须看到，有时在某个局部，低层次价值体系也有可能占优势，邪恶与愚昧会更强大，好人反过来被坏人所改变、所战胜，他们所在的集体因此而趋向于衰败。历史上曾有多少文明、国家就这样从地球上消失了，现实中仍有多少国家、企业乃至家庭正在不由自主地走上衰亡之路。比如当今国有企业的困境，外部因素固然不可忽视，但我看，关键还是内部出了问题，艰苦奋斗的精神丢失了，各自拨拉自己的小算盘，企业的东西是“不拿白不拿”，上行下效，这种做法成了风气，企业迟早要垮台；就拿一个国家来说，也是如此，公民们各自想着自己能从国家得到的利益，便会形成“上下交征利”的局面，腐败分子越抓越多，人民群众也不再艰苦奋斗，大家都忙着找门路“发财”，贪官们为了区区几个回扣，可以视关系人民生命安全的大工程为儿戏，小偷们则为了卖几块钱的废品，他们会盗割价值上万的电缆。整个社会心态都“浮燥”了，愿意静下心来为社会做些事情的人越来越少，生之者寡，食之者众，这种趋势如果发展下去，国家的垮台就只是一个时间问题。即便是在一个家庭内，也是这样，有人做事有利于家庭稳定和谐，有的人则在内部搞破坏，有许多蠢夫愚妇，不知互相尊重，以为自己的老婆便可随意打骂，自己的丈夫可以任意欺凌。有一个被自己的孩子用锤砸死的妇人便说过，自己生的孩子打死也没事，于是她便任意在孩子身上发泄自己的怒气，却不知道兔子急了也要咬人的。可叹世上多少人，不知珍惜自己所赖以立足生存的集体，肆意破坏自己的根基，无所不用其极，不留余地，徒逞一时之快，非要等到悲剧发生了才知道悔悟。

人与人之间存在“谁改造谁”的问题，在国际之间也同样存在这个问题。西方资本主义势力也要千方百计地用他们的那一套价值体系来改造社会主义和第三世界国家。以前他们是想用武力来消灭社会主义的，后来他们总结经验教训，改用和平演变战略，向社会主义国家输出他们的生活方式，以此为媒介来传播他们那一套价值体系，他们认识到，“只要他们向往我们的衣、食、住、行、娱乐和教育的方式，就是成功的一半”。他们说：“要尽量用物质来引诱和败坏他们的青年，鼓励他们藐视、鄙视、进一步公开反对他们原来所受的思想教育，特别是共产主义教条。”“一定要把他们的青年的注意力从他们以政府为中心的传统引开来，让他们的头脑集中于体育表演、色情书籍、享乐、游戏、犯罪、性的电影以及宗教迷信。”“我们要利用一切来毁灭他们的道德人心，摧毁他们的自尊自信的钥匙就是尽量打击他们刻苦耐劳的精神。”他们的这个战略是很奏效的。他们把社会主义国家的人们改变成像他们一样的人，不是为了让这些人也和他们一样生活，而是把他们改造得适合于西方的经济体制，适合于被西方剥削，这是符合西方国家的经济利益和安全需要的。包括美国终于同意中国加入WTO，其动机也无非是为了要在与中国保持永久性正常贸易关系的过程中影响和改造中国，其参议院财政委员会主席罗思在1999年4月19日发表文章说："今天我们正处在未能达成一项将有力地促使中国接受资本主义的协议的边缘。若没有抓住这个机会，那将是犯下极其严重的错误，不仅对美国的经济利益来说是如此，而且对我们的政治利益和安全利益来说也是如此。"此后又有六位前国务卿在给美国总统克林顿的信中说，给予中国以低关税进入美国市场的永久性正常贸易地位以及世界贸易组织成员地位，是推动中国走向更加开放的社会的"极其重要的途径"。

二、价值冲突与阶级斗争的关系

价值体系不同的人会发生矛盾斗争，这种斗争并不就是阶级斗争，两口子吵架，父母与子女的矛盾，说不上是哪个阶级与哪个阶级的斗争，不能把阶级斗争扩大化。那么阶级斗争与价值冲突是一个什么关系呢？

首先，阶级斗争类似于动物界的生存竞争，这是私利的斗争，并不是价值冲突。只有私有者之间才会出现阶级斗争，在彼此对立的阶级之间，价值体系并没有什么不同，就像鲁迅所说的，奴才做了主子，是不会废去老爷的称呼的；农民起义的领袖打下江山后，照样摆皇帝的谱；一个穷小子在资本主义制度下靠自己的辛勤奋斗，也有可能积累一点资本，他当上了老板后依然要按经济规律办事，他依然是资本的人格化，依然要剥削工人。任何一个时代的统治思想都不过是统治阶级的思想，在资本主义价值体系在社会生活中的支配地位没有改变的情况下，无论人们如何拼命争抢，你方唱罢我登场，都改变不了社会的性质，也提高不了自身的人格发展水平，所改变的只是个人在社会结构中的阶级地位。因而从总体上来说，阶级斗争是发生在同样坚持私有制价值体系的人之间的冲突，无产阶级与资产阶级之间的冲突，虽然具有阶级斗争的形式，但在实质上却是两种价值体系的冲突。

其次，价值冲突是超越阶级界限的。在同一个阶级内部也会出现价值冲突，在资产阶级内部，产生出无产阶级的思想家马克思、恩格斯，在无产阶级及其先锋队共产党的内部也会出现修正主义。处在不同阶级地位上的人们，会由于价值体系的一致而团结一致。戈尔巴乔夫之所以能与西方和平演变战略配合默契，正是由于在他的意识深处与西方的价值体系是一致的；有许许多多出生在社会主义制度下的人们，对西方国家羡慕得不得了，趋之若鹜，其原因也在于他们的价值体系与西方文化价值体系的一致，西方是他们的精神家园。阶级斗争产生于对私利的争夺，价值冲突则产生于对私利的不同理解。共产党人的私利是将全人类的利益都包括在内的，因为他们认识到，无产阶级只有解放全人类，才能最终解放自己。共产党人建设社会主义核心价值体系，不是为了维护自己的统治，而是因为只有价值体系的提升，才能使人类摆脱历史周期律的控制，得到真正的解放。所以，价值冲突是更深层次的冲突，那些想要维护剥削压迫制度的人，都会本能地坚持私有制价值体系。

其三，无产阶级与资产阶级之间的斗争，既是阶级的斗争，同时也是价值体系的冲突。其之所以如此，是因为无产阶级虽然与资产阶级站在同一个社会基础上，但在精神上却是超越了旧的价值体系的。但必须强调的是，无产阶级的这种新的价值体系并不是天生的，它需要有马克思、列宁等革命导师的引导。如果没有这种引导，并在共产党的领导下团结起来，形成改造旧世界的强大力量，建立起与新的价值体系相适应的新制度，工人阶级就摆不脱受资产阶级的压迫剥削的命运，不管他们在这个制度中如何奋斗，终究是在现有制度的框架中活动，其所能达到的结果不过是工资高一些，休息日长一些而已，在这种情况下，他们依然是旧制度的奴隶，同资产阶级一样在精神上摆不脱旧的统治关系的束缚，依然是维护旧制度的一种力量。就像宋江起义一样，他本来就摆不脱封建制度的精神束缚，把“聚义厅”改为“忠义堂”，为的是把他对封建统治关系的崇拜确定为起义军的共同崇拜，这一改便决定了起义军的归宿。这就像当今某些人对市场经济的盲从迷信一样，由于没有能力摆脱旧制度的精神束缚，他们当然也就不可能在实践中运用和驾驭价值规律来为社会主义的政治目的服务，只能是被价值规律牵住了鼻子。

其四，共产党强调阶级斗争不是为了把阶级维持下去，而是为了消灭阶级。在共产党人所进行的阶级斗争中，价值体系的冲突是本质，无产阶级开展斗争的目的不是为了简单地把统治权夺过来，而是为了建立一个没有阶级的新社会，通过用自己的价值体系来改造社会，也就消除了阶级分化所赖以产生的价值体系，从而把社会引向一个更高的发展层次。因而如果无产阶级夺取政权后，不坚持用共产党人的价值体系来改造社会，从而彻底清除阶级分化所赖以产生的根源，阶级斗争就会重新出现。苏联的赫鲁晓夫等人不明白这个道理，唱一些“全民国家全民党”和“全人类的价值”等大而无当的高调，在实质上纵容了资本主义价值体系的发展，结果是不仅未能实现“全人类的价值”，反而使阶级分化重新形成并日益尖锐起来，最终把已建成的社会主义政权也搞垮了。由此可见，社会主义价值体系是阶级对立的溶解剂，而资本主义价值体系则是阶级对立所赖以产生并维持下去的温床。

三、共产党人必须理直气壮地用自己的价值体系来改造世界

人们都想用自己的价值体系来改造世界，资产阶级是这样，共产党人也是这样，要判断其正义性合理性，则要看哪一种价值体系更合理，更有利于人类的发展。当今西方国家顽固坚持自己的价值体系，不知道什么是对社会真正有益的，成天把人权挂在嘴上，他们诉诸人的基本需要，本能地拒斥任何高层次的价值体系，维护自己的那一套价值体系，闭眼不看这种狭隘的人权自由观所带来的社会混乱、生态恶化等问题，一定要让全世界都接受他们的价值体系。每年搞一个人权状况的报告，对别国的内政横加干涉，把别的国家称为“无赖国家”，就是不看自己的人权状况，也不管自己的行为像不像个“无赖”，这种指责与林肯夫人对林肯的指责属于一个类型。然而也正因为他们是根据自己的本能行事的，所以在两种价值体系的冲突中得心应手，不犯错误；正如福山所说，“冷战不是以军事征服对方，而是以意识形态征服对方的方式和平地结束的。”同时还因为苏联东欧的修正主义者在价值体系上与他们处在同一个水平上，没有能力与之划清界限，也不可能针锋相对地制定有效的反击战略，所以西方的和平演变战略取得了巨大成功。苏联东欧社会主义政权崩解的历史教训表明，社会主义国家如不能坚持社会主义价值体系，使它成为占统治地位的价值体系，就无法

保持共产党的领导权，也无法守住已取得的革命成果，就会反过来被旧制度的意识形态所改造，就会陷入战乱频仍、经济倒退的局面，人民群众就会重新沦落为资本主义的奴隶。孔老夫子曾说，“苛政猛于虎”，现在看来，资本主义价值体系同样“猛于虎”，如果人类不能尽快摆脱它的控制，就会被它吞掉。

共产党人应当向自己的敌人学习，根据对手的战略制定自己的战略。西方国家要与我们展开一场意识形态的战争，我们切不可在这个方面示弱，而应当是针锋相对。我们有自己的优势，共产党人是先进文化的代表，共产党人的价值体系是挽救世界、引导人类进入一个新的发展境界的唯一可能的阶梯，所以我们必须理直气壮地坚持它，它就是社会主义的立国之本。对已经夺取政权的共产党人来说，必须注意的是，不能泛泛地谈论阶级斗争。无产阶级夺取政权不过是手段，其目的是要用社会主义价值体系来改造社会。如果人们把手段当成了目的，社会主义事业就会失去改造旧制度的朝气、锐气，在资本主义价值体系的无孔不入的影响下，无产阶级也会蜕变为自己以前所反对过的那种人。在那些搞修正主义的人们中，有很多人也并非就是决心想把社会主义搞垮，他们也很想把社会主义的事情办好，只是由于没有真正确立社会主义价值体系，所以就没有能力拒绝私有制环境的污染，摆不脱旧价值体系的纠缠，稀里糊涂地把社会主义引到了资本主义轨道上。

怎样正确地处理价值体系的冲突，在这种冲突中获得主动权，在反击西方和平演变战略的斗争中取得胜利，这是一个大问题。人性的改造是一件非常困难的事，人们的价值体系如果定型了，改造起来是很困难的。各自坚持自己的价值体系的人们，都想改造对方，就像是两个聋子吵架，各讲各的理，根本听不到对方的话，如果形成了这种局面，在思想政治工作上下再大的功夫也无济于事。所以我们应当总结这些年思想政治工作的经验教训，把它作为一个系统工程，科学设计，使之与经济运行过程有机地结合起来，同时还要在社会上形成气候，使科学合理的价值体系在社会生活中占据支配地位，从而在党组织和人民群众之间形成“教学相长”的局面；并且还要长期地一以贯之地坚持下去，就像老子所说的那样，“慎终如始，则无败事”，社会主义才能进入稳定的运行轨道。

改革、责任制与责任能力[1]

一、政治和经济体制改革就是要寻找与人的责任能力相适应的社会组织形式

改革与责任制结下了不解之缘。从开始阶段的农村联产承包责任制到后来的城市工商企业的各种经营管理责任制，无不是为了克服旧体制中“大锅饭”的弊端，把个人在生产组织中的责任与利益联系起来。从而促使人们认真负责地工作，保证社会生产过程的顺利进行。改革的深化与发展也就是责任制在范围上的扩大和在内容上的深化与完善。在推行责任制的过程中，有的地方取得了成功，比如农村的联产承包责任制就有效地推动了农业生产的发展，取得了举世瞩目的成就；而在另外一些地方的责任制则只是小有成功，有的还在探索，有的甚至还带来了消极作用，这是为什么呢？改革十年来的经验使我们对责任制的各种形式与效果积累了丰富的感性知识，从而有可能深入地思考这个问题了。

对任何一个社会组织来说，其中每一个角色都必须正确地履行其责任，这是任何一个社会组织存在与发展的必要条件。为了维持社会组织的存在与发展，保证各个角色的责任的正确履行，我们就必须健全责任制，明确每个角色所应当承担的责任，如果不能履行，就要采取一定的惩罚措施。但是，仅有惩罚措施还远远不够，还要看责任承担者是否有能力承担起这一责任。生产的组织形式必须与生产者的素质相适应，责任制必须与人的责任能力相适应，如果二者搭配得当，劳动者就关心生产过程的结果，他就具有相应的责任心，尽其所能地保证生产过程的正常运行；如果搭配不当，就会出现弊端，有的人多劳不能多得，有的人则躺在“铁饭碗”上不劳而获，无须承担责任，只想得到利益。这就使得许多人不关心生产的结

[1]本文成文于 1988 年.

果，缺乏必要的责任心，正如我们在旧体制中所司空见惯的那样，一方面存在着人才资源的大量浪费，人不能尽其才，有责任能力的人不能得其位，发挥其才能；另一方面，在其位的人没有相应的责任能力，不能尽其职责，从而使得劳动纪律松懈，社会管理和生产经营过程紊乱，效率低下。改革，从这个意义上来说，即是破除对社会主义制度的教条式的理解，寻找与人的责任能力相适应的生产和社会组织形式。在此前的改革中，我们往往忽略了责任能力这一重要因素，只看到推行责任制可以调动积极性，而没有注意到责任制是否与人们的责任能力相适应，结果是有的碰巧成功了，有的则没有成功，还需要进一步探索。

二、责任能力是保证我们行为合理性的能力

什么是责任能力?从字面上讲，责任能力即是一个人对自己的行为承担责任的能力。责任首先指的是人们在各自工作岗位上必须保证做好的事情。有一门边缘学科，专门研究机器零件的可靠性问题，即该机器系统在一定的环境条件下，在一定的时间范围内完成某一功能的能力；由此类推，各种社会组织的管理系统，生产经营的各个环节也都存在着一个可靠性问题，如果人们不能正确地履行这些岗位的职责，便会在社会生活中造成紊乱，带来不利后果甚至是重大灾难，如大兴安岭的火灾、接连发生的列车撞车事故。责任能力首先即是保证人们正确履行各种岗位的职责的能力，一旦出了问题，则要有能力承担后果，比如负责赔偿损失。然而有许多损失是无法赔偿的。比如大兴安岭的火灾，虽然惩处了几个当事人，但损失却还是要由国家人民来承担。为避免这种情况，无论是选拔干部还是招聘工人，都必须认真考察其能力是否能确实可靠地履行该岗位的职能。如果我们要招聘一个厂长，就必须慎重地考察他能否确实可靠地负起厂长的责任，保证国家、企业、职工三者利益。不然的话，一旦出现失误，应聘者个人的财产通常是无法赔偿国家、企业和职工的损失的，无论如何惩罚他都无济于事。确保责任被正确履行的能力，这是责任能力的最基本的含义。

此外，责任能力还有更深一层的含义，在社会生活中，一个行为所带来的后果并不是简单明了的。由于社会交往的扩大，社会因果链条越来越复杂化，一个人的行为往往要带来一系列他自己也未曾料到的后果，从局

部地区看来是合理的行为，从更大范围来看则可能是不合理的，从个人或小集团的利益来看是合理的行为，从更大集体的利益来看则可能是不合理的；从眼前利益来看是合理的行为，从长远利益来看则可能是不合理的。在这种情况下，我们不仅要积极主动地承担责任，而且还要正确地认识客观环境，正确地认识什么是值得追求而又可以追求的人生目标，什么是个人与社会的真正利益。从这个深一层的含义来看，责任能力即是一个人保证自己的行为的合理性的能力。我们不仅要对自己负责，保证自己的一生能幸福地度过，而且要对社会集体负责，对子孙后代负责，使所有的人们能幸福地生活。或者更准确地说，要通过我们的行动去促进社会公共利益，这是我们在正确履行各个岗位上的责任的同时也必须始终牢记的无形的却又是更高的责任。只顾眼前，不顾将来；只顾个人，不顾社会，或是情况不明、盲目行动，都是不负责任的、不合理的行为，都会反过来惩罚社会，其中也包括了我们自己。

责任能力是一个客观存在。我们可以把它看成是人格发展的标志。一个人发展得越充分、越全面，他所认识到的责任也就越多，他所承担的责任也就越大。当一个人还停留在口腹之欲的发展水平时，除了自己的直接的生存需要，很难认识到更大的责任。而更高级的需要产生以后，要满足这些需要则要求有更多更复杂的条件，这就需要有更大范围的社会交往、更高的实践能力。而且，诸如自由合理的行动、尊重、爱、自我实现等更高层次的需求，不像物质需要那样具有排他性，它们必须在大家共同得到满足的情况下才能得到满足。之所以说“无产阶级只有解放全人类，才能最终解放自己”，就是因为这种“解放”是一种高层次的需要，不像“发财”那样是可以独自享受的物品。无产阶级首先意识到“解放”的必要性，也就首先要承担起“解放”全人类的责任，为此他们还要受到那些不肯“解放”的人们的白眼或者是反对和迫害。

此外，责任能力的核心是人格发展的内在动力。心理学家们认为：“一个有责任心的人会做使自己感到有价值的事，也会做感到对他人有价值的事，他有奋发的动机，并能忍受匮乏以获得自我价值。”[①]一个缺少责任心

[①][美]弗兰克·戈布尔. 第三思潮：马斯洛心理学[M]. 上海：上海译文出版社，1987：143.

的人，事事依赖、等待，不敢承担责任，这样就只能始终处于不成熟、软弱依赖的境地，这样的人是最难于对付的：丰裕的物质条件会使他们骄奢淫逸，成为寄生虫；匮乏的物质条件又会压垮他们，使他们成为浑浑噩噩的生物或是铤而走险的凶暴之徒；极端的不负责任，便会导致自暴自弃。“一个人越负责，他就越健康（指的是心理健康），越少责任心，就越没有健康。”“绝大多数精神错乱的情形都可以最恰如其分地被说成是无责任心。”[①]因此，我们要关心人、爱护人，最根本的做法就是培养人的责任心，有了这个责任心，优裕的物质条件会为他向更高层次的发展创造条件，匮乏的物质条件也会促使他警醒起来，穷则思变。对于一个人是如此，对于一个国家、一个民族来说不也是如此吗？责任心是人格发展的胚芽，必须从幼儿时就精心培育；这是社会管理者们对未来对社会所必须承担的责任中的最高的一项责任，对于这项责任的认识不足或是承担这项责任的能力上的欠缺，都将会对未来社会造成重大损失。

三、责任能力的发展是社会进步的推动力

按照通常的说法，生产力是社会发展的动力。然而抽象的生产力是在具体的人们有组织的活动中创造出来的，技术、资金、资源、管理、信息等生产要素对于发展生产力来说都是重要的。可是对我们当前来说，尤为重要的是认真负责的工作态度。从上层管理机构的官僚主义到直接生产岗位上的消极懒散，无不根源于责任能力不足，无不阻碍着生产力的发展，使各种生产要素不能正常地发挥效益。责任能力相对于资金技术等生产要素来说，是生产力发展过程中的软件；为了保证社会的良性运转，稳步地提高人们的生活质量，稳步地发展生产力，就必须保证社会各个岗位上的责任得到正确的履行，因而也就必须提高人的责任能力。

历史地看社会生产组织形式的进步，从奴隶制、封建制到资本主义再到社会主义的变迁，从一个侧面来看是生产力发展的结果，而从另一个侧面来看，则是生产者的责任能力发展的结果，从在皮鞭、棍棒的监视下劳动，在生存的自然必然性的驱使下劳动，到成为一个自觉的劳动者的发展

[①][美]弗兰克·戈布尔．第三思潮：马斯洛心理学[M]．上海：上海译文出版社，1987：143．

过程，则是社会生产组织形式的发展的更深的原因。责任能力的发展，人格的完善与成熟不仅是个人的发展，同时也是一个历史的过程。随着人们的责任能力的提高，人们对人生价值体系的深入了解，人们对社会进步的需求也就更为迫切，这是社会进步的内驱力；在这种内驱力的驱动下，人类才永无休止地追求那更幸福更完美的人生与社会。

因此，我们有理由认为，责任能力的发展是社会进步的根本动力之一。然而这个客观存在的最根本的力量，无论在理论上还是在实践上都经常地受到忽视。责任问题，理所当然的是伦理学中的核心问题，但以往的伦理学大都把注意力集中于人们对待责任的态度，是逃避它、还是勇于承担它，至于人们是否有能力承担它，则被忽视了。这种不考虑人的责任能力水平，一厢情愿地要求人们承担责任的观点，如萨特所坚持的“人要为一切承担责任”的偏激之论，只能是黑格尔所早就嘲笑过的软弱无力的“应该”。“在这种‘应该’里，总是包含有一种软弱性，即某种事情，虽然已被承认为正当的，但自己却又不能使它实现出来。”[①]我们在精神文明建设上的努力往往不得要领，也就是因为没有抓住责任能力的提高这个根本；我们的共产主义信念教育往往流于说教，其原因就在于不考虑人的责任能力的发展需要有一个循序渐进的过程，期望人们一下子承担起为人类服务的责任，因而我们的共产主义教育就还停留在“应该”的水平上。

在实践上，我们要期望某人充当某一社会角色或承担某种责任，首先就要弄清他是否具有担负这一责任的能力。例如法律就明文规定未成年者、精神病患者不能出庭作证，因为他们不具备对自己的证词负责的能力。而在另外许多重要的场合，例如人事任命与管理，我们就没有直接提出责任能力的考察与培养问题，而是使用空泛的德才标准，带来了用人失当、考察不科学的弊端。在改革与下放权力的过程中，假如不仔细考察接受权力的一方是否有能力合理明智地使用这一权力，能否对自己的行为后果承担全部责任，就必然不利于改革的进行。

总之，如果继续让责任能力这个社会进步的主要动力处于我们的意识之外，那它就会作为盲目的力量而起作用，和我们的愿望作对。

[①][德]黑格尔．小逻辑[M]．北京：商务印书馆，1980：208.

四、改革与责任制必须在责任能力不断发展的前提下深入、完善

改革即是寻找与人的责任能力相适应的社会生产组织形式。由此出发，我们还可引申出以下几点结论来：

第一，一种劳动组织形式的合理与否，取决于它是否适应人的责任能力的发展水平。孤立地看一种劳动组织形式，无所谓好与坏，对于一些人是有益的责任制形式，对另外一些人则可能起到相反的作用。对于一些人来说，自由、充裕是他们迈向新的、更高的人生境界的有利条件，而对另外一些人来说，只能把他们惯坏；对于一些人来说，压力、挑战、责任会有助于他们的发展，对另外一些软弱的人来说，则会把他们压垮。同时，我们在设计责任制的具体形式时，必须考虑人们的承受能力，只有在责任的重担没有超过人们的责任能力的限度时，责任的承担才对人的发展是有益的，正如对运动员的训练不能盲目加大运动量一样。因而改革后的劳动组织形式应当是各有特色，不存在统一的模式，可以有雇工经营，也可以有各种自愿的劳动组合，在有些情况下，也可以继续保留“大锅饭”体制。

第二，责任制是责任能力的外壳，适当的外壳使责任能力得到发展，责任能力的发展，又要逐步与责任制不相适应，正如蝉在成长过程中必须经历的蜕皮一样，必须摆脱现有体制的束缚，建立起新的组织形式，从而为责任能力的进一步发展和生产力的进一步发展创造条件。因而并不存在一个始终一贯的合适的劳动组织形式，它必须适应人的责任能力与生产力发展的要求，适时地进行调整。比如农村的家庭联产承包责任制，就还需要不断地调整，以适应农村产业结构调整、土地向少数人手里集中、农村劳动力向工副业转移的需要，同时还要逐步形成适应发展农村工副业生产的新的组织形式。

第三，改革，一方面要正视人的责任能力的发展现状，据此来确定相应的责任制形式，另一方面，它也必须以促进了人的责任能力的发展作为根本目的。改革为人们承担责任提供机会，同时也为人们培养提高自己的责任能力提供了机会。责任能力也如同人的其他各种能力一样，需要在实践中应用，在应用中培养提高。在高度集中的管理模式下，一切都要听从上面的指令，错了由上级负责，最后往往是大家都无须承担责任，从而造

成了责任心低下，散漫疲沓的风气。旧体制有种种弊端，其中最主要的是它使人处于软弱、依赖、不成熟、缺乏责任心的境地，它培养了一大批不负责任的人：改革则把权力下放，让人们自己对自己的行为负责；改革还推进了社会政治生活的民主化，人民开始参与社会政治生活，自己要对自己的选择负责，这就为人们的责任能力的发展提供了机会；与此同时，它也对人们的责任能力提出了更高的要求。必须在人们的责任能力不断提高的前提下，改革才能不断地深入。与之相应的，如果没有责任能力的实际提高，无论如何改革，都只能是一场折腾。因此，我们必须有意识地引导促进人们责任能力的普遍提高，在目前的情况下，则要慎重选择适当的责任制形式，循序渐进。对关键岗位上的人选，则必须慎重考察其责任心、知识水平、管理才能，确保承担这一责任的人具有相应的责任能力，从而避免权力的滥用和失误，以保证改革的声誉。社会政治生活的民主化也要根据人们承担社会责任的能力，量力而行，循序渐进。

第四，责任能力的发展，既是物质文明建设的内在动力，也是精神文明建设的具体内容。只有在人们的责任能力不断提高的情况下，社会主义公有制才能成长完善起来；没有责任能力的提升，公有制反而不如私有制。改革与责任制的实践将为人们的责任能力的发展创造条件，提供一个梯子；责任能力的发展最终必定要指向这个目标——人的自由全面发展，进而推进社会主义公有制的发展完善。这就是改革最终要达到的目标，也是我们在改革过程中所必须始终牢记的目标。

国有企业兴衰演变过程中的价值体系问题[①]

国有企业目前所面临的困境是举国关注的焦点，它关系到社会的稳定，也关系到党和国家的前途命运，本文就这一问题谈点看法。

一、国有企业的困境根源于过渡时期的基本特点

国有企业为什么会出现困境？马克思有一段话对我们很有启示，他说："当与生产的一定阶段相应的社会状态刚刚产生或者已经衰亡的时候，自然会出现生产上的紊乱，虽然程度和影响有所不同。"[②]社会主义作为处于私有制和公有制之间的一个过渡阶段，其中有资本主义的因素，也有共产主义的东西；这两种因素的交织，使社会运行过程不能协调有序地进行。这种无序或者说紊乱表现在社会各个方面，但最根本的还是表现在物质生产过程中。在任何一种社会制度下，都必须保持生产、分配、流通、消费的循环过程的稳定运行。在资本主义制度下，资本家管理这个过程，"资本家进行监视，使劳动正常进行，使生产资料用得合乎目的，即原料不浪费，劳动工具受到爱惜，也就是使劳动工具的损坏只限于在劳动中它被使用时损耗的必要程度。"[③]而在许多社会主义的企业中，有许多因素干扰着这一过程，使之不能正常进行，诸如部分劳动者不关心生产过程，缺少劳动积极性，不爱惜生产资料，在生产过程中有跑冒滴漏，有消极怠工，在经营管理环节上有盲目决策，瞎指挥；一个经营还算正常的企业，由于换上了一个"败家子"厂长，便很快被搞垮，陷入亏损倒闭的境地；另外在盲目加快发展速度的虚热气候下，一些项目未经充分论证就盲目上马，造成巨

---

①本文写作时间大致在 1995 年.

②马克思恩格斯选集：第 2 卷[M]. 北京：人民出版社，1995：6.

③马克思. 资本论：第一卷[M]. 北京：人民出版社，2004：216.

大浪费。凡此种种，都是社会主义社会中的无序的表现。这种种现象极其严重地阻碍和破坏了社会生产力的发展，在这种情况下，国有企业的经营自然会越来越困难。作为社会主义社会中一种普遍存在的现象，其根源就在于：社会主义生产关系要求人们是自觉的劳动者，假如人们达不到这种人格发展水平，先进的生产关系与社会人格发展的不充分之间的这种差距，就导致了社会生产过程中的紊乱。

认识到这一点是非常重要的：经济制度必须与人的发展水平相适应，二者的结合是有机的，而不是任意地组合在一起的。在私有制社会中，人们被其所生活的文化环境塑造成私有者，其地位的差异是偶然因素造成的，倘若换一个地位，农民做了地主，雇工当了资本家，同样能称职地行使地主或资本家的经济职能，资本的人格化可以很容易地实现。而在社会主义公有制的条件下，公有制并不具有这种便利，公有制的生产关系需要有与私有观念彻底决裂的人作为其存在的基础，需要有实践社会主义价值体系的人作为基础，这种基础并不是现成地存在，它所面对的依然是私有制文化环境培养出来的私有者，所以很难实现这种人格化，于是就出现了生产过程的紊乱。为了克服这种紊乱，就必须进行人格的塑造，以适应公有制，包括无产阶级自己也要抛掉自己身上的一切陈旧的肮脏东西，才能成为新社会的新基础。列宁曾说过："教育工作者和共产党这个斗争的先锋队的基本任务，就是帮助培养和教育劳动群众，使他们克服旧制度遗留下来的旧习惯、旧风气，那些在群众中根深蒂固的私有者的习惯和风气。"[①]

反过来说，如果做不好劳动者的教育工作，让那些根深蒂固的习惯和风气、生存的自然必然性继续束缚着人们的情况下，新社会的基础就不稳固，社会主义制度的优越性就发挥不出来，反而会失去优越性，生产过程紊乱，难以为继。在这样的基础上，私有制的生产关系反倒更适应；资本家的严厉管理反而可以消除生产过程中的紊乱，于是便显得更有优越性了。

二、"经济人"假设必然将社会导向资本主义

如何克服这种紊乱，只能有两种办法，其一是让人们提高其人格发展

[①]列宁选集：第 4 卷[M]．北京：人民出版社，1995：303．

水平以适应生产关系，其二是改革生产关系以适应人格发展水平。某些改革理论家们所坚持的是第二种办法，在他们的心目中只有这个办法，他们看不到建设社会主义价值体系以提高人们的人格发展水平的办法，他们所心照不宣的人格假设还是斯密的“经济人”。这一假设是一个无形的牢笼，人们意识不到它的存在，都在无意之中把“经济人”作为永恒的人性，所以也就逃不脱它的束缚。他们都是斯密的忠实信徒，自然而然地同斯密站在一起。

必须说明的是，这种假设与自然科学上的假说不一样，它是参与着现实社会发展的一个重要因素。当人们将经济人假设作为天经地义的真理时，他也就接受了资本主义的价值体系，自我塑造为一个经济人，其社会理想也就自然而然地指向资本主义。他们心中的理想社会，不论是否清晰，在本质上都是资本主义，他们没有能力想象社会主义社会。只要接受了经济人假设，就必然要接受资本主义永世长存的假设。在资本主义还没有充分发展的斯密的时代，经济人假设引导着资本主义制度的发展成熟；在社会主义这个过渡时期，经济人假设则引导着社会倒退回资本主义，把资本主义重新恢复起来。

当前国有企业的困境，正是在朝向这种理论预设所指向的目标发展的过程中所必然要经历的阶段。与某种人格水平相适应，只能有某种经济组织方式，如果不考虑社会的人格发展水平，一厢情愿地建立更高的生产力组织方式，就一定要跌跟头。所谓社会人格指的是人格的平均发展水平。人的发展水平参差不齐，既有徐虎、李素丽等非常先进的人物，也有非常落后的人物。但先进人物在社会总人口中毕竟是少数，社会不可能根据他们的需要来确定经济制度，只能根据人格发展的平均水平来确定经济制度，这便是实事求是。改革即是根据社会人格发展水平来组织社会生产过程，制定出与之相适应的生产组织方式。诸如破产、承包、租赁、股份制等等，从提出和实践者的角度来看，这些无不是根据眼前现实所可以采取的应对措施。毫无疑问，他们是实事求是地想办法、当参谋的。但他们没有注意到的是，他们从经济人假设出发所提出的改革措施反过来强化了人们的经济人倾向；这种倾向不会停止在某一点上不动，它还会进一步强化，私欲会进一步膨胀，迫使理论家们提出新的改革措施，于是乎改革就要进一步深化。人们的人格发展水平是一条流动的河，它在不断地变化着，人们的应对措施于是也要跟上人们的人格发展水平的变化；而且这些应对措施本身也是引导现实变化的一个重要因素，它促使现实的更大的变化，于是两者互相影响，互相拉扯，以必然的决定性的方式把社会拖向私有化。在这种发展趋势达到了某个临界点以后，就会自发地向前发展，即使没有那些理论家在其中继续推波助澜，这种趋势也在照样发展。这就是尽管这些理论家们在理论上十分浅薄无知（他们所坚持的不过是几百年前的陈货），却依然气壮如牛的原因，挟其势而已。在资本主义价值体系在社会生活中蔓延发展的过程中，公有制必然要萎缩以至于消亡，就像放在水里的糖块一样逐渐融化掉了。关于公有制的弊端的议论，则是这个萎缩过程的先导和伴生物。有了这个开端，自然也就开启了国有企业大规模破产瓦解、职工大批下岗待业的发展历程。

必须强调的是，“方式的增长率起决定性作用。增长率最高的那些方式通常获得优势并决定宏观结构。”[①]目前正在进行的这个过程——私有经济的发展与公有经济的萎缩——必将对社会主义政权的稳定带来损害，这并不是危言耸听；这种损害已经在我们周围处处表现出来，如果听任这种趋势发展下去，其结局必然是资本主义的复辟。

三、倒退回资本主义秩序是一个非理性的过程

社会主义不可能长期维持目前的无序状态，它必然要发展出一种有序状态来，它可以有两种选择，一种是按现有的社会人格发展水平来建设经济政治制度，退回到私有制，这是一种秩序；另一种是在正确认识并依据现有的社会人格发展水平来改革政治经济制度的同时，注意引导社会人格发展水平的进步，使制度的进化与人性的进化处于互相促进的良性循环之中，最终进化到完全的公有制，这也是一种秩序。究竟向哪个方向发展，关键在于把人培养成什么样的人。人是经济循环过程中的决定因素，是天使还是野兽，是财富还是包袱，人的素质高低决定了社会运行的质量；是把人培养成具有社会主义价值体系的新人还是听任其成为寄生虫，这是关

[①][德]赫尔曼•哈肯．协同学：大自然构成的奥秘[M]．上海：上海译文出版社，1995：233．

系到社会主义的前途命运的大事情。

任何一个社会制度都有一个人格模塑的工作要做，社会主义制度也是如此。而且尤需注意的是，社会主义是从旧制度中产生出来的，旧制度的人格模塑机制还保持着自己的惯性，如果听任这种惯性发展下去，它会不断强化，把旧制度重新恢复起来。两种社会制度谁胜谁负的问题，取决于人民群众的教育引导，谁把人拉过去，谁就是胜利者。资本主义把人争取过去，所采用的不是通常的思想教育，而是用生存的自然必然性把资本主义价值体系强加于人；社会主义向资本主义的倒退、重建资本主义秩序是一个自发的过程，即社会的自组织机能发挥作用的过程。在其经济运行过程中就包含着人格模塑的功能，它把人塑造成不负责任、只注意个人物质利益、只知索取的人。在形成了这种机制的环境中，无私奉献的美德就不再是优点而是弱点；谁如果还执迷不悟，还向往着善良、真诚，这个环境就会嘲讽他，贬损他，孤立他，引诱他，骗他，坑他，让他吃尽苦头，让他像过街老鼠一样四面楚歌，把他对社会人生的热情一点点地消磨掉。这个环境用生存的自然必然性的强制压力来教育他，用每一次交易中的讨价还价来让他增长见识，提高素质，逼迫他克服真诚善良的“缺陷”，学会适应这个环境，学会自我放纵，学会冷漠无情，最终形成这么一种信念：只要我能多捞一把，哪管他什么天塌地陷。这样它就把人一个个地从社会财富的创造者转变成社会的包袱，把主人翁培养成寄生虫。社会主义制度要想稳定地运行起来，就必须把人们从生存的自然必然性的束缚下解放出来，为人性的解放创造条件，而旧制度则竭力维护人性的现有发展水平，把人性中新的进步倾向扼杀在萌芽状态，运用生存的自然必然性来强制人们接受旧的价值体系。并且这个过程还披着民主的外衣，使人们觉得这就是他自己的自觉选择，是他的最根本的利益。这种虚伪的民主其实是最专制的暴君，专制得让人们感觉不到它的专制。在它的奴役下，人们丧失了想象另一种生活的能力，正像列宁所说的那样，它每日每时地、自发地和大批地产生出资本主义和资产阶级。

苏联的演变便是明显的例证。在苏联的演变过程中，戈尔巴乔夫在改革的旗号下纵容、支持社会向资本主义的演化，在“打破禁区”、“更新观念”的口号下，把党和人民的思想搞乱，堵住人们的嘴，设置一些理论禁区，造成一种公有制生产方式没有资本主义优越的舆论环境；他还纵容腐败现象从内部搞垮党员干部队伍，用党员干部队伍的腐败来涣散工人阶级，用私营企业的发展来挤垮国有企业，用国有资产的大量流失来培植资本主义势力。从一方面看，他心怀叵测，实行愚民政策，不把社会主义所面临的两种前景告诉人民群众，而只说与世界“接轨”的那一种，把它描绘得美妙无比，用一些引进的新词，把非常简单明白的事情说得神秘莫测，使人如堕五里雾中，稀里糊涂地跟他走——这对他所宣称的民主化、公开性来说，是个极大的讽刺；从另一方面来看，他也不过是社会自组织机制控制下的一个木偶，在这位改革的理论家的眼里，唯有资本主义方向的改革才是社会主义的出路，在其潜意识中的社会理想就是这么一种制度，在他看来，“作为资产者的人是一切社会的唯一可能的基础”，他“不能想象会有这样一种社会制度：在那里人不再是资产者。”[①]在他的这种潜意识的引导下，改革必然地走向资本主义。如果我们再追问，他的潜意识是怎么形成的，那就只能进一步追寻他所生活于其中的社会环境，尤其是在他早年的生活环境中无意识地形成的价值体系，他的这种价值体系又通过其执政地位来制导社会的运行方向，从而形成了一个闭合的正反馈的循环圈。由于这种价值体系的普遍的无孔不入的影响，所以要选出一位代表资本主义的人来执政的概率非常之高，反过来要想选择一位在思想意识上超越资本主义价值体系的领导人，则很不容易。正由于这个原因，社会主义的发展过程非常脆弱，而要倒退回资本主义则很容易。

四、控制社会演变过程，将其引导到更高层次社会秩序

问题的新提法包含着新的答案。怎样引导社会主义社会走出无序状态，建立哪一种秩序？对于共产党人来说，我们别无选择，我们不能把这个过程交给盲目的自然必然性去摆布，我们必须研究和驾驭这个演化过程，将其引向对人类有益的方向，也就是说，建设社会主义价值体系、提高社会人格的发展水平，使之与公有制相适应，建立完全的公有制，将革命进行到底。这个方向是人类进化的正确方向，是大自然几百亿年进化过程的延

[①]马克思恩格斯选集：第 4 卷[M]．北京：人民出版社，1995：540.

续，我们不能让这一进化过程夭折在我们这一代人的手上。苏联的崩解已充分地向人们展示了退化所带来的灾难，一个盗匪横行、一小部分人醉生梦死而绝大多数人失业贫困的社会状态绝不是共产党人和广大人民群众所愿意生活的社会。如果所有的社会主义国家都演变过去，在全世界都建立起资本主义的秩序，正如许多有识之士所已经指出的那样，这是地球生态系统所无法承载的，其前景必然是人类的彻底灭亡。防止苏联的悲剧在中国重演，避免中国出现资本主义复辟，这是当代中国共产党人的历史使命。

我们注意到，我们的社会并不具有天生的免疫力，那种把社会引向倒退的非理性因素同样存在于我们社会中；我们希望能安心搞经济建设，把生产搞上去，让人民富裕起来，现实情况表明，这是我们的一厢情愿，社会生活中的私有制因素总还要顽强地表现自己，和我们作对。我们希望不出现两极分化，而在实际上，贫富差距仍然在急速扩大。我们希望多种经济成分和谐共存，而在实际上，在私有经济快速发展的同时，国有经济出现了大面积亏损。伴随着这个过程，贪污腐败愈演愈烈，社会治安日趋恶化；一些曾经有过辉煌历史的人也经不起金钱的诱惑而陷入泥坑，在铁窗中扼腕悲叹；一些不谙世事的青少年也早早地走上了与社会为敌的道路；在这种趋势的控制下，各种社会矛盾必然会越来越复杂尖锐，在现有的思路中越来越难以解决，推动我们进一步向退化的方向下滑。私有制的国际大环境也在千方百计地影响、渗透和改造我们。树欲静而风不止。不是东风压倒西风，就是西风压倒东风，如果我们不能卓有成效地建设社会主义价值体系、引导社会趋向于共产主义，那就只能是让私有制价值体系自发地发展起来，牵着我们倒退回资本主义。

我们应当驾驭当代社会的进化过程，使它走向按我们的知识和能力所能达到的最好结果。这是最后的斗争，人们或许要问，这一次是和谁进行斗争呢？我们可以说，这一次是与旧制度自我形成的那种机制进行斗争，这种机制的根源在于每个人身上的那种趋向堕落的价值体系，因而归根到底是和我们自己身上的私有制价值体系进行斗争，只有从这个污水坑里挣脱出来，我们才能成为新制度的基础。所以，我们就有必要研究一下，怎样才能保护我们的人民健康地发展，怎样创造一个相对洁净的社会环境，怎样建立社会主义的人格模塑机制？人性的塑造是最重要的目标，其他任何目标都只能服务于这一目标，而不能与这个目标相对立。共产党人在相信人民群众、依靠人民群众的同时还要引导人民群众。列宁在七十多年前盛赞星期六义务劳动，称之为伟大的创举，他说："这是比推翻资产阶级更困难、更重大、更深刻、更有决定意义的变革的开端，因为这是战胜自身的保守、涣散和小资产阶级利己主义，战胜万恶的资本主义遗留给工农的这些习惯。当这种胜利巩固起来时，那时，只有那时，新的社会纪律才会建立起来；那时，而且只有那时，退回到资本主义才不可能，共产主义才真正变得不可战胜。"①

要想做好社会人格的引导塑造工作，我们必须澄清一个长期束缚人们思想的误区，即把思想文化建设与经济运行过程分割开来、对立起来，孤立地在思想文化领域坚持社会主义价值体系，把经济建设领域交给另一种价值体系，这种认识实际上是暗示了在经济建设领域中，只能由资本主义价值体系占据支配地位，也就是暗示了资本主义的强大和永恒。这样就把社会主义的最重要的一块阵地拱手送给了资本主义，使得思想文化阵地成了一座孤岛，在资本主义意识形态日益强化的攻势下，步步后退。如果生活条件只给人们提供践行这一种价值体系的可能，那么，人们就不能超出单方面的畸形的发展，任何道德说教在这里都无济于事，只要这种趋势不改变，国际敌对势力就可以耐心地等待最后不可避免的结局到来的那一天。我们要防止苏联崩解的悲剧重演，就必须使社会主义价值体系深入到社会运行过程中去，创造新的经济运行方式来保证社会生活的再生产过程正常进行，保证人民的生存和繁衍。这是一项最具有挑战性的任务。

①列宁选集：第4卷[M]．北京：人民出版社，1995．1．

关于“实践是检验真理的唯一标准”的思考

关于“实践是检验真理的唯一标准”问题，我曾经在网上与网友们有一番交流，现将交流的情况整理出来，供大家批评。

一、在检验真理的过程中，不能忽略价值体系问题

必须深入认识价值体系在实践中的作用，我们才可以进一步来谈谈“实践是检验真理的唯一标准”这一命题。这一命题在当年总结“文革”教训、实现党的工作重心的转移的过程中发挥了重要的作用，应当予以充分肯定。随着社会的进步，我们现在可以将这一命题的政治背景放在一边，仅从思考问题的兴趣出发，进一步研究这个命题。

现在看来，这一命题有一个不足之处，那就是忽略了价值体系在人的实践中的作用，忽略了人们在价值体系上的巨大差别，把所有的人都放在同一个水平上了。根据这个命题，任何一个人都可以对另一个人的实践进行检验，而不管这两人的价值体系相差是多么的悬殊。

我们且以某些人对毛主席的批评为例来进行说明。他们与毛主席的价值体系的差距是巨大的，一位是伟大的无产阶级革命家，在世界上人口最多的国家里开辟了历史发展的新境界，让中国人站了起来，并且还要继续地搞社会主义，防止资本主义复辟；而那些批评他的人呢，没什么很高的理想，他们反对学雷锋，毛主席所主张的为人民服务在他们看来是很虚伪的东西，他们所主张的也不过是“人不为己，天诛地灭”的那一套价值体系。

这种价值体系的差距是显而易见的，它们各有不同的适用范围。在市场经济的环境中，有些人如鱼得水，或是公平交易，或是坑蒙拐骗，他都

能适应。而像毛主席这样的人就很不适应，他很轻视等价交换这个概念，主张的是奉献牺牲精神，只要人民群众有需要，他就会奋不顾身，千方百计地予以满足。因而在资本主义制度下，天上不会掉馅饼，而在毛主席的领导下，在社会主义制度下，天上是可以掉馅饼的。在他老人家的教导下，共产党人无私奉献，见不得人民群众受苦受穷，雷锋、焦裕禄、孔繁森等人便是这样的共产党人。

由于价值体系的不同，在检验真理的时候，人们也就有了不同的检验范围。对自己所能检验的真理的范围有一个客观的认识，这一点很重要。如果要检验一下“不卫生的东西吃了要拉肚子”是不是真理，任何人都可以试试，毛主席吃了不卫生的东西也照样拉肚子，其他人如果不是抵抗力特强，也是同样。但如果其他人因此而觉得自己很了不起，也想检验一下毛主席所说的“卫星上天、红旗落地”是不是真理，那就有可能超出了自己的能力范围。由于价值体系的先进，毛主席就能洞悉历史发展规律，抓住历史发展的枢机，所以就有能力明察于秋毫之末，他所检验的真理的范围就非常之大，不是某一个人的实践，而是苏联东欧那一片社会主义政权的崩溃证明了他老人家的话，而其他那些人则非要等到事实已经摆在他们面前时，才能认识到，不服气是不行的。

因此，要思考“实践是检验真理的唯一标准”的问题，就不能忽略价值体系问题。

二、价值体系的高度决定人们所能检验的真理的范围

有网友说：“实践确实是检验真理的唯一标准。不论什么人，如果长期不喘气、不吃饭，就活不长。”这话确实是真理，不管是谁，不管是共产党还是国民党，都必须吃饭，也都必须呼吸。这的确是真理，放之四海而皆准。但是仅仅依据这一真理，我们是否就可以组织起一个繁荣稳定的人类社会吗？我看是不行的。当年的蒋介石懂不懂这个真理呢？我看他是很懂的，为了使红军“活不长”，他是很采取了一些封锁措施的，其目标就是不想让红军吃饭，假若他有能力把空气也封锁起来不让红军喘气，他也一定会努力去做的。但是，尽管蒋介石懂得人要吃饭要喘气这个真理，他并没有成为一位伟大的政治家，中国的事情让他管理得一塌糊涂，最后还是被

人民群众赶到台湾去了。

毛主席懂不懂这个真理呢？我看也是很懂的，要不他为什么要打土豪分田地呢？为什么要发动大生产运动呢？为的就是要让人民群众都吃饱穿暖。但如果他仅仅懂得这个真理，他所领导的军队也就与过去的绿林好汉差不多，要想建立一支人民拥护的军队，毛主席还必须懂得更多的真理，懂得用“三大纪律八项注意”来约束这支队伍，懂得坚持“党指挥枪”的原则。在建立新中国以后，毛主席是不是忘了人民群众要吃饭这个真理了呢？我看没有，要不然他为什么要费那么大劲地搞大跃进呢？他也无非是想让经济发展得更快一些，人民群众的生活水平提高得更快一些。可是人们一旦组成为社会，就会在新的组织层次上产生出一些新问题，社会组织层次越高，这些问题就越多越复杂。因而在社会主义社会就出现了新的更复杂的社会规律，需要共产党人去认识。并不是生产力发展起来就可以万事大吉了，还必须讲民主讲法制，还必须抓精神文明建设，还要讲可持续发展观，还必须构建和谐社会，如此等等，需要注意的东西还很多，仅仅靠“人不吃饭就活不长”这一条真理是管不好这个组织化程度越来越高的社会的。

特别重要的是，毛主席不仅懂得上面所涉及的各种真理，还进一步思考了另一个很重要的问题，那就是历史周期率。李闯王为什么到北京住了几天就走了，有那么多好饭等着他吃，有那么多好房子让他住，而他却吃不下去、住不下去？是他的队伍不懂得“人不吃饭就活不长”这一真理吗？他们很懂，但正因为他们太懂得这个真理了，把这个真理绝对化了，只认这一个理，只想自己吃饱，不管别人吃不吃得饱，所以便在北京住不下去。接受了李闯王的教训，毛主席为了让自己在北京长期地住下去，便教育自己的队伍，不能只考虑自己“不吃饭就活不长”的问题，还要考虑老百姓“不吃饭就活不长”的问题；而这件事很难做，要想让党员干部队伍都明白这个道理，需要有一个人性的成长过程，需要有一个世界观的根本的转变，他先是教育引导，一次一次地搞运动，最终搞了个“文化大革命”。“文革”的出现是社会中各种力量所形成的合力的结果，并非是他老人家的主观愿望所能单独决定的。

由此可见，社会科学的真理也如数学上的公理一样，是一个体系。从数学上来说，最基础的是幼儿园的小朋友们学的加法减法，再往上学的是乘法除法，还有什么勾股定理圆周率，再往上还有虚数导数等等，在这个体系中，最基础的东西被包含在了更高一级的规则中。越是高级的规则就离基本规则越远，但它仍然建立在最基础的规则上。于是人们要想检验数学家们所做的题是不是真理，那就要努力地提高自己，好好地上学，读了硕士再读博士，然后再去检验，才有可能得出稳妥的结论。

政治学的真理也是一个体系，从最基础的“人不吃饭就活不长”开始，到毛主席所探索的社会主义革命的理论，这中间也存在许多层级，人们也要一步步地学下去，最后才有能力检验他老人家的话是不是真理。如果一个人以为自己知道了“人不吃饭就活不长”，便不自量力地想检验甚至否定毛主席的理论，我看，这就像幼儿园的小朋友想去检验陈景润的哥德巴赫猜想一样。

三、政治学理论中也有一个公理体系

当年的那场“实践是检验真理的唯一标准”的讨论，总的来说是顺应了历史发展的需要。但如果从理论研究上来说，我们必须强调一下，当时大家都忽略了一个重要的事情，那就是检验者的资质问题。这个检验工作并不是随便什么人都可以做的，这里面有一个资质问题，比方说，公民要想有选举权和被选举权，必须到十八岁以后，这就是资质。

前面说过了，政治学的真理和数学公理一样是一个体系，我看干脆就不用真理这个词，也用公理这个词，效果会更好一些，比如说，“人不吃饭就活不长”，便是一个公理，不管哪个阶级当权都要让人民吃饭，再比如说要建立科学发展观，要维持生态平衡，这也是一条公理，不管哪个阶级掌权，都必须坚持遵守；再比如代表人民的根本利益，这也是一条公理，不管哪一个社会的当权者都必须代表人民的利益，如果他不遵守这一公理，只考虑自己的利益，那就必然要倒霉。

要想不倒霉，想要当官的人们就必须努力地掌握社会政治学的公理体系，从“人不吃饭就活不长”开始，一路学下去，“己所不欲、勿施于人”、“修身齐家治国平天下”、“自由民主人权”、“天下为公”、“建立社会主义政权”、“一个中心两个基本点”、“可持续发展观”，如此等等，一路学下来，一直学到构建和谐社会，这些公理也如数学中的公理一样，有一个前后相继不断深化的过程，最终要形成一个体系。

如果人们要想检验某一政策的实施效果，也无非是要用这一套政治公理来解释现实的政治过程，指出现实政治过程中的问题，并解释出现这一问题的原因。这件事情就只有那种在政治公理体系上有学问有见解的人来做，其他人能不能做呢，比如说没饭吃的人要出去要饭，打工仔要不到工资便要跳楼，环境污染后人们会在医院里等待救治，这是人民群众用自己的生活过程来进行的检验，但这些都是现象，要对这些现象给出一个合理的解释，找出救治的办法，就需要那些对政治公理体系有深入研究的高手了。并没有那么一个规定说普通人不能检验公理，但人们要想使自己找到的结论有说服力，那就必须考虑一下自己的资质问题。一个仅仅知道“人不吃饭就活不长”的人要来做这件事，就会“守一隅而遗万方”，找不到正确的结论。

这个公理体系正像数学体系一样，还没有穷尽，还有许多未知的领域，即使是高手也还要出错，就像数学家们也要做出成麻袋的草稿一样。假如正在上小学的某位小朋友在一次数学考试中得了 100 分，那他也不可以因此就吹牛说比演算了成麻袋草稿的数学家更聪明，他仍然还是检验不了数学家做的题，他要想推动数学发展，就必须从数学家出错的地方出发，接着演算下去。如果以小朋友们的 100 分作为起点，那就太低了，他要想找出数学家的错误，恐怕还要等很多年。

而在这个政治公理体系的研究上，毛主席是高手中的高手，这不仅是因为他建立了新中国，更重要的是他成功地预见了苏联崩溃的结局。这就像人们根据万有引力成功地计算出并找到了新的行星、根据元素周期表成功地发现了新的元素一样。在自然科学上，这种成功的预见是一种假说被确认为科学公理的标志。事实上，在政治科学领域能达到毛主席这种水平的人是非常罕见的，他为什么能作出这种预见，他所依据的理论是什么，我们应当搞清楚这个理论，把它列在政治学的公理体系之中，或者干脆就将这一理论冠名为“毛泽东公理”，让全世界想搞政治的人们都来学习研究并崇拜着。这是他老人家应得的荣誉。

四、民主并不意味着随便某个人的主张都必须得到实施

前面说过，就像数学有一个公理体系一样，社会政治学也有一个公理体系。我们必须注意这样一个事实：正如并不是所有的人都在数学公理体系上达到巅峰一样，也肯定有许多人在政治学的公理体系上达不到相应的水平；有的人可能就没那个基础条件，即使他很想达到，拼了命地学，最后也还是达不到巅峰。

但有那么一些人对上述事实视而不见，特别是那些想当官的人，他们会质问说，凭什么要有这个区别，人与人是平等的，大家都应当参与社会管理，所以就应当实行民主。这个主张对不对呢，我认为这个目标是应当坚持的，民主作为人类社会发展的目标之一，虽然是资产阶级提出来的，共产党人也仍然要继承并坚持这个理想。

但是，坚持民主理想，并不意味着随便某个人的现有的主张都必须付诸实施。我们不能为了民主理想就闭眼不看现实，就像当年搞大跃进、跑步进入共产主义而不顾现实可能一样，最终是要摔跟头的。老一辈革命家那么伟大尚且要摔跟头，另外一些不怎么伟大的人怎么可能一厢情愿而不摔跟头？所以某些人的自信是不可靠的。为了防止人们在追求民主理想的过程中摔跟头，我就给大家提一点忠告，要实现民主理想，还是要努力地提高自己的水平，在社会政治公理的体系上努力地向上攀登，爬上哪一个层次，就研究哪个层次的问题，这样才能得出稳妥可靠的结论。

为此，人们便要对自己对政治学公理体系的理解有一个怀疑的态度，保持一种虚心，这样才能进步提高。所以人们便要遵循前人的路子，学马列、学孔孟，并且要学了就用在实践上，才有可能一步步地接受社会政治公理的体系。如果一个人根本就对修身齐家那一套不感兴趣，什么学雷锋、为人民服务在他看来都是空洞说教，那他就根本没有接受这一公理体系的机会了。许多认认真真地学雷锋的人尚且会犯这样那样的错误，那些反对学雷锋的人又能对社会政治过程谈出什么有价值的看法来呢？在我看来，一个反对学雷锋的人，可以说是自我阉割了为人民服务的能力；这样的人还是管好自己的一日三餐算了，如果他却又在那里谈论社会政治问题，这便会形成一个悖论。他于是便陷入了自我中心主义的迷误之中，在畸形片面的价值体系的引导下，被锁定在错误的甚至是罪恶的方向上而实践下去。

对这样的人，率先闻道的人伸出手来拉他一把，让他们从迷误中解脱出来，这不论对他们自己还是对社会，都是一件功德无量的好事。

五、打破自我中心主义，不断提升自己的价值体系

人的认识和实践都处在某种价值体系的框架内，在人们还没有来得及进行反思的时候，社会环境就把这种价值体系塞进他的头脑中了，于是他就把这种价值体系当作是唯一的终极的价值体系，他根本就不思考这种价值体系的合理性问题，他也就不知道还有另外的价值体系。按照这种价值体系所设定的目标，他开始实践了，然后又用这种价值体系所设定的标准来检验实践的结果，总结经验，继续追求这种价值体系所设定的目标，于是他便被这种价值体系牢牢地控制住了。

举个例子来说，上大学，这是眼下孩子们家长们和教师们的共同奋斗目标。毛主席当年对这个东西就很不屑，但经过“文革”之后这几十年的培养强化，它成了孩子们唯一的奋斗目标，考上了大学便很了不起，考不上就灰溜溜的，孩子、家长和教师们压力都很大，一个人成功与否就看学习怎么样，就要在考场上检验，如此检验的结果便是培养了一批会背书的人，他们自以为很了不起，其实生存能力很差。

在人的生理成长过程之上，人还有一个价值体系的成长过程。但有很多人没有意识到价值体系的成长过程，把那些先入为主的偏见当成天经地义的东西拥抱了一辈子。就像那些贪官们，把做官捞便宜当成了天经地义的东西，必须等到警车来了他才明白过来。所以人们如果真正地珍惜生命，就要思考这个价值体系问题，对下意识里形成的价值体系有一个反思，用心理学上的词来说，就是要打破自我中心主义的迷误，别把自己的价值体系看得太绝对了，要以一种开放的心态来对待价值体系，这样才能在价值体系上不断成长，最终找到一个科学合理的价值体系。

对于整个人类来说，也有一个价值体系的成长过程，这是一个不断打破自我中心主义的发展过程。记不清是哪一本书上说的了，科学的发展对人类的自尊心进行了三次沉重打击。第一次是哥白尼的日心说，人们原来一直认为自己住在宇宙的中心，而日心说则把人类的居住地移到了太阳系中的一个行星上；第二次是达尔文的进化论，人类原来一直认为自己最受

上帝宠爱，是万物之灵，而进化论则说人是从猴子进化而来的；第三次是弗罗伊德的心理分析学说，人类原先一直以自己的理性而自豪，但心理分析学说则把人类的行为归结为潜意识和本能的控制。所以呢，这三种学说问世时，都遭到了人们的群起而攻之，经过一段漫长的时间后才被世人所承认。这三种学说都起到了打破人类的自我中心主义迷误、推动人类精神进化的巨大作用。人类并没有因为接受了这些学说而失去了尊严，恰恰相反，正因为人类能接受这些学说而使自己更为高贵，虽然我们住在宇宙的一个小角落里，虽然我们是从猴子进化而来的，虽然我们受本能的控制，但我们能认识自身的局限，所以便具有了进一步进化的能力。

当然这还只是在自然科学的领域里打破自我中心主义，在社会政治公理的体系中，也有一个打破自我中心主义的发展过程，在当前的任务便是要克服资本主义的价值体系，进化到社会主义价值体系，这是人类进化的又一关键。如果人类本身不改变其价值体系，不树立更高的道德和行为准则，那就必然要走向自我毁灭。要想避免这种悲惨的结局，所有的人都必须有一个价值体系的提升，谁也不能例外，这就是中国古人所说的“自天子以至于庶人，壹是皆以修身为本”。

现在摆在人们面前的有两种不同的价值体系，共产党的一家，私有制的一家，这是当今世界的主要矛盾，不是东风压倒西风，就是西风压倒东风。在世界层次上，表现为美国人要推行霸权和世界人民反霸权的斗争，表现为和平演变与反和平演变、社会主义与资本主义两条道路的斗争；在个人的层次上，则是向善与作恶这两种倾向的冲突，是成长发展与衰败的冲突。共产主义对应于人性中的向善的倾向，对应于人的更充分发展的需要；资本主义则对应于人性中作恶的倾向，对应于人们追求情欲物欲的需要。因而一个个性相对发展得更充分的人、一个正直的人、一个希望人类发展进步的人，不分种族国家，都会自然而然地站在共产主义的旗帜之下，他们在精神上是相通的；而一个耽于口腹之欲的人、一个坚持丛林法则的人，都会自然而然地站在资本主义旗帜之下，不管他是哪一国的人。如果他不能打破自我中心主义，不能在价值体系上来一个反思，那便无法摆脱资本主义价值体系的控制。在这个前提下，不管他怎样坚持“实践是检验真理的唯一标准”，都将是一个愚蠢狭隘、既为害社会又作贱自己的人。

政治学王冠上的宝石[①]

——正确处理人民内部矛盾

1957年2月27日，毛主席在最高国务会议上作了《关于正确处理人民内部矛盾的问题》的重要讲话，把正确处理人民内部矛盾作为我国政治生活的主题提了出来。将近60年过去了，这个问题仍然是社会政治的中心问题，大到国际争端，小到百姓日常生活，各种矛盾都需要正确处理，我们应当认真总结执政经验，使毛主席提出的这个问题最终得到圆满的解答。

一、正确处理人民内部矛盾就是政治学王冠上的宝石

人们曾把哥德巴赫猜想比喻为数学王冠上的宝石，那么政治学的王冠上是不是也应当有一颗宝石呢？我认为也应当有，这就是正确处理人民内部矛盾，谁掌握了这门政治艺术，谁就摘得了这颗宝石。

政治学这门学问的目的是什么？也无非是解决社会的组织管理问题，把社会组织起来，在充分发挥每一个人的天赋的同时，让所有的人都能分享由于社会分工而带来的"利益"，这种利益在单个人的与世隔绝的生活中是享受不到的。这便是斯密的那只"看不见的手"的理论。但是，在市场经济的前提下，这只"看不见的手"的下面还藏着一只"看不见的驴蹄子"，在播撒福利的同时也对人类猛踹，给人类带来灾难。

如何解决这个问题，执着于市场经济的庸人们是找不到办法的。马克思给人类指出了一条新路，这便是共产主义。这也无非是一种新的社会组织方式，但要让这种新的组织方式从旧的方式中产生出来，就需要经过一系列的程序，如建立坚持共产主义理想的政党，武装夺取政权，运用执政权力改造经济基础，发展生产力，沿着这个程序一步步地深入下去，于是

[①]本文原作于2006年12月。

便必然地要遇到正确处理人民内部矛盾的问题。

在毛主席的时代，还有敌我矛盾，那是因为被推翻的阶级对社会主义政权很敌视，还想反攻大陆，还想变天。在50年以后，还有没有敌我矛盾呢？当然也还有，确实有那么一些人极端敌视社会主义政权，但这些矛盾归根到底都仍然是人民内部矛盾，为什么这样说呢？这是因为，矛盾的发展都是有一个过程的，最初都是从小矛盾发展起来的。只要人们正确处理了人民内部矛盾，就可以解决各种冲突，包括那些尖锐的你死我活的冲突，如果一开始就正确引导，妥为处理，图难于其易，为大于其细，何至于让它发展成为尖锐的你死我活的冲突？

比如说那些贪污犯，很是遭人痛恨，但他们也不是天生的坏蛋，其堕落蜕变有一个发展过程，从一开始的吃点拿点，到越拿越多，不能控制自己，一步步地走下去，直到东窗事发。如果一开始就得到及时发现和正确处理，也不至于身陷囹圄；就是那些让人们觉得不杀不足以平民愤的人，他们也是从娘肚子里爬出来的，也是让父母“心肝宝贝”般地呵护着好不容易才养大的，但由于在教育成长的过程中，没有引导好发展方向，在与社会对立的过程中一步步地走向极端。

因而，在夺取政权之后，共产党成了执政党，那就要对国内社会政治经济文化过程负责，就要对社会的和谐稳定、人民的安居乐业负责。所有的矛盾都应当控制在人民内部的范围内解决，而不能让它们发展到激烈对抗的程度。包括对台独分子，中央政府也还是要以最大的诚意、最大的耐心，努力找到和平统一的途径。就算是尖锐的国际冲突，其原因来自历史上极其复杂的渊源，哪一件事情都不是三言两语可以说清的，但也都还要找到一个正确处理的办法，使其结果能代表冲突双方的最大利益，实现双赢。企图用暴力的方式压服的方式，是无法真正解决问题的。毕竟大家都还在一个地球上，无法开除人家的球籍，也就还要让人家生活，而且还必须让人家心平气和地生活，因此国际冲突也不过是在地球范围内的人民内部矛盾问题，因而就需要站在全人类的立场上，予以正确处理。

所以我们说，对于社会政治活动来说，正确处理人民内部矛盾是最重要的目标，总结中国和世界各国政治管理的经验教训，其核心的部分都是要正确处理人民内部矛盾，各种政治学说理论，必须是有助于寻找解决这个问题的办法，才能算是好的理论。不管是对中国还是在世界上，都是如此。我们要想构建和谐社会、和谐世界，就必须掌握这门学问。一方面，对尚未尖锐的冲突要妥为处理，不让它尖锐起来，把它控制在人民内部矛盾的范围内；另一方面，对已经形成的尖锐冲突，也要把它放在人民内部的范围内进行处理，以最大的诚意建立互信，在此基础上逐步把矛盾纳入妥善处理人民内部矛盾的轨道。如果不这样做，采用西方人所惯用的方法，靠用武力来压服，那就永无宁日。因而，毛主席提出的正确处理人民内部矛盾的问题是关系到人类生存与命运的最重要的问题，也是最难解决的问题，它就是政治学王冠上的宝石。

最近看到一个说法，说是中国近现代以来没有出思想家，我们有一些学者还对中国哲学的合法性产生了焦虑，并进行了讨论，我觉得这种用西方的模式来套中国的做法是典型的邯郸学步。西方人找到正确处理人民内部矛盾的办法了吗？当然，西方人也有研究冲突的学问，比如亨廷顿的《文明的冲突》，但在丛林法则的支配下，他找不到解决文明冲突的办法。像这样的对关系到人类生存的重大问题找不到解决办法、甚至为侵略和干预别国内政提供借口的学问，又有什么合法性呢？用人民利益这个根本标准来衡量，唯有以毛主席为代表的中国共产党人，在理论上和实践上接触到了当今人类的根本问题。如果被称为“哲学”的那个东西对这个根本问题毫无建树，那就不过是一种派不上用场的“屠龙之技”，研究不研究它又有什么关系呢？我们所关注的是时代的紧迫需要、人民的根本利益。我们高兴地看到，党中央所提出的一系列新主张，构建和谐社会，以人为本，其目标都是要正确处理人民内部矛盾，沿着毛主席所指出的方向深入探索，一步步地接近问题的正确解答。可以断言，在当今世界，只有我们中国人走在解决问题的正确道路上，也只有我们中国人才有可能摘取政治学王冠上的宝石，把人类从矛盾冲突的泥坑中解放出来。

二、正确处理人民内部矛盾是一个历史的、集体的过程

对数学王冠上的宝石来说，通过陈景润等数学家们的努力计算，就可以摘取。其他人就算是想帮忙也还是帮不上太大的忙。而对政治学王冠上的宝石来说，仅靠毛主席一个人努力是摘不到的，因为这是社会管理学的

问题，需要在人民群众的历史实践过程中得到解决。毛主席只能提出问题，而要完成这个正确处理人民内部矛盾的过程，还需要执政党和全体人民的共同努力。陈景润的论文是写在纸上的，而毛主席领导中国人民所取得的政治学的新成果是写在历史上的。虽然如此，毛主席仍然伟大，因为他为中国人带来了一种新的处理人民内部矛盾的方法，给人类文明进步带来了新的机遇。这个机遇首先是马克思带来的，但可惜历史没有让他在一个国家或者一个区域领导一场实践社会主义的革命，历史把这个机遇赋予了列宁，列宁也成功地迈出了这超越马克思的一步。但同样可惜的是，列宁的过早去世，使他没有来得及在这场社会巨变中丰富完善社会主义理论，并将这一理论更深入全面的加以实践。在这一点上，毛泽东比他的前辈们要幸运得多，他长期地领导了中国革命和建设事业，所以便有机会深入地接触了正确处理人民内部矛盾的问题，为后来人指明了方向，开辟了道路。

综合我们所面临的各种矛盾，可以分为两类，一类是经济矛盾，穷人与富人的矛盾，另一类是政治矛盾，管理与被管理的矛盾。就第一类矛盾来说，至少在私有制的历史条件下是不可能彻底消灭的。它们产生于人们所占有的私有财富的差距，只要搞市场经济，就要承认私有权的合理性，也就要承认人们收入分配的差距。就第二类矛盾来说，政治上的管理与被管理的矛盾更是源远流长，只要有社会组织存在，就必然要存在，就算是到了共产主义，也照样还有管理者与被管理者的区别，不可能群龙无首各行其是。

虽然是历朝历代都会遇到矛盾，但由于人们的人格水平、思想境界的差别，人们处理矛盾的方式也有所不同。对于不闻道的人来说，不会正确处理矛盾，本来是很小的矛盾，通过层层加码、不断强化的过程，都要达到不可调和、暴力冲突的程度，以往的人们所采取的大都是战争、杀戮的方式。在中国封建社会，动不动就搞满门抄斩，以一种高压的方式维持社会的稳定。西方的社会也是这样，如对印第安人的大规模屠杀，接连第一次和第二次世界大战，竞相发展大规模杀伤性武器，如此等等。这种处理内部矛盾的方式是丛林法则的方式、动物式的方式，这种方式有悖于人类的理性与尊严。包括共产党人在革命过程中，也采取过这种方式，这是因为他们必须根据对手所制定的规则来进行斗争，在拿枪的敌人面前就必须拿起枪来；由于对敌斗争和内部斗争交织在一起，所以早期共产党人在处理内部矛盾时也沿用了对敌斗争的方式，经常地出现残酷斗争、无情打击的情况。但是共产党毕竟代表着人类进化的方向，它为社会带来了一种新的规则，一种人道的正确处理内部矛盾的方式在推翻旧制度过程中也脱颖而出了。

毛主席比起其他领导人高明的地方就在于，他具有治病救人的菩萨心肠。为了达到这个目标，在长期的革命斗争中，他积累了丰富的经验，面对两类不同性质的矛盾，探索出两种不同的处理办法。在面对武装的反动派时，他则必须适应对手制定的游戏规则，建立起自己的武装，并很快地掌握了这种游戏规则的规律，成为打仗的高手。对待狼群则有对待狼群的办法，他藐视一切表面上强大的敌人，找出克敌致胜的办法，变被动为主动，敢于斗争，敢于胜利。而对于革命队伍内部的矛盾，他则掌握着矛盾冲突的主动权，为了团结一切可以团结的力量以夺取革命事业的胜利，他满腔热情、循循善诱，惩前毖后，治病救人。为达此目的而创造出一种新的规则，这即是他在延安整风时首创的“团结——批评——团结”的公式，从而把全党团结在一起，为建立新中国奠定了基础。在夺取政权之后，共产党成了执政党，毛主席把这种处理矛盾的模式推广开来，扩展到全体中国人，所以便提出了正确处理人民内部矛盾问题，其目的也还是让人民群众都能安居乐业，包括对国民党战犯，只要放下了武器，也都要尽量地教育挽救，“对反革命分子，凡是不杀的，都加以改造，给生活出路。”[①]这便是老子所说的“圣人常善救人，故无弃人；常善救物，故无弃物。”毛主席和老子一样，怀有一种对天下苍生的恻怛悲悯之情，再加上他的高超的政治智慧，所以便能在救民于水火的同时，正确处理各种矛盾，传播新的价值体系，引导价值体系的进化。

但是，仅有他一个人会正确处理矛盾是不行的，矛盾冲突的正确处理，需要在矛盾参与各方的素质都比较高的情况下才能达到，而实际结果则是冲突各方的力量所形成的合力，而这往往是大家所不期望的。比如说，毛主席为了解决党内官僚主义而发动知识分子提意见，提出了“双百”方针，

[①]毛泽东文集：第七卷[M]．北京：人民出版社，1999：187．

但是提意见的人们却把握不住分寸，甚至得寸进尺地要共产党下台，采用西方的那种政治模式，这就迫使毛主席扭转运动的方向，本来是鼓励人们提意见的，变成了引蛇出洞的“阳谋”。而反右派运动一开始，又出现了扩大化，党内官僚主义和提意见的知识分子们都不会正确处理人民内部矛盾，把握不好度，走了极端，他们都不能理解毛主席的良苦用心。所以我们不能把由此而造成的各种恶果的责任都放在毛主席一个人的身上，这是参与这个历史过程的每个人的行动所形成的一种合力。后来的“文革”，则是官僚主义与人民群众的矛盾冲突的又一个回合，这一次还是没找到正确处理的办法，矛盾双方为达自己的目标而无所不用其极，结果导致了一场大动乱。改革开放以后，有些青年学生也不能正确处理人民内部矛盾，他们把共产党的领导与党内的腐败现象混为一谈，以反腐败的名义与共产党争权，想搞西方那一套民主制度，让共产党下台，结果也导致了激烈的冲突。如果真按他们的办法办了，虽然掌权者的面孔换了，但官僚主义与民众的矛盾却不会消除，历史依然要在原有的治乱循环的轨道上运行。而一旦共产党不再掌权了，毛主席所开创的正确处理人民内部矛盾的可能性、历史跃迁到新轨道的历史机遇就会被断送。

因此，我们中国人必须坚持毛主席为我们开辟的方向，继续探索，摘取政治学王冠上的这颗宝石，为人类文明的进化提供政治制度的保障。

三、要正确处理人民内部矛盾，就应当正确认识价值冲突

毛主席在《关于正确处理人民内部矛盾的问题》一文中区分了两种不同性质的矛盾，一种是敌我矛盾，一种是人民内部矛盾。在研究这些矛盾时，他还涉及了一种深层次的矛盾，即两种世界观的矛盾，也即是我们现在所说的两种价值体系的冲突。

人与人之间存在各种冲突，其中最基本的是利益冲突；像两条狗为了抢一根肉骨头而打架一样，人们也由于对一些利益的争夺而吵架、打架，甚至发动战争。但是，人和狗还是不一样，人的利益比狗要多得多，以至于复杂得连自己也搞不清哪些是真的利益，哪些不是自己的利益，于是人们关于什么是自己的利益就有了一个认识过程，认识发展程度不同的人们便对自己的利益有了不同的价值体系。所以人不仅要为自己的“肉骨头”

而争斗，同时还要为什么是自己的“肉骨头”而争论、吵架、打架，以至于发动战争。狗只有利益冲突，而人则除了利益冲突以外还有价值冲突。

人们通常只注意到了利益冲突，忽略了价值冲突。毛主席首先发现了这种冲突，他说：“无产阶级和资产阶级之间的阶级斗争，各派政治力量之间的阶级斗争，无产阶级和资产阶级之间在意识形态方面的阶级斗争，还是长时期的，曲折的，有时甚至是很激烈的。无产阶级要按照自己的世界观改造世界，资产阶级也要按照自己的世界观改造世界。在这一方面，社会主义和资本主义之间谁胜谁负的问题还没有真正解决。”[①]他所说的两种世界观的谁胜谁负的冲突，便是价值冲突。

价值冲突与两种性质的矛盾是什么关系呢？

私有制社会的各种矛盾冲突，不管是敌我矛盾还是人民内部矛盾，其主体是利益冲突，矛盾各方的价值体系是一致的，都是那种与私有制的经济基础相适应的价值体系。包括工人阶级与资本家的冲突，在没有用马克思主义来引导教育的时候，也同样是利益冲突，只是在蛋糕的切法上讨价还价，而不是改变旧制度。这种制度，也就是资本主义的那一套低水平的价值体系，把人们置于不可调和的冲突之中。人们在这种冲突中各自扮演一定的角色，不管是处于资本家的地位，还是处在工人的地位，都必须在冲突之中扮演一个角色，然后开展协商、讨价还价，然后是僵持，最后必然要达到暴力冲突，由吴思先生所说的那个“元规则”出来收拾局面，“暴力最强者说了算”。因而，私有制价值体系本身就是矛盾冲突的根源，它使人们所理解的个人利益彼此对立，从而导致了无穷的纷争，有许多人费尽心力所争到的利益，实际上并不是自己的利益，甚至对自己有害。由于有缺陷的价值体系所导致的各种利益冲突，如果换上一种新的价值体系“眼镜”来看，就像一个人的两只手互相必然搏杀一样愚蠢，因为人们的利益本来就是有机统一的，互相依存的。扔掉旧的价值体系“眼镜”，人们也就可以从矛盾冲突关系中解放出来了。

包括美国人的“反恐”，他们做出一付很无辜的样子，却不知道他们自身的价值体系就是“恐怖主义”的根源。一方面他们咄咄逼人地向其他国

[①]毛泽东文集：第七卷[M]．北京：人民出版社，1999：230．

家传播其“自由民主”价值观，其实质是维护自己在世界经济过程中的优势地位，到其他国家去“剪羊毛”，缺少对他人利益的尊重，结果就导致不可调和的矛盾，互相往死里整，结果就必然出现“恐怖分子”。为了防止恐怖袭击，他们又要传播其价值观，把其他国家纳入其奴役的范围，结果就会带来更大的反抗，置身于这样一种恶性循环之中，美国的衰落就成了无法逃避的宿命。

人类要想摆脱这种命运，就必须有一个价值体系的转换。我们要想正确处理人民内部矛盾，就必须培育社会主义价值体系，让人民群众知道什么是自己的利益，对利益有一个正确的评价尺度。这也就是要让人民群众接受共产党的价值体系，并让它在社会生活中占据支配地位，像空气一样无所不在、无时不有，成为社会运行过程的“序参量”。旧的价值体系使人们利益彼此冲突，新的价值体系则使人们看到彼此间的密切相关，看到彼此利益的高度一致。在旧的价值体系控制了社会运行过程的情况下，矛盾冲突就会越来越加剧，就会创造出与之相适应的控制社会冲突的一套管理办法，诸如法制、互相监督、三权分立等形式上的民主制度。而当新的价值体系控制了社会运行过程之后，矛盾冲突则会越来越减少，与之相应的就会有一套相对宽松的管理办法。正如毛主席所说的那样，“社会主义社会的矛盾同旧社会的矛盾，例如同资本主义社会的矛盾，是根本不相同的。资本主义社会的矛盾表现为剧烈的对抗和冲突，表现为剧烈的阶级斗争，那种矛盾不可能由资本主义制度本身来解决，而只有社会主义革命才能够加以解决。社会主义社会的矛盾是另一回事，恰恰相反，它不是对抗性的矛盾，它可以经过社会主义制度本身，不断地得到解决。”①

美国人要想摆脱恐怖主义的纠缠，也必须有一个价值体系的转换，从自己做起，放下屠刀，立地成佛，认认真真地学雷锋、做好事。这个说法听起来就很可笑，为什么呢？这是因为，这是完全不可能的，就像教老虎跳芭蕾一样。他们被“捣乱失败，再捣乱再失败，直至灭亡”的逻辑控制着，无法解脱。作为单个人来说，也许会有那种放下屠刀、立地成佛的例子，但作为一个国家来说，这种行为模式已经渗透在整个经济政治文化之

①毛泽东文集：第七卷[M]．北京：人民出版社，1999：213.

中，渗透在民众的血液之中，如果没有一个彻底的脱胎换骨的改造，便无法从中解脱出来。西方人不知道后退一步天地宽的道理，丛林法则就是要人们得寸进尺，看谁的招数更狠更毒，反正由此而带来的灾难又不是小布什等人自己担着，只要是地球人，大家都有份。地球的命运掌握在这些肆无忌惮的人们手中，人类文明彻底毁灭的命运就不过是一个时间问题。

社会主义社会之所以必然要战胜资本主义，就在于它为社会生活引入了一种新的价值体系——社会主义价值体系，它是社会集体的粘结剂，社会矛盾的融化剂，随着它在社会生活中的不断强化，就可以把人们从尖锐对立的状态中解放出来，使人们有机地团结起来，引导人们正确处理矛盾，把矛盾控制在人民内部的范围内，使之渐趋缓和，最终把社会引向和谐。

以毛主席为代表的中国共产党人竭力坚持倡导社会主义价值体系，把社会引上新的运行轨道，引导人民群众摆脱丛林法则的束缚，从而为人性的自由全面发展开辟广阔的天地。在这种价值体系的引导下，人民群众朝气蓬勃地投入建设新生活的伟大历史活动中去。但也有那么一些人理解不了新的价值体系，有意或是无意地坚持旧的价值体系，努力地把社会引向资本主义的轨道，把人性的发展束缚在私有制所设定的那条充满苦难与冲突的河道里。毛主席说："没有正确的政治观点，就等于没有灵魂。"[①]从那些被丛林法则价值体系控制住的人的表现来看，没有正确的政治观点的人，确实是行尸走肉，他们狂热地维护自己的利益却不知道自己的利益是什么，内以自乱，外以惑人，对西方制度很神往，哪怕是在西方人欺压中国的时候，屁股也不坐在中国人一边，心甘情愿地为西方人的和平演变战略效劳，这主要是因为他们在价值体系上与西方人处于同一个水平上，那里是他们的精神家园。我们现今社会生活中之所以出现了越来越尖锐复杂的冲突，就在于私有制的那一套价值体系越来越强化了。

于是，在社会主义社会中，除了利益冲突之外，还存在两种价值体系的冲突。正像毛主席所说的那样："我国社会主义和资本主义之间在意识形态方面的谁胜谁负的斗争，还需要一个相当长的时间才能解决。这是因为资产阶级和从旧社会来的知识分子的影响还要在我国长期存在，作为阶级

[①]毛泽东文集：第七卷[M]．北京：人民出版社，1999：226.

的意识形态，还要在我国长期存在。”[①]于是在两种价值体系之间就存在一个争夺话语权的斗争，存在一个“谁改造谁”的斗争。美国人并不讳言要用他们的价值体系来改造世界，要对其他国家来一个不战而胜，我们要想在这种改造与反改造的冲突中克敌致胜，就必须清醒自觉地坚持社会主义价值体系，帮助人们超越认识上的局限性，从私有制的那一套咒语中解脱出来，来一个价值体系的转换，从而清醒理智地行动，正确处理人际关系，在促进社会公共利益的同时维护自己的利益。在此基础上，才有可能形成一套完善的制度，保障每一个人的个人利益的充分实现，保障社会的和谐安宁。在此基础上，才能正确处理人民内部矛盾。

四、要正确处理人民内部矛盾，就应当培育社会主义核心价值体系

当今时代的各种问题，其根源都是由于人们被种种狭隘片面的价值体系束缚住了头脑，对自己的利益没有正确的认识，追求那种对自己有害的目标，在由此而造成了的各种冲突中找不到解脱的出路，从而拖带着社会整体、人类文明和地球生态环境进入绝境。正如爱因斯坦所说的那样：“我们面对的重大问题无法在我们制造出这些问题的思考层次上解决。”换句话来说，在由资本主义价值体系、丛林法则的支配下制造出来的诸多重大问题，如果仍然在这种价值体系的框架范围内摸索，是找不到解决办法的，只能是使冲突进一步激化，或者是把冲突爆发的时间向后拖延一些时间，使矛盾积累得更多更复杂，更猛烈地爆发，从而更难解决。用凯恩斯主义来解决经济危机，便是一个突出的例子。美国的反恐也是如此，恐怖主义本来就是美国等西方国家的国际政策的必然伴生物，因而这些国家的“反恐”正好刺激了更多的恐怖主义。美国人以为武器越先进，便越能欺负其他民族，把其他民族欺负得越彻底便越安全，他们就像孙悟空一样，不知道自己是在如来佛的手上翻跟头，以为翻得越快便飞得越远，这种价值体系决定了他们必然要搬起石头砸自己的脚，在与其他民族的冲突中越陷越深。

要避免人类毁灭的命运，就必须在一个更高的思考层次上寻找出路，

[①]毛泽东文集：第七卷[M]．北京：人民出版社，1999：231．

在一种全面的价值体系的框架内寻找出路，那就是沿着马克思指引的方向，走社会主义道路。共产党之所以能带来一种新的处理人民内部矛盾的方法，就在于它带来了一种新的价值体系。所以，要想正确处理人民内部矛盾，那就不仅要正确处理利益冲突，而且还要正确处理在利益冲突之上的价值冲突，让人民群众接受社会主义核心价值体系，使其渗透到社会经济过程之中，从而把社会引入和谐发展的新轨道。

当人们仅仅注意到利益冲突的时候，比如说，官僚主义与人民群众的利益冲突，这是一个长期的冲突，可以说是社会主义时期人民内部矛盾的主旋律，如果仅仅在这两种力量之间胜负是非上下功夫做文章，人民内部的矛盾便无法得到彻底解决。矛盾将一直持续下去。在这种冲突中的对立双方是同样的价值体系，正像资本家与工人、农民与地主之间的矛盾一样，对立双方的目标规则是一致的，一个人是当农民还是当地主，是当工人还是当资本家，那完全是出于一种机遇，而他不管在哪一个位置上，都能很好地胜任职务，他是经济关系的人格化。同样对于当今社会中的一个人来说，无论是处在官僚的位置上还是处在普通人的位置上，他也可以很好地胜任职务，在这种价值水平上，矛盾冲突将持续下去。因为这种价值体系本身就是导致社会分裂冲突的根源，实践这种价值体系也就是要把利益冲突维持下去。在这种情况下，民主也好，监督也罢，都不能从根本上解决问题。

针对这个问题，执政党首先要正确处理利益冲突，加强法制建设，把冲突控制在法制的范围内；但这只是治标的措施，在抓法制的同时，还必须抓好教育，在人民群众中培育社会主义核心价值体系，这才是治本的办法。法制和思想道德建设对于任何社会集体来说都是至关重要的，对于夺取了政权的共产党来说，尤其重要的是，不能泛泛而谈地进行思想道德建设，而是要更进一步用新的价值体系来教育全体人民群众，塑造人性，这样才能为新社会奠定基础。这种思想教育不是那种泛泛而谈的东西，我们这些年来一直也在强调精神文明建设，却一直流于空谈，为什么呢？这是因为，它是不改变现有的经济运行基础上的孤立的思想教育，这样的精神文明建设就是无根之萍，命中注定地要流于形式。要想使精神文明建设不再是无根之萍，就必须把它摆到社会生活的核心地位，像太阳系中的太阳一样，要以它为核心来重组社会生活，这样才能使新的价值体系把根深深地扎在社会生活之中，这样才能使其长高长大，枝繁叶茂。在这样的基础上，各种由于私有制所造成的尖锐复杂冲突也就自然而然地消失了，正确地处理人民内部矛盾也就容易了。

人性需要引导，这是一个无须争论的事实。按照心理学家们的说法：在一个人身上有两种倾向，一种是发展的倾向，一种是倒退的倾向。弗洛姆称之为成长综合征和衰败综合征[①]，如果恋尸、恶性自恋和乱伦共生集结在一个人身上，这个人就具有了衰败综合征，患有这种综合征的人在面临选择时，就会不断地做出错误决定，愈来愈冷酷无情，愈来愈失去做出正确决定的能力，就像那些贪官们的堕落过程一样。

这种分析也同样适合于人类社会，两种价值体系的消长决定了社会运行的状况。如果让腐朽堕落的价值体系在社会生活中占据了主导地位，社会集体就必然地走向于衰败。实践证明，正是由于资本主义价值体系在我们这个社会主义社会里的蔓延与发展，导致了失业、失学、环境污染、社会收入的两极分化、贪官污吏的猖獗。有哪一个贪官是严格地按毛主席的教导去做人办事的呢？每一个贪官都有一个控制不住内心的欲望而堕落的辛酸史，恰恰是在那种个人物质利益至上的价值体系占了上风后，他就开始了堕落的过程，而这种价值体系正是西方人所竭力向中国输出的。在国际社会中，像美国这种自恃有强大武力的国家代表着人类的自我毁灭的倾向，这种力量绝不会自行退出历史舞台，人类文明能否克服这种倾向而进一步进化，那就要看代表发展倾向的力量能否躲过邪恶力量的打压而获得发展的机会，能否制定战胜邪恶力量的正确战略。

毛主席很早就发现了价值体系的重要作用，这是因为，他像马克思和列宁一样，摆脱了资本主义价值体系的束缚，他们处在同一个价值体系水平上，所以就能在同样的高度上领导社会变革。但与马克思和列宁不同的是，毛主席经历了半个多世纪的革命实践，领导中国人民夺取武装革命的胜利，在建设社会主义社会的实践中又进行了漫长的探索，所以他对社会运行的规律和人性就有更加深入的认识。马克思说：“人的根本就是人本

[①] [美]埃里希•弗洛姆．人心——人的善恶天性[M]．福州：福建人民出版社，1985：103.

身。”[①]而毛主席则比马克思更深入一步，他强调人的世界观是更为根本的因素，强调世界观的转变是一个根本的转变，在《关于正确处理人民内部矛盾的问题》中，他说：“为了充分适应新社会的需要，为了同工人农民团结一致，知识分子必须继续改造自己，逐步地抛弃资产阶级的世界观而树立无产阶级的、共产主义的世界观。世界观的转变是一个根本的转变，现在多数知识分子还不能说已经完成了这个转变。我们希望我国的知识分子继续前进，在自己的工作和学习的过程中，逐步地树立共产主义的世界观，逐步地学好马克思列宁主义，逐步地同工人农民打成一片，而不要中途停顿，更不要向后倒退，倒退是没有出路的。”[②]

随后他又留下了一句名言：“没有正确的政治观点，就等于没有灵魂。”他说：“不论是知识分子，还是青年工人学生，都应该努力学习。除了学习专业之外，在思想上要有所进步，政治上也要有所进步，这就需要学习马克思主义，学习时事政治。没有正确的政治观点，就等于没有灵魂。过去的思想改造是必要的，收到了积极的效果。但是在做法上有些粗糙，伤了一些人，这是不好的。这个缺点，今后必须避免。思想政治工作，各个部门都要负责任。共产党应该管，青年团应该管，政府主管部门应该管，学校的校长教师更应该管。我们的教育方针，应该使受教育者在德育、智育、体育几方面都得到发展，成为有社会主义觉悟的有文化的劳动者。”[③]

共产党必须让自己的价值体系在社会生活中占据支配地位，控制话语权。“资产阶级、小资产阶级，他们的思想意识是一定要反映出来的。一定要在政治问题和思想问题上，用各种办法顽强地表现他们自己。要他们不反映不表现，是不可能的。我们不应当用压制的办法不让他们表现，而应当让他们表现，同时在他们表现的时候，和他们辩论，进行适当的批评。毫无疑问，我们应当批评各种各样的错误思想。不加批评，看着错误思想到处泛滥，任凭它们去占领市场，当然不行。有错误就得批判，有毒草就得进行斗争。但是这种批评不应当是教条主义的，不应当用形而上学方法，应当力求用辩证方法。要有科学的分析，要有充分的说服力。教条主义的

[①]马克思恩格斯选集：第 1 卷[M]．北京：人民出版社，1995：9.
[②]毛泽东文集：第七卷[M]．北京：人民出版社，1999：225.
[③]同上，226.

批评不能解决问题。我们是反对一切毒草的，但是我们必须谨慎地辨别什么是真的毒草，什么是真的香花。我们要同群众一起来学会谨慎地辨别香花和毒草，并且一起来用正确的方法同毒草作斗争。”[①]

五十年来的实践证明，用社会主义核心价值体系来教育人民群众是社会主义事业兴衰存亡的关键。只有在价值体系提升的过程中，我们“才能调动一切积极因素，团结一切可能团结的人，并且尽可能地将消极因素转变为积极因素”[②]，在此基础上，才能正确处理人民内部矛盾。当这项教育工作做得好的时候，社会主义事业就蒸蒸日上，当这项教育工作做得差的时候，各种矛盾难于得到及时正确处理，便会积累起来，纠结在一起，越来越难处理。五十年来的社会主义建设实践，充分证明了毛主席的伟大科学洞见。

五、要正确处理人民内部矛盾，就必须坚持共产党的领导

正如毛主席在《实践论》中所说的那样：“社会的发展到了今天的时代，正确地认识世界和改造世界的责任，已经历史地落在无产阶级及其政党的肩上。”在价值体系问题上，要深入认识其在社会生活过程中的作用并自觉地建设社会主义核心价值体系，这是只能由共产党人来承担的历史使命。要想驾驭并正确处理价值冲突，也只能由共产党人来想办法。正是由于这个原因，我们必须坚持共产党的领导。

总结这些年来意识形态领域里阶级斗争的经验，要正确处理价值冲突，就要抓好教育。而在教育的过程中，共产党必须占据主导地位，必须明确自己作为教育者的身份，才能用自己的世界观来改造社会。反过来也可以说，如果不能用无产阶级的世界观也即是社会主义核心价值体系来改造世界，共产党的领导地位就保不住，民众中的错误倾向就会发展起来，就要搞西方民主的那一套来向共产党夺权，各种社会丑恶现象就会猖獗起来，牛鬼蛇神就会纷纷跳出来表演，引起激烈的社会矛盾，在这种情况下，要想正确处理人民内部矛盾就根本不可能。或者是共产党软弱退让，拱手交权，或者是以暴力形式解决矛盾，留下长期难以消除的后遗症。

[①]毛泽东文集：第七卷[M]．北京：人民出版社，1999：232.

[②]同上，228.

在毛主席那时候，只有少数人闹事。当时毛主席就总结其原因说："发生闹事的更重要的因素，还是领导上的官僚主义。这种官僚主义的错误，有一些是要由上级机关负责，不能全怪下面。闹事的另一个原因是对于工人、学生缺乏思想政治教育。""为了从根本上消灭发生闹事的原因，必须坚决克服官僚主义，很好地加强思想政治教育，恰当地处理各种矛盾。"[①] 而无论是克服官僚主义还是加强思想教育，都还是要用无产阶级世界观来教育干部和群众。教育非常重要，忽视了这一条，就不能正确处理人民内部矛盾，矛盾积累起来，最终会闹出大乱子。所以，邓小平在总结十年改革的教训时说，"十年最大的失误是教育。"[②]

所谓坚持党的领导，其实质也就是坚持用共产党的价值体系来改造社会，教育全体人民。如果抓不住这个实质，仅仅在形式上坚持党的领导，那就不过是一种似是而非的坚持，其发展的结果势必会难以为继。资本主义价值体系从内部对共产党的进攻是最厉害的进攻，他们在共产党内寻找代理人，借助于那些没有真正确立社会主义核心价值体系的党员干部来实现其复辟资本主义的意图。要防止这种进攻，就要求我们筑牢思想防线，严格党员标准，及时清理不合格党员，使全体党员和领导干部都是新的价值体系的体现者。有诸己而后求诸人，只有我们自己真正地接受了这种价值体系，才能感染影响带动领导其他人。要让被教育者接受教育，教育者就要搞好自身建设。因而毛主席说："在建设社会主义社会的过程中，人人需要改造，剥削者要改造，劳动者也要改造，谁说工人阶级不要改造？当然，剥削者的改造和劳动者的改造是两种不同性质的改造，不能混为一谈。工人阶级要在阶级斗争中和向自然界的斗争中改造整个社会，同时也就改造自己。工人阶级必须在工作中不断学习，逐步克服自己的缺点，永远也不能停止。"[③]

在共产主义革命过程中，共产党人必须坚持自己的价值体系，它是共产主义理想的核心。要做到这一点，就必须在价值体系上来一个彻底的转换，超越私有制社会所强加于人的那一套价值体系。这是很困难的。庸人

[①]毛泽东文集：第七卷[M]．北京：人民出版社，1999：236-237．
[②]邓小平文选：第三卷[M]．北京：人民出版社，1993：306．
[③]毛泽东文集：第七卷[M]．北京：人民出版社，1999：223．

也可以把共产主义挂在嘴上，但他们的共产主义不过是阿 Q 的“要什么就有什么”的幻觉，他们没有能力想象共产主义的实际情况，因而总是有意无意地按照自己头脑中的实际上发挥支配作用的价值体系来建设社会主义，这个潜藏在他们无意识深处的东西更强有力地支配他们的行动，于是他们便在高喊共产主义的口号的同时把社会引向资本主义。是否真正地确立了新的价值体系，这是区分真假马列主义的根本之所在。

毛主席是真正的共产党人，综合地继承了东西方文明的优秀传统，超越了私有制价值体系，形成了一套新的完善的价值体系。在漫长的革命过程中，他不仅与敌人进行斗争，同时也和革命队伍内部的各种错误思想进行了漫长的冲突，有人说他好斗，以为这是一种缺点，可是，要想用一套新的价值体系来改造旧世界，自然就会与其他不理解和反对这一理想的人发生冲突，树欲静而风不止。所谓正确处理价值冲突，就是要在坚持理想的同时，教育引导其他人接受拥护这一理想，把这一理想具体化为人们可以接受的具体目标。如果人们不会引导教育，把自己的同志赶到对立面去了，激化了矛盾；或者是害怕矛盾，放弃共产主义理想，稀里糊涂地混日子，这两种做法都不是正确的处理办法。关键是要采用正确的方法来斗，这就是区分两类不同性质的矛盾，对人民内部的问题，采用“民主的即说服的方法，而不是强迫的方法”，采用“团结——批评——团结”的办法，惩前毖后，治病救人。

要正确地处理价值冲突，这确实很难。他老人家也想正确处理两类不同性质的矛盾，也有一套行之有效的策略，但后来还是出了问题、搞了“文革”，原因仍然是“树欲静而风不止”。矛盾之所以产生总是两方面的原因，各种不同价值体系的矛盾冲突所形成的结果，正如恩格斯所说的那样，是由无数个力的平形四边形所形成的合力。毛主席要继续深挖旧制度的根基，将革命进行到底，他的这种努力就使革命队伍中的某些人跟不上了，这些人的心灵深处还是私有制的一套价值体系，他们的革命在很大程度上不过是为了翻身求解放，有吃有穿过上好日子，这和阿 Q 的“要什么就有什么”的愿望在本质上是一致的。因而原来那种纯朴的翻身愿望就很容易随着革命的成功而膨胀起来，转变为当官做老爷的欲望。毛主席对他们的这种欲望进行了长期的斗争，为了带出一支好队伍殚精竭虑，确实也取得了很好的效果，红军、八路军、解放军的军纪是有史以来最好的，共产党的干部也是有史以来最清廉的。但是，仅靠外部纪律的约束，人们的这种状态是很难长期保持下去的，要使人们自觉地保持清廉是很困难的，这实际上是和那种潜藏在人们的无意识深处的东西作斗争，所以便有了两种价值体系的漫长的冲突，最终激化而导致“文革”，导致了一场动乱，给经济建设造成了巨大损失。

在改革开放的过程中依然伴随着两种价值体系的冲突，在我国经济有了长足的发展的同时，也存在一个私有制价值体系蔓延发展的过程。随之而来的各种社会丑恶现象也发展起来。邪胜正则病进，正胜邪则病退，中医上的这句话用在社会运行过程上也是很贴切的。这样一来，就出现了两种价值体系的冲突。矛盾的一方是共产党人，矛盾的另一方是资产阶级以及不理解乃至敌视社会主义核心价值体系的人。共产党人要使人类文明摆脱目前的各种困境，进入到更高的发展水平，另一方则要把人类文明维持在目前的水平上，任其自由发展、进入死胡同。在两种价值体系之间，正像毛主席所说的那样，不是东风压倒西风，就是西风压倒东风。苏联的崩溃和我们的实践证明，两种价值体系的对比消长，确实是社会主义政权的存亡的依据。

在当今世界舞台上活跃着的各色人等，概括起来不过两个角色，两种价值体系，一种是目前还占优势地位的资本主义价值体系，一种是新生的弱小的然而代表人类未来的社会主义核心价值体系。两种价值体系的斗争与消长的过程是已经过去的 20 世纪和刚开始的 21 世纪人类历史的主要内容。能否清醒地认识到价值冲突的存在，并找准自己在其中的位置，并自觉地制定明确的战略措施来维护自己的价值体系，这是判断一个政治家或理论家是否成熟的标准。毛主席关于正确处理两类不同性质矛盾的理论和西方人的和平演变战略，是处理价值冲突的两个思路，这两个思路正好是棋逢对手。毛主席是真正的政治家理论家，他想用自己的价值体系来改造世界，其目标是要使人类得到解放。西方人也要把自己的价值体系强加于人，把丛林法则彻底地推广开来，而不管这种推广的后果。美国的杜勒斯、肯尼迪，尼克松、基辛格也是合格的政治家，他们知道维护本阶级的价值体系对于维持资产阶级统治的重要性，为了维持这一价值体系，他们不惜一切手段，对别国的政权进行颠覆、暗杀、和平演变，为了一个邪恶目的而不惜采用一切邪恶的手段。相形之下，那些把美国看成是民主旗帜正义化身的人，不过是一群不知利害的小学生。

所谓代表人民的根本利益，也就是在光明与黑暗、进化与退化两种倾向之间，做出正确的选择，坚持正确的选择。现在我们站在新的历史坐标上，应当在更广的视野上来考察价值冲突，总结我们执政半个多世纪的经验教训，同时也总结国际共运的经验教训，在坚持社会主义核心价值体系的同时，正确地处理价值冲突，以此来促进人的发展和社会和谐进步；防止这种冲突把人引向堕落毁灭，更要防止这种冲突把人类文明引向毁灭。中国共产党能否做好这件事，关键就在于能否在精神上超越资本主义价值体系，建设一支自觉地实践社会主义核心价值体系的党员和干部队伍。

社会主义与市场经济产生于人的高级需要和基本需要，它们都是整个人性中的必不可少的组成部分。如果人们把两者对立起来，在这种状态中，不管是单独强调哪一个方面都是片面性的，都会出现问题，甚至带来灾难。在这种情况下，政治家就要对两者进行调控，把矛盾控制在适度的范围内，所以就要掌握调控的艺术。这种矛盾状态产生于人们的价值体系的不成熟，要想解决矛盾，归根到底还是要在价值体系的引导和建设上下功夫，培育健全人格，从人格的内在冲突中解放出来，从而使社会在整体上从矛盾冲突状态中解脱出来，稳定在社会主义状态下。

总结历史经验，学会正确处理人民内部矛盾，这是历史赋予当代中国共产党人的历史使命。从毛主席的《关于正确处理人民内部矛盾的问题》到现在的构建社会主义和谐社会，从毛主席对价值观问题的初步探索，到十六届六中全会决定中明确提出“建设社会主义核心价值体系”，中国共产党人近五十年来的探索一以贯之，抓住了当今时代的紧迫问题，代表了人类文明进步的方向。只有切实做好社会主义核心价值体系的建设工作，才能把毛主席破题的这篇大文章做好，从而使当前各种纠结不清的矛盾像阳光下的积雪一样逐渐消融，使社会趋向和谐；我们便可摘取政治学王冠上的宝石，进而信心满怀地展望中华民族实现伟大复兴的那一天。

中华复兴“三段论”

西方人很难理解中国社会主义政治所经历的剧烈变化过程，因为西方社会被锁定在资本主义轨道上，禁锢了人们的理解能力，比如美国人卢西恩•派伊就这样概括道：“在西方人看来，毛泽东的理想主义的中国与邓小平的现实主义的中国，这两者之间的差别，犹如白天黑夜。他们难以理解，何以在同一个社会、同一代人、能够在如此短的时间内产生如此截然不同的社会生活方式。为什么会有这两种极端的政治文化呢？”[①]

其实不仅是西方人，有很多中国人也不理解这个发展过程，正所谓“不识庐山真面目，只缘身在此山中”。由于他们切身利益关系之所在，往往更加难以理解。有人甚至以恶毒的语言来评价党和国家领导人，把社会主义发展过程中出现的一切问题都归因于领导人。这种事后诸葛亮式的聪明使人们总也赶不上历史进步的步伐，其后果也无非是制造了新的内耗。

历史的进步过程会推动人们去认识历史，正确解答现实难题的需要也会迫使人们正确认识历史。习近平总书记指出：“不能用改革开放后的历史时期否定改革开放前的历史时期，也不能用改革开放前的历史时期否定改革开放后的历史时期。要坚持实事求是的思想路线，分清主流和支流，坚持真理，修正错误，发扬经验，吸取教训，在这个基础上把党和人民事业继续推向前进。”这为我们理解中国人民探索社会主义道路的历史进程提供了新的理论高度，我们于是就可以用新的视角来观察这个历史进程。

一、社会政治发展的逻辑决定于价值体系进化的逻辑

新中国在毛泽东和邓小平的领导下走过了曲折的发展道路。社会的发展实际上也就是人性的发展、人的需要的发展，也就是社会价值体系的进

[①]王景伦．毛泽东的理想主义和邓小平的现实主义——美国学者论中国[M]．北京：时事出版社．1996：封面．

化过程。人的需要是一个复杂的体系，在成长过程中，这些需要依次被人们意识到，成为人们自觉追求的目标，于是便逐渐形成一个完备的价值体系。对于社会来说也是同样，发展的过程不是全面推进，而是单兵突进，孤军深入，直到无法推进，然后再发展其他层次的需要。如此交替发展，直至实现全面的进步，实现人的自由全面发展。社会发展过程的核心就是社会价值体系的进化过程。

社会价值体系的这个进化过程，从后来人的立场上来看，似乎并不复杂，但对于置身其中的人们来说，则需要面对现实的各种制约因素，找到解决问题的正确方案并付诸实施，这是一个非常艰难的过程。不仅要打破匮乏落后的现实环境对人们肉体上的约束，还要打破它对人们头脑的约束。匮乏落后的环境会控制人们的价值体系的形成过程，并进一步把人们牢牢地锁定在既定的生活轨道上。

我们可以很容易地观察到，对于个人来说，并不是满足了一个需要就能自然而然地过渡到下一个需要，对于阿Q来说，他不仅需要摆脱悲惨的命运，还需要摆脱那种在悲惨命运下形成的价值体系的约束。在长期资源匮乏的状态下，他的目标被锁定在对稀缺资源的追逐上，忽视了更重要更有价值的因素，造成智力和判断力的局限性，即便他摆脱了资源稀缺状态，其头脑也仍然处于这种以物为本的价值体系的控制下，难于解脱。

个体的价值体系会锁定个人的成长道路，这种情况在社会层面上也同样存在。与物质匮乏状态相配套的价值体系不仅控制着穷人的头脑，同时也控制着富人的头脑，从而形成了一个文化环境，一代代地延续下去，在每个人的生活过程之上获得了独立的生命。每个人一生下来就要在它的模塑下形成自己的价值体系，反过来，人们对这种价值体系的接受与实践又进一步地巩固强化它的统治地位。于是在个人与社会之间便存在一个互相决定的“超循环”，维护着这种价值体系的统治地位，形成了一种“路径依赖”，从而把整个社会锁定在愚昧落后、内耗丛生的轨道上。鲁迅笔下的未庄就是这种状态的缩影。

在社会运行过程中，许多看起来微不足道的小事都有可能发展起来，形成一种“路径依赖”，把社会运行引入歧途。统治者都希望自己的国家稳定发展，万岁万万岁，但他们总是防不胜防，事与愿违。比如说中国封建社会中反复出现的后宫干政、宦官专权、藩镇割据，再如当今美国的“越反越恐”的恶性循环，还有一个“金融军工集团”控制了美国政治，驱使着美国四处挑起战火；这些都是在不知不觉中产生的，最终形成尾大不掉之势，把社会推向自我毁灭。政治家如果能够及时发现这些倾向，及早治理，为之于未有，治之于未乱，那就很杰出。如果能够对已经形成的“路径依赖”进行治理，挽狂澜于既倒，那就可以称之为伟大了。

毛主席和邓小平所要完成的就是这种伟大使命。为了摆脱清末那种积弱积贫、一盘散沙、濒于亡国灭种的危险，打破旧中国所陷于其中的那种贫困、私有制、外族入侵的恶性循环，人们就必须找到打破这种“路径依赖”的办法。洪秀全、康有为、孙中山来寻找解决方案，他们都没有找到。最后还是毛主席把马克思主义与农民、枪杆子结合在一起，找到了解决问题的办法和路径，推翻了三座大山，建立了社会主义制度，把中华民族凝聚为一个有机体，并在此基础上把中华民族的生存轨道稳定在一个较高的水平上，为中华民族的复兴奠定了政治、经济、文化的基础。

要彻底打破旧制度的恶性循环，建立起新制度的良性循环，这项任务极其宏大，毛主席只是开了一个头，万里长征走完了第一步。在毛主席去世的时候，中国的生产力发展水平仍然不高，中国人的头脑仍然被低水平价值体系控制着，社会运行过程仍然有可能回归旧制度的恶性循环中去。中国人要想摆脱低水平价值体系的控制，先必须摆脱物质匮乏状态。所以就需要有邓小平时代的改革开放，就需要以经济建设为中心，也就是把经济建设作为社会价值体系的核心。在这种价值体系的推动下，我们用几十年的时间走完了发达国家几百年走过的历程，创造出强大的物质生产力，为民众的精神飞跃创造物质基础，但在另一方面，它也带来了环境恶化、两极分化以及黄赌毒和贪污腐败的泛滥成灾。就像一块硬币必然要有两面一样，我们要享受它所带来的物质丰饶，也必须接受它所带来的混乱与灾祸。如果我们只想要它对自己有利的一面而不要它的另一面，就必须进一步推进价值体系的进化，建设社会主义核心价值体系，用它来主导社会运行过程，形成新的有益于人生幸福和社会稳定进步的路径依赖。

正如马克思所曾经说过的那样:“一切划时代的体系的真正的内容都是由于产生这些体系的那个时期的需要而形成起来的。所有这些体系都是以本国过去的整个发展为基础的。”[①]这个逻辑同样适合于中国社会主义事业的发展过程，无论是毛泽东时代，还是邓小平时代，都不是完美的，都存在大量的问题，甚至是很尖锐的矛盾，但要打破原来的路径依赖，就必须经过这样的发展过程。不管是毛主席还是邓小平，他们都以自己的个性特征影响了中国历史，抓住了主要矛盾，解答了时代的紧迫问题，代表了社会价值体系进化的需要，以自己的名字命名了一个时代。这不仅仅是他们自己的个性使然，也是社会价值体系进化的需要，社会价值体系进化的需要选择了他们作为自己的代表人物。社会生活必须走过这些发展阶段，才能使人性中的潜力展现开来，价值体系的进化是历史进步的火车头。

二、社会价值体系进步过程的“三段论”

对于实现中华复兴的伟大目标来说，毛主席与邓小平都完成了自己的历史使命。如果说一个人要吃三个烧饼才能吃饱的话，毛主席做了第一个烧饼，解决了中国人“站起来”的问题，邓小平做了第二个烧饼，解决了中国人“富起来”的问题。现在所要构建的社会主义和谐社会，实现中华复兴的伟大中国梦，则是第三个烧饼，解决中国人“强起来”的问题。这三个烧饼，正好构成了黑格尔所说的“正题——反题——合题”的“三段论”。

中国社会发展之所以必须经历这个“三段论”，那是因为社会价值体系的进步只能这样曲折前进。我们必须看到，这个进步过程的起点不高，鲁迅先生当年对中华民族的国民性痛心疾首，这个让鲁迅先生痛心疾首的国民性就是我们的起点。毛主席在这样的基础上闹革命，高举理想主义的旗帜，唤醒了人性中沉睡的潜力，所以便能够率领着他的衣衫褴褛的人民子弟兵，以极其简陋的武器战胜了强大的反动派，创造了无数人间奇迹，建立了新中国，结束了“朱门酒肉臭，路有冻死骨”的社会形态。新中国诞生后，他又为社会主义制度的确立呕心沥血，作出了重大贡献，并率领全党全国人民对中国的社会主义建设进行了复杂而曲折的探索。习近平同志《在纪念毛泽东同志诞辰120周年座谈会上的讲话》中评价说：“他思想博大深邃，胸怀坦荡宽广，文韬武略兼备、领导艺术高超，心系人民群众、

[①]马克思恩格斯全集：第3卷[M]．北京：人民出版社，1960：544.

终生艰苦奋斗，为中华民族和中国人民建立了不朽功勋。”

但是我们必须看到，毛主席所唤醒的只是中华民族的先进分子，他们可以超越物质匮乏状态的约束，跟着毛主席闹革命。但他们只占中华民族的一小部分，作为一个整体的中华民族的国民性仍然还是不高。当毛主席想要继续用他的理想主义来教育人民群众时，有人积极响应，也有人不理解，还有人坚决反对。他们不知珍惜毛主席指引的人生方向，也不珍惜社会主义公有制，信奉着庸俗的实用主义，在干部岗位上，他们坚守的是“有权不用，过期作废”，在群众岗位上，他们则坚守着“外国有个加拿大，中国有个大家拿”。这样的人虽然不多，但这种价值体系却可以像瘟疫一样迅速地传播开来，于是社会经济运行过程运转困难，出现了紊乱。

为了解决上述问题，就需要有一个改革开放阶段，利用人们追求个人财富的欲望，激发人的创造性，把生产力的发展拉高到一定的水平上，为新社会奠定基础；历史把这个任务交给了邓小平，他也出色地完成了任务，领导中华民族在现代资本主义虎狼世界中左突右冲，取得了辉煌成就。在坚持以经济建设为中心的同时，始终坚持四项基本原则，使中国革命的航船始终航行在社会主义道路上。正如习近平同志《在纪念邓小平同志诞辰110周年座谈会上的讲话》中指出的那样：“邓小平同志指导我们党系统总结建国以来的历史经验，解决了科学评价毛泽东同志的历史地位和毛泽东思想的科学体系、根据新的实际和发展要求确立中国社会主义现代化建设的正确道路这样两个相互联系的重大历史课题，彻底否定了‘文化大革命’的错误实践和理论，坚决顶住否定毛泽东同志和毛泽东思想的错误思潮，为党和国家发展确定了正确方向。”

有些人求全责备，只注意到毛主席和邓小平所没有解决的问题，却没有看到他们的伟大功勋，这不仅是由于人品上的不厚道，同时也是由于认识能力的缺乏。其实只要换个角度，关注到他们所解决的问题，把他们解决了的问题贯穿在一起，就构成了中国特色社会主义所经历的发展道路。毛主席解决了中国人“挨打”的问题，邓小平解决了中国人“挨饿”的问题，接下来就该解决中国人“挨骂”的问题了，于是乎，建设社会主义核心价值体系的目标就被提出来了。

十八大以后，党中央提出了一系列新主张，其目标都在于解决“挨骂”

的问题，诸如确立坚持中国特色社会主义道路的道路自信、理论自信和制度自信，打造出具有中国特色、中国风格、中国气派的哲学社会科学学术话语体系，重塑中华文明软实力，如此等等，这些目标都可以包括在建设社会主义核心价值体系这个大目标之下。

此外，党中央还对腐败现象进行了大刀阔斧的治理，既打老虎，又拍苍蝇；既治标又治本，这同样也是建设社会主义核心价值体系。从实际效果来说，这是更重要的建设。从周永康、徐才厚、苏荣等“大老虎”被调查，再到山西反腐，中央稳扎稳打，步步为营，说明党中央下决心要打破几千年来始终控制着官场的“潜规则”。这个“潜规则”也就是低水平价值体系所形成的路径依赖在官场的具体体现，如果这个“潜规则”不彻底打破，单凭中纪委一个一个的查，那就永远也查不完。大官大贪，小官小贪，虽然数额有区别，性质却是一样的，“潜规则”到处都有，不把这个“粪坑”清理掉，“苍蝇”总也打不完。党中央要维护中国人民的根本利益，就必须进一步治本，打破这个“潜规则”，建立一整套促使官员们不想腐、不能腐、不敢腐的新机制。

要做好这件事情，就必然会进一步触动那个主导了官场几千年的“潜规则”，那个由旧价值体系所主导的社会运行过程的路径依赖，改造这个路径依赖的问题自然也就会提上执政党的议事日程。时代的需要会迫使人们突破关于思维与存在关系的哲学范式，深入理解建设社会主义核心价值体系的深刻内涵，它并非仅仅是意识形态领域里的事情，而是对社会运行过程的一个脱胎换骨的深刻改造，它既是中国特色社会主义理论深入发展的必然结果，也是中国特色社会主义实践所遇到的现实问题的正确解答。在毛主席与邓小平所开创的社会主义事业的基础上，我们现在终于接触到了最根本的问题，就像打游戏一样，终于闯到了最后一关。

社会价值体系的进步必须经过这样一个“三段论”，才能完成中华民族实现伟大复兴的飞跃。向更高水平进化的过程总是螺旋形的发展过程，进入“合题”阶段，既不是简单地回到毛泽东时代，也不是简单地延续邓小平时代，它是两个时代的成果的综合。经过这些年来的发展，我们现在可以进入“合题”阶段了。

三、总结历史经验，团结起来，自觉践行新的价值体系

外国人不理解中国社会政治的发展演变进程，这是因为他们的社会价值体系的进化过程长期停滞，被牢牢地锁定在资本主义轨道上。有些中国人自己也不理解，则是因为“不识庐山真面目，只缘身在此山中”，另外有些中国人的不理解则是因为其价值体系没有提升到社会主义核心价值体系的高度，仍然受控于低水平的价值体系，导致了认知和判断力的成长障碍。由于这种价值体系的发育不全，他们不能实事求是地思考问题，也不可能提出正确的见解，把各种现实问题的原因归结到领导人的问题、体制问题，总是用西方的模式作为标准来思考和行动，他们还顽强地呼吁“民主”，也就是要用他们那一套价值体系来进行改革，由此而带来的实际后果是进一步强化了低水平价值体系的超循环。

于是我们便可发现，问题的关键在于价值体系的进化。不仅要有社会价值体系的进化，同时还要有研究者、宣传者自身价值体系的进化。只有实际地推进了每个人的价值体系的进化，建设社会主义核心价值体系的目标才有可能真正地实现。这是最最困难的事情。

社会价值体系是由无数个体的价值体系构成的，实际上，每一个人都对历史进程发挥了作用，虽然是微不足道的作用。恩格斯曾说：“历史是这样创造的：最终的结果总是从许多单个的意志的相互冲突中产生出来的，而其中每一个意志，又是由于许多特殊的生活条件，才成为它所成为的那样。这样就有无数互相交错的力量，有无数个力的平行四边形，由此就产生出一个合力，即历史结果，而这个结果又可以看作一个作为整体的、不自觉地和不自主地起着作用的力量的产物。”[①]因而，这个由旧价值体系所控制的路径依赖是社会运行过程的自发的结果，并不是某个领导人所有意设计的，不管是慈禧太后，还是袁世凯、蒋介石，他们都不对它的存在负有责任，虽然这几位权势很大，却也都不过是它所控制下的木偶。包括当今世界上的领导人诸如小布什、萨达姆、卡扎菲、奥巴马们，也都不过是在旧的价值体系所主导的历史潮流中沉浮而已。这个路径依赖强大无比，就像在卫星云图上所看到的高速旋转的台风一样，所有的人都不过是在它

[①]马克思恩格斯选集：第 4 卷[M]．北京：人民出版社，1995：697．

的控制下旋转着的一个水分子而已，包括那些狂热地主张着“自由、民主、人权”的人们，也逃不出它的控制。奥巴马担任美国总统以来，批准无人机打击326次，据英国《每日邮报》2013年11月3日报道，一本有关美国2012年总统大选的新书曝光称，奥巴马在谈及使用无人机时曾向其助手吹嘘：“我真的很擅长杀人。”但与操纵着他的命运的巨大“台风”相比，他的那点本事又算得了什么呢？

老子说：“天地不仁，以万物为刍狗。”他所说的“天地”也就是社会生活中自发地形成的路径依赖，它根本不在乎人们追求幸福的愿望，为了维持自己的生存而操纵着每个人的命运，漫不经心地安排人间的祸福，不管你是多大的领导，在它的面前都是用过即扔的“刍狗”。人们都对现实不满意，都想用自己的价值体系来改造这个世界，却很少有人反思自己的这个价值体系是不是值得坚持，都不肯改造自己下意识地从环境中接受过来的价值体系，所以就仍然逃不脱“刍狗”的命运，延续着原来的路径依赖。在这样的基础上所出现的政治只能是低水平的政治，不管在政治体制改革或选举程序上搞出什么样的花样，都无法改变政治运行的路径依赖。如果人们不能反求诸己，都只是把责任推到外部因素上，人类社会就总也不能长进。《红楼梦》看到了其中的荒诞：

“金满箱，银满箱，转眼乞丐人皆谤。
正叹他人命不长，哪知自己归来丧。
训有方，保不定日后做强梁。
择膏粱，谁承望流落在烟花巷。
因嫌纱帽小，致使锁枷扛。
昨怜破袄寒，今嫌紫蟒长。
乱哄哄，你方唱罢我登场。”

曹雪芹看不到解决问题的希望，所以就对人类前途十分悲观，“好一似食尽鸟投林，落了片白茫茫大地真干净。”马克思也发现了其中的荒诞，与曹雪芹不同的是，他发现了解决问题的方向，他说：“在现代，物的关系对个人的统治、偶然性对个人的压抑，已具有最尖锐最普遍的形式，这样就给现有的个人提出了十分明确的任务……确立个人对偶然性和关系的统治，以之代替关系和偶然性对个人的统治。”[①]我对这段话的理解是，所有的人都应当得到自由全面的发展，但由于他们没有仔细选择，一不小心，出生在一个私有制社会，这里存在着物的关系对个人的统治，他必须把注意力集中在谋生上；他对自己出生在什么样的家庭、阶级地位，也没仔细选择，冒冒失失地来到了一个家庭，老爸可能是穷人，也可能是富人，他的生活道路也就被这种偶然性所统治了，其价值观就被决定了，如果他不幸地当了领导，就很自然地成了贪官，身陷囹圄也就是个时间问题，在这种情况下，人们就无法得到自由全面的发展。马克思认为这是个很严重的问题，所以就要解除物的关系对个人的统治、偶然性对个人的压抑。

要完成马克思所说的这项任务，那就必须消灭私有制，打破社会生活中原有的路径依赖，这也就是要提升社会价值体系的高度，用新价值体系的超循环过程来取代旧价值体系的超循环过程，把它稳定在新的运行轨道上，使所有的人都能自然而然地闻道开悟，佛教认为“世间还有什么功德比送人成佛更为殊胜？”而共产党人所要做的也就是这种事情，把整个国家都提升到新的轨道上，让所有的人都能把生命延伸在这条新轨道上，这也就是让所有的人都能“成佛”。还有什么能比这个目标更为“殊胜”呢？因而我们说，价值体系的建设就是社会政治过程中最核心的任务、最伟大的工作，它就是政治学王冠上的宝石。

只有在中国特色社会主义伟大实践不断推进的过程中，我们才能深入认识到建设社会主义核心价值体系的重要性。举目望去，在这个星球上，只有中国共产党人认识到了这个目标，因而也只有我们能够摘取这颗宝石。所以，作为中国人，就应当珍惜共产党的执政地位，自觉投身到这项伟大事业中去。大家都应行动起来，严格要求自己，认识到自己并非现成地具有了正确评价一切的价值标准，因而都需要打扫自己的头脑，让社会主义核心价值体系在这里居住下来，以保证自己行为的合理性。建设社会主义核心价值体系不是一个空洞的口号，而是一个需要落实在每个人身上的非常具体的任务，这是只有通过自己的努力才能做好的事情，别人代替不了。

认识到上述目标之后，我们自然也就能够正确评价毛主席和邓小平的

[①]马克思恩格斯全集：第3卷[M]. 北京：人民出版社，1960：515.

历史功过。由于历史的形成是无数个力的平行四边形的合力，那些率先闻道的人，总是要付出更多努力，才能把其他人也拉到同样的水平上。矫枉必须过正，如果没有毛主席和邓小平在理想主义与现实主义这两个方向上走上极端，就无法克服国民精神的僵化保守的惯性，就不能打破旧制度的路径依赖、把社会运行提升到新的轨道上。他们所做的工作都是社会价值体系成长过程所必须经历的环节，社会主义核心价值体系的建设过程必须有这样一个大起大落的前奏，所以我们要珍惜毛主席和邓小平，他们两人都是对中华民族负责的历史伟人。

推进价值体系的进化，这是最复杂最艰难的工作，在此过程中，必然要与不闻道的人产生冲突，遭受他们的误解、非难、打击、迫害，不闻道的人习惯于采用这些方式来处理各种矛盾。毛主席和邓小平也要面对这些人的攻击，这是他们无法逃避的命运。那些不闻道的人，一方面享受着毛主席和邓小平所带来的好处，另一方面又把落后的价值体系所导致的各种恶果强加在毛主席和邓小平的头上，他们没有能力正确认识毛主席和邓小平的功过，这是因为他们的价值体系还没有成长到那种高度。面对他们的误解、指责，毛主席和邓小平又有什么办法呢？那就只能是等待，等待他们的价值体系成长起来。对于所有的闻道者来说，这都是一个无法避开的难题。对于执政的共产党人来说，也是同样，不仅在国内会遇到未闻道者所制造出来的各种麻烦、误解和攻击，在国际上同样会遇到很多国家的侵扰、围堵、遏制。社会主义核心价值体系的成长环境就是这样艰难，没有一种凌驾于社会之上的力量为其创造成长环境，它只能自我创造成长环境。

建设社会主义核心价值体系这个目标，其实也就是中国古人所说的“闻道”，但由于古人缺少实现这个目标的社会环境，所以他们很难实现。我们现在遇到了这样的机缘，中国特色社会主义伟大实践的不断深入，特别是十八大以来，党中央励精图治，不断推进理论创新、实践创新、制度创新，为我们创造了坚持社会主义核心价值体系的有利环境。我们必须高度珍惜，要像“文革”之后抛弃派性、团结起来奔“四化”一样，自觉拥抱和践行社会主义核心价值体系。只有这样，我们才能团结在党中央周围，正确应对各种挑战，开创历史发展新境界，告慰毛主席和邓小平的在天之灵。

我的六个比喻

为了帮助某些网友正确地理解问题，我经常打一些比方，其中有些很蹩脚，但偶尔也有个别贴切的，最近翻拣了一下，觉得有六个比喻有点意思，于是就把它们集在一起，请诸位朋友瞅瞅。

一、共产党与资产阶级政党的区别就像人与猴子的区别

那年夏天我在与网友交流中打了一个比方，把共产党与资产阶级政党的区别比喻为人与猴子的区别。在那个贴子里，一位对共产党执政很有意见的网友让我说说“一个不代表人民利益的政党（不管它叫什么名字），是不是应该下台？”我答复说，“不管是中国的还是苏联的共产党，其创立的目的都是为了人民的解放、人类的彻底解放。然而在掌权后，便有素质不高的人往里钻，使其逐渐蜕变，使其名不符实，这就像人会生病一样。但不论其病得多么重，都还是要想办法治疗，而不能盼着他快点死掉。因为不管怎么说，在名义上他仍然还是共产党，比起民主党、共和党、国民党、民进党等资产阶级政党来说，要高一个档次。在你们看来，他们都是政党，而在我看来，共产党比之于资产阶级政党，就像人和猴子的区别一样。再健康的猴子也比不上人的价值。人有可能退化成猴子，但猴子却不可能在短期内进化成人。所以就还是要想法给人治病，而不是像你所期望的那样：让病人死掉算了，换上一只猴子来执政。”另一位网友很赞赏这个比喻，认为又形象又深刻，让人豁然开朗。这么一鼓励，我就进一步把它展开一下。

在大自然进化过程中，人与猴子是近亲，从最初的在被科学家称为“原始汤”中发生的化学反应开始，一路进化过来，走过了漫长的进化道路，进化到猴子的水平，都是很不容易的。但是在从猿到人的进化的关键时刻，猴子们没有接着往前走，不愿意下到地面上来，不想站起来走路，于是就和人类分手了，至今还长着一身毛，在树上爬来爬去的，倒也悠闲自得，不用十年寒窗考大学，也不用操心下岗待业，也不用考虑种出来的农产品卖不出去，更不必考虑什么政治体制改革。而人类呢，要操心的事太多了，越进化事越多，责任越大，对人类提出的要求也更高，于是就还要进一步进化。在这个过程中，有人继续前进，也经常地有人觉得累了，从进化的长征中退了下来。这就像在当年的猴子中间所发生的分化一样，有的猴子安于猴子状态，于是它们到现在还是猴子，有的猴子不安于猴子状态，于是便进化成了现在的人。人类要想保持进化的成果，就必须进一步进化，这就是命运。

资产阶级政党就不考虑进一步进化的问题，他们对人类所面临的各种紧迫问题拿不出解决办法，得过且过，混一天算一天，就像猴子一样。从价值体系上来看，猴子的生活目标不高，也无非就是吃吃喝喝，打打闹闹，目标不如人的远大，不研究哲学，也不想构建和谐社会。资产阶级政党与共产党相比也是这样，目标很不远大，不研究马克思主义，也不考虑以人为本和构建和谐社会，只想鼓动一班人支持他，选上了大家都弄个官做，选不上算拉倒。俄罗斯有一个记者，半天入了八个党，他们那里的政党就像“文革”时的战斗队一样，随便几个人一商量，便拉起一支战斗队，戴上袖章就上街喊口号去了。他们只管自己一时痛快，不管人类的明天，这就与当年的不肯进化的猴子一样。虽然也继承了一套三权分立的制度，设计得颇为精致，但在价值体系上仍然没有超出猴子的水平，不知道在正事上用力，只会通过一些打击、制裁其他国家的决议，或是搞一些“台独”之类的名堂，给人类事务添乱，古人说的沐猴而冠，指的就是这种状态。

当前人类进化所面临的问题是什么，那就是从私有制所造成的战争、饥饿、贫穷、生态污染等社会痼疾中解放出来，这还是马克思早就提出来的问题：消灭私有制，建立一个让每一个人都能得到自由全面发展的社会。为此就必须在共产党的领导下，用一套新的价值体系引导和改造社会生活，使之逐步地趋向于理想境界。而资产阶级的政党就不愿再进化，他们所致力的目标就是维护私有制，维护丛林法则在社会生活中的支配地位。在这种猴子政党当权管事的情况下，社会的前景就很灰暗。两极分化，生态恶化，社会治安混乱，动不动就来个枪击、爆炸。还有吸毒，一方面美国是全球最大的毒品消费国，另一方面它又花费了很多经费来禁毒。反正是“不差钱”，就要折腾出一些花钱的办法；还有艾滋病，美国人一方面鼓励人们放纵声色，把这个病毒传染开来，然后又花钱来研究治病的办法；美国还提倡大家买枪，据说这是“自由”和“人权”，这又是一个制造灾难的堂皇理由。在充分地开发国内军火市场的同时，美国还在国际上挑起争端，在其他国家创造出购买军火的欲望，这样便在国际上到处树敌，招来了恐怖袭击，然后又一脸悲壮地反恐，然后又进一步树敌，这就又进入了另一个恶性循环。所以，别看它现在很神气，想欺负谁就欺负谁，有它倒霉的时候。但是，它所折腾出来的恶果并非仅仅落在自己的头上，而是落在作为一个整体的人类身上。人类要继续生存下去，就必须改变这种猴子当家的现状，让共产党来当家管事。

大家也会指出，共产党也存在许多问题，有的瓦解了，没有瓦解的也存在很多问题，管不好自己，名存而实亡。我认为这也不难理解，在进化过程中，越是低等动物身上的那些性状，就越是稳定。猴性相比于人性来说，就稳定得多，也不知有多少年了，一直是这样。而人性则很不稳定，一念之差就会误入歧途。越是高级的生命越是脆弱，最好的东西一旦腐败，便会成为最坏的东西。这是一般规律。但人们不能因为有这个危险就安于平庸，人们总还要追求那更高更好的目标。对于一个相信进化论的人来说，人的进化过程并没有完结，这是不言而喻的。这个进一步进化的任务不是在人的身体特征上的进化，而是价值体系上的进化，进化出一个能正确地解决生产和分配问题的价值体系，进而建成一个把人类从生存的自然必然性的束缚下解放出来的社会政治组织。人类要想在地球上继续生存下去，就必须迈出这一步。而要做好这件事，就必须让共产党来管事。

有网友对共产党在人类进化过程中担负的重大责任认识不清，在他看来，继续当猴子的愿望和进化为人的愿望是完全等价的，他们甚至把继续当猴子的愿望当作人民的利益，大言不惭地说“我维护的是人民的利益”，于是我便问他，你有什么资格代表人民的利益呢？而他却根本没有考虑过这个问题，在他看来，自己没有当官，所以就是“人民”，于是便可代表人民说话。这个被他视为不言而喻的逻辑是很不可靠的，甚至是很滑稽的。我们必须搞明白，能够代表人民利益的只能是那些发展得更加充分的人、想要进一步进化的人。就像当年要从树上走到地面上的猴子一样，他们代表猴子进化的方向，因而代表猴民的根本利益，虽然刚下地时，它的步子走得歪歪扭扭，很不像样，引起了不肯下地的猴民的一片哄笑，但如果没有那几步，就没有人类今天的辉煌，人类也不可能在月球上留下脚印，模特们在 T 型台上的优雅步伐也不可能出现。

二、关于人的精神成长过程的一个比喻：大缸里的竹子

人的精神成长过程并不是在教室里听教师讲课就可以完成的，它有其独特的规律。最近我琢磨了一下，觉得可以用一个比方来说明一下。

春天来了，竹园里的竹子开始发芽出笋，嫩笋是一道美味，乡亲们便到竹园里将那太稠密的竹笋采了炒肉吃。但如果它稍微长高一些，就嚼不动了，有人为了贪图这一美味，便想了一个办法，找来一口大缸，倒过来扣在竹园里，让竹笋在缸里面长起来，因不见阳光，竹笋便在里面盘旋着成长，并保持着能被嚼得动的状态，这对于竹笋来说是很不幸的，它无法进入成长的下一个阶段，但对于人类的嘴巴来说是有用的。

这就是我要用的比喻。那竹笋就像是人的精神成长过程，但它不是自由自在地成长着，而是在一口大缸的覆盖之下成长，他不知道自己要长成什么样，没有明确的目标，于是就在缸里摸索。这口缸就是我们的生活环境，柏杨称之为酱缸，他认为人在里面被酱成咸黄瓜了。但我觉得这个比喻不够好，实际上仍然有人没有被酱成咸黄瓜，他们还在抗拒环境的恶劣影响，寻找改变现实的方法，所以我看还是把它比喻成这口扣在地上的缸更贴切。卢梭说："人是生而自由的，但却无往不在枷锁之中。"[①]换句话来说，人们无往不在大缸之中，不仅中国人被扣在缸里，全世界的人都被扣在缸里，私有制的文化环境经济制度笼罩着人们的成长过程，使人们得不到自由全面的发展。

但是，这口大缸并不是天衣无缝的，还有一些小孔道，如果有的竹笋找到了这个孔道，便可以钻出来得见天日，他就会看见其他长得高大的竹子，于是便明白了自己的目标，也长成一根大竹竿。比如老子、孔子、基督、佛陀、马克思、毛主席，都是钻出大缸的竹子。还有张思德、雷锋、

[①][法]卢梭．社会契约论[M]．北京：商务印书馆，1994：8．

吴仁宝，也是钻出大缸的竹子。但这样的人毕竟是极少数，绝大多数人没有找到这个孔道，只能在大缸里成长，没有钻出来的机会。由于他们始终在大缸里待着，便以为在缸里的生活便是竹子的生命的全部内容。他们如果要和在大缸外的竹子之间的对话便会遇到困难，大缸外的竹子能够看到的东西，他们看不到，如果有人告诉他们，竹子可以长得很高大，可以在阳光下沐浴着春风，那种生活非常惬意，他们是不会相信的。他们不仅不信，而且还很生气，讥笑那缸外的竹子胡说八道。如果这种竹子想和钻出来的竹子较劲，那就没他们占便宜的机会，比如蒋委员长便是大缸里的竹子，想和毛主席这根钻出大缸的竹子斗法，就没好果子吃。

对于某些人来说，可能终其一生也找不到开悟的机会。这个钻出去的机会很难找，那个孔道很小，如果他的物欲情欲过于强烈，就像长得过于粗壮的竹子，就算是找到那个孔道，也还是钻不出去。圣经上说，要让富人进天堂，就如让骆驼穿过针眼一样困难；佛教也说，人们如果五阴滋盛便难得开悟，这都是一个道理。另外，假如一个人的生活很顺利，他对在这个大缸里的生活很满意，也就不打算钻出去。与之相应的，如果人们在生活中遇到一些挫折，这反而是他钻出大缸的机遇；人们应珍惜这种机遇，这是因为，就像成为一根在春风中摇曳的竹子是竹子的最高目标一样，对于人类来说，获得自由全面的发展也是最高目标。

最后，我们还要强调一点，就如大缸里的竹子不能自由成长一样，在丛林法则价值体系的控制下，人们不可能得到自由全面的发展。在这种价值体系的误导下，人们把大量的财富用于养活官吏、军队、警察等庞大的国家机器和战争机器，用于奢侈的享乐、无用的仪式和排场，而不是用于发展经济、科学研究和改善人民生活；人类社会为这种畸形的价值体系而付出的代价触目皆是：人们在生活重担的压力下焦灼不安、尔虞我诈，陷在内耗的泥坑之中而难于自拔；随之而来的还有贫富悬殊、环境破坏、资源短缺；大地、森林、河流、海洋和空气都被盲目的发展所榨取、所污染，人类社会和地球生态环境的承受能力已经临近极限。要改变这种局面，就只有掀翻这口缸；我们要构建和谐社会，也必须掀翻这口大缸。在这样的基础上，才能让人们在精神上获得解放，人与人之间才能保持和谐，人与自然之间也才能保持和谐。

一旦冲破了资本主义价值体系这口大缸的笼罩，一个伟大的新的历史发展阶段将会出现，人类的能力就将自由全面地舒展开来，就像那漫山遍野的在阳光下自由地伸展的竹子一样，赏心悦目，美不胜收。

三、“点金术”与树立社会主义荣辱观

在西方的中世纪，有不少学者长年累月耐心地研究点金术，他们希望发现可以把普通金属变成黄金的方法；而在中国古代也有人做着同样的努力，据说吕洞宾的老师就掌握了这门技术，只是还不够成熟，变出来的金子在五百年以后还要恢复铁的本来面目，所以吕洞宾便不肯学，因为那拥有这些金子的人，五百年以后岂不是要无辜蒙受损失？由此一念之仁，吕洞宾终于修成正果。看来上苍是公正的，有失必有得，虽然点金术没有流传下来，却成就了一位仙人，这是非常合算的。

世间一切事物中，人是第一个可宝贵的。但必须看到，人是极其不同的，有的极其顽劣，有的则极其高贵。所以便有很多人致力于寻找完善自身、提高人性的技术，力图把自己和其他人从那种寄生的贪婪的懒惰的愚蠢的性格转变为自立的俭朴的奋发有为的智慧的性格，这种化腐朽为神奇、化包袱为财富的技术，也是一种“点金术”，比起那种点铁成金的点金术来，这种点金术更重要，古人就说过“浪子回头金不换”，人格的这个转化、升华，使本来就宝贵的人变得更为宝贵。金子不过是一种金属，哪能与之相比呢？

寻找这门技术是历来的宗教家、政治家和道德家们的事业，自从元典时代人类精神开始觉醒时就有人开始探寻了，各种宗教是这样的技术，儒家学说也是这样一种技术，但由于人性的成长进化是一项从社会整体的层面上来实现的转变，单从个人的层面着手，其难度非常之大，所以两千多年来，真正成功的不多。在马克思主义问世以后，才出现了重大突破，比如说列宁在俄罗斯当年那个落后混乱的局面下，把工人阶级组织起来发动武装起义，建立了苏维埃政权，领导人民朝气蓬勃地投入到开创历史新纪元的伟大事业中去，这正是因为他掌握了“点金术”。毛主席也掌握和运用了这个“点金术”，所以便能率领他的饥寒交迫、装备低劣的革命队伍，战胜诸多强敌，创造了一个又一个奇迹，为中华民族的复兴奠定了坚实的基

础。

总结历史经验，我们便可看到，人性高度复杂而又具有巨大发展潜力。如果组织领导者自身发展得很充分，便可以唤醒人民群众中蕴藏的巨大潜力，开创历史发展新局面；但如果领导者自身发展水平就不怎么样，他便会压抑人民群众的潜力的发挥，甚至会打开潘多拉魔盒，唤醒人性中邪恶愚蠢的倾向，从而使社会成为一盘散沙，陷入内耗之中而自我毁灭。比如说，同是旧中国的那一批被称为“东亚病夫”的人，在蒋介石的领导下，让疯狂的日本鬼子像赶鸭子一样追得走投无路，但在毛主席的领导下，却可以在极其简陋的条件下英勇无畏、机智灵活地打击日本鬼子，成为抗日战争的中流砥柱。因而不管蒋委员长武器多么先进、优势多么明显，也不管他在阴谋权术上多么专业，但由于其自身发展水平的缺陷，他不可能掌握引导人民群众充分发挥潜力的“点金术”，在这一点上他与毛主席相比则处于劣势，这就决定了他必然失败的命运。

由此可见，这个“点金术”对于社会政治过程是多么重要，对于领导人是多么重要。同时也正因为有这样一个“点金术”，不管形势多么艰难，都仍然还存在一条摆脱危机的出路；越是最困难的时候，也就越能找到这个“点金术”。

现在的社会管理工作越来越难做，考验着共产党的执政能力。为什么会这样呢？这是因为资本主义的那一套价值体系在社会生活中越来越强化，他们操纵了人格的成长过程，它不是把人引向积极负责的方向，而是引向相反的方向，使那种寄生的贪婪的懒惰的愚蠢的性格层出不穷。市场经济是一个我们现在还离不开的东西，但是它同时又危害着社会生活，把人性引向歧途。它是一个从生到死包围着人的整个一生的精神模子，把人的一生所有寻常的和非常的时刻都予以庸俗化、市场化。所以当市场经济发展起来的时候，那些在新中国一度绝迹的丑恶现象又死灰复燃并猖獗起来。在这样的社会温床上，也出现了一些新生事物，但很少例外的全是一些危害人生幸福社会安全的东西。从 59 岁现象，发展到 29 岁现象，人们在腐败和违法犯罪上变得更为急迫了，还有网恋、裸聊、用身体写作等等，这些出乎我们意料之外的新事物经常地每日每时地自发地和大批地冒了出来。在这种情况下，共产党的那一套价值体系就会不断退缩，成为浮在生活之上的无根之萍，在这种情况下，共产党的执政地位如何才能巩固起来呢？

因而，两种价值体系的冲突是一个客观的存在，这是社会主义社会的基本矛盾。两种价值体系的消长决定社会的演变过程。各种社会理想，归根到底，都必须与人们所追求的个人理想相结合，成为人们自觉奋斗的目标。构建和谐社会的目标需要有相应的个性发展目标与之配合，才是可以实现的。历史之谜也就是人性之谜，这是因为，历史进化过程，便是人性的进化过程。所以就要有一个普遍的开悟、闻道过程，这就是“政治学的点金术”。只有当人民群众在精神上获得觉醒、从私有制价值体系的控制下解放出来的时候，我们才能在利用市场经济的同时驾驭市场经济；只有当那些积极进取、追求完美的人格经常地每日每时地自发地和大批地产生出来的时候，只有在这样的人兴高采烈、扬眉吐气的社会环境中，社会管理工作才能走上正轨，现在层出不穷的各种丑恶现象才能逐步平息下来，社会的炎症才能逐步减轻以至痊愈，那些积极的健康的新事物才能萌芽成长起来。

人性的健康发展需要有一个健全的价值体系来引导，因而仅仅强调“以人为本”还不够，还必须建设社会主义核心价值体系，以人的自由全面发展为本。共产党人要代表人民的根本利益，就必须关注人民的全面发展，而不是局限于物质生活的满足。人的自由全面发展的需要处在价值体系的高端，当我们关注这个体系的高端的时候，其低级的需要作为基础，便可以“附带地”得到实现；反之，如果我们由于专注于基本需要的满足而忽略了高级需要，基本需要并不会由于我们的“加强”和“抓紧”而实现，反而会带来冲突和灾难。列宁就注意到这种情况，人们本来想进入这个房间，脚却走进了另一个房间。要想避免这种情况，政治家就必须坚持一种全面的价值体系，以人的自由全面发展为核心来组织社会生活，而不是以经济指标的增长为核心来组织社会生活。

在这种情况下，党中央倡导社会主义荣辱观，其意义非比寻常。当广大干部群众和青少年自觉地践行“八荣八耻”荣辱观的时候，便可以把生命引导到一个较高的人生轨道上，当这种人生目标成为人民大众的自觉追求的时候，“以人为本”、“科学发展观”也就不再是停留在文件和领导讲话中的空中楼阁，而是把根扎在现实中的有生命的成长着的目标，和谐社会也就自然而然地呈现出来了。社会主义荣辱观是党中央的一系列政治目标的画龙点睛之笔，只有当这个荣辱观在全体干部和人民群众中确立起来之后，以前所提出的那些政治目标才被注入了血液，具有了生机，中华这条巨龙才可以腾飞起来。

所以我们要提高对牢固树立社会主义荣辱观的认识，不能泛泛而谈，必须研究落实措施，把它培育起来，让它渗透到社会运行过程中去，形成新的时代潮流。单个人在时代潮流面前是被动的、无能为力的，执政党要代表人民的根本利益，最根本的一条就是要为人民群众的健康成长创造一个积极向上的时代潮流。如果采用一种泛泛而谈的做法，就无法动摇旧价值体系的支配地位，也就意味着对它的放纵，听任其继续控制和锁定个性成长和社会运行过程，这样便会把这一历史进步的重大机遇淡化淹没在官样文章之中。以加强精神文明建设为例，改革开放以来，我们也一直在强调，作了很多决议文件和领导讲话，实际效果却并不尽如人意。所以我们要总结经验教训，作为执政党，我们要把贯彻“八荣八耻”作为执政的首要任务来抓，要围绕这项任务的实现来组织社会生活，把这项目标渗透到社会运行过程中去，扭转这些年来精神文明建设上的被动局面。

总之，共产党的执政能力的核心就在于引导人性进化的能力，把历来的宗教家、思想家、政治家们想干而没干好的事情做好，从而使人的发展水平和社会运行状态都稳定地保持在一个较高的层次上。共产党本来就代表人性的进化方向，有谁能比那些真正的共产党人更优秀？这是共产党的优势，我们应当充分发挥自己的优势，按照我们的价值体系来改造世界。只有掌握了这种化腐朽为神奇的“点金术”，运用国家权力来为人性进化创造相应的物质基础和政治制度，从而有效地促进人的开悟闻道，我们才能在社会管理上进入自由王国。

四、用开汽车来比喻一下社会政治活动

人生在世，有很多无奈，不如意事常八九。对于普通人是这样，对于从事政治活动的人来说，更是如此。他们所面临的问题更复杂，目标更难实现，因而就会有更多的无奈。历朝历代的统治者虽然不像我们现在这样

明确地提出要代表人民的根本利益，但也还是很希望天下太平、百姓安居乐业的，除了那些特别低能的以外，他们也还是很愿意励精图治的，但为什么达不到这个目标呢？这是因为有很多因素把执政者拖离了这个目标。

我们现在提出了以人为本和构建和谐社会的施政目标，这是我党执政理论建设上的一个大进步。与之相应的，我们的社会管理工作也有了很大的进步，经济社会发展成就巨大。然而在看到成绩的同时，我们也还要看到，在现实的政治过程中，也还有不少想到了也说到了但在实际上却没做到的事情，也还有诸多因素妨碍我们实现构建和谐社会的目标。我们要代表好维护好人民群众的根本利益，就不能以“我想那么做但实际没做到”作为理由来为自己开脱，所以就要研究如何保证党中央所提出的一系列科学的执政目标的实现。如果我们把社会政治活动比喻为驾驶汽车，我看有三个因素应当注意：

一是要看清道路。从政的人们必须具有对人民的利益感同身受的能力，他必须超越丛林法则价值体系，把人民的利益视为自己的利益，中国古人就有“己饥己溺”的说法，共产党人把人民的利益看得比自己的生命更重，这是有很多事例可资说明的。但现在仍然有那么一些人，他们超越不了丛林法则，其从政做官的目的就是为了做人上人，别人的生活越差越能显示其优越，所以他便很高兴。这样的人执政，如果有机会贪污受贿，便绝不会手软，如果没机会贪污受贿，他也只会做一个冷漠无情的官僚。

如果把执政行为比喻成开汽车，人民的利益便是执政者的道路，因而坐在司机位置上的人应当是那种能看清道路的人。如果让那种超越不了丛林法则的人坐在司机的位上，他便是盲人，看不清道路，这样的人开车，就会把车开到沟里去。要解决这个问题，就唯有想办法让他把眼睛睁开，具有感知人民疾苦的能力。在选拔干部时，先要检查其是否有这种感知能力，这就像考驾驶执照时要检查视力一样。

二是要配备一套好的仪表系统。在代表人民的利益的前提下，还会出现路线之争。同样是往北京走，也可以有不同的路线。由于政治家自身的不同偏好，他们选择的路线也不同，甚至会出现南辕北辙的情况。比如说新中国成立以来的路线斗争，双方都是从艰难奋斗中走过来的战友，都想要代表人民的利益，都看不得人民群众受穷受苦，在这个大前提上是没有任何疑问的。但怎样才能实现人民的根本利益？大家的意见就不一致了，一方要批判党内走资派，另一方要先发展生产力。由于价值体系的区别，大家就对什么是人民的根本利益产生了不同看法，于是汽车应当往哪里开，就出现了意见分歧。

因而政治家的“驾驶汽车”是按照自己的价值体系来调控社会方向，这与和现实中的司机不太一样，他是在茫茫大雾中凭着内在的感觉来开车。就算是可以收集到一些客观事实，也还是要靠他头脑中的价值体系来加工整理。他头脑中的线路与实际中的正确线路是否一致，那就要靠碰运气。所以，在现实中的普通司机都很容易做到的实事求是、与时俱进，对于从政者来说，却是很难做到的。如果他那内在的价值体系有了缺陷，那是很难纠正的，迟早会把车开到沟里去。为此就需要有一种帮助他们看清道路的装置，相当于汽车的 GPS 定位系统。以前我们强调共产主义理想，后来我们把注意力集中在经济建设上，这些都在政治活动中发挥着定位系统的作用，现在党中央提出了构建和谐社会，也是一个定位系统，它既包括了远大的目标，也包括了现实的需要，但要使这个目标在各级领导头脑中明确起来，还应当进一步将其具体化，形成一套科学评价社会和谐程度的指标体系，诸如基尼系数、幸福指数、生态环境指标、犯罪率等等，有了这个体系，便相当于给司机配备了卫星导航系统，帮助他们在迷雾中看清道路。

三是保持良好的车况。就算是有一个高明的司机，视力很好，不需借助 GPS 也知道路线，但如果是一辆老破车，方向盘不灵活，刹车也不灵，遇到下坡的时候就会保持很高的速度往下冲，在这种情况下，就会出大问题。比如说美国就有一个军工集团，它们控制了国家政治的方向，就是要通过发动战争来为其军火找到销路，不管它美国制度中的民主形式多么完善，如果摆不脱这个军工集团控制，美国社会政治就无法与时俱进，布什总统花了几千亿美元和四千多生命的代价，解决不了伊拉克问题，美国人民很有意见，但布什很难改变汽车的方向，依然还要继续在伊拉克待下去。

在我们国家就没有美国的这个问题，但也存在车况不好运转不灵活的问题。比如说收入分配两极分化、教育制度摧残人才、医院把病人扔上街头，还有贪污腐败现象等等。大家都看到了问题的存在，执政党也在努力解决这些问题，但由于问题涉及整个社会的深层次原因，很难解决，如果拖下去，则会更难解决，其惯性越来越大，也会积重难返，锁定社会的方向。还有政令畅通的问题，这个问题更重要更紧迫，如果有令不行、有禁不止，司机就没法操纵汽车。要解决上述问题，就必须提高全民族的思想文化素质，所以就应当宣传社会主义荣辱观，坚持以德治国和依法治国，努力构建和谐社会，这些都是改善我们这辆老汽车的车况的根本措施。

总之，用开汽车来比喻政治活动，我们就应当在选好司机、配备仪表系统、保持良好车况这三个方面下功夫，这样才能有效地提高执政能力，驾驭社会政治过程，保证人民的根本利益。

五、社会主义与共产主义的关系就像母亲与儿子的关系一样

我们都知道共产主义一定会实现，但如何才能实现，却并不很清楚。比如有些人就认为通过发展生产力，物质财富极大丰富之后，共产主义就实现了。实践证明这是很靠不住的。苏联的生产力发展得很高，却并没有因此而接近于共产主义，反而忽喇喇似大厦倾，重新回到了资本主义。我们国家生产力也有了很大发展，几十年来一直保持着很高的增长速度，可事实上也没有让我们见到共产主义到来的迹象，反而是两极分化越来越严重，社会矛盾越来越尖锐复杂，精神文明建设的难度越来越大。按照这个模式继续下去，共产主义的实现只能是南辕北辙，渐行渐远。

现在看来，想要让社会主义通过发展生产力而成长为共产主义，这是不现实的，这是因为社会主义制度刚从私有制社会转变过来，还没有摆脱私有制的那一套价值体系，它和共产主义社会的价值体系是完全不同的两种价值体系。共产主义是由实践社会主义核心价值体系的人组成的。希望社会主义通过发展生产力而自然地成长为共产主义，这就像希望一个女孩通过增加营养而长成一个小伙子一样，其基因不一样。然而小女孩虽然不可能长成小伙子，但在女孩长大以后，却可以结婚怀孕，生下一个具有新基因的小孩，并把这个小孩养大，长成小伙子。

因而，如果我们把社会主义与共产主义比喻成母亲与儿子的关系，便可找出由社会主义过渡到共产主义的可行之道路。按照这个比喻，共产主义和社会主义也是两个不同的历史阶段，两者的价值体系还有很大区别。

社会主义也只是为共产主义创造成长的条件，并不是“和平长入共产主义”。当然了，资本主义也要为共产主义的到来创造条件，但与资本主义相比，社会主义是自觉主动地为共产主义的成长创造条件。资本主义在客观上也为共产主义创造了物质上的条件，但在主观上却对共产主义很敌视，必欲置之死地而后快，就像有一种动物一样，见了自己的孩子就咬。社会主义与资本主义不同，它主动地有意识地为共产主义创造条件，抚养它成长起来，它在共产主义成长的过程中，承担慈母的角色，但它本身还不是共产主义。

基于以上认识，我觉得，社会主义与共产主义的关系是母亲和儿子的关系；共产主义制度取代社会主义而最终确立起来的过程，就是这样的一个过程：儿子在母亲体内孕育成长，脱胎而出，在母亲的照料下成长起来，自立并强壮起来，而他的母亲则随着年龄的增长而衰老下去。

根据这个比喻，共产党之所以要夺取政权，就是为了夺取这个孕育共产主义的生育权。资本主义是不想孕育共产主义这个孩子的，所以共产党就要把它的权夺过来。然而新建立的社会主义制度还并不就是共产主义，列宁和毛主席都发现资本主义的那一套价值体系仍然“在我们的周围散发着臭气”，但由于它渗透在经济过程之中，人们的生产生活过程是一天也不能中断的，于是就没有一个好办法能改变这个状态。但如果听任这一套价值体系自我强化下去，又必然地出现资本主义的复辟。怎样解决这个矛盾、在不中断社会经济过程的同时培育新的价值体系呢？所以我们就要培育与社会主义核心价值体系相适应的生产关系、生活方式，所以就要在社会主义制度之下，建立起一些小型的共产主义经济体，让它成长起来，逐步取代旧的生产关系和生活方式。欧文很早就搞了共产主义试验，但由于他是在资本主义制度下进行的这些试验，所以都被扼杀了；而在社会主义制度下，在共产党执政的情况下，我们就有条件搞这种试验了，社会主义制度应当主动地进行这种试验，而且要运用国家权力来扶持这种试验，通过母体与胎儿的联系渠道——脐带——给新的经济体输送营养，使其尽快成长起来，自立自强，长成大人。

这个新型的经济体也就是马克思所说的“自由人联合体”，在这个联合体中，人们按照社会主义核心价值体系来组织生产和生活过程，实行外圆内方的原则，在与外部交往中，依据商品经济的原则，实行等价交换；在内部管理中则实行共产主义原则，各尽所能，各取所需。与这种经济制度相适应，人们的人格发展水平也需要有一个升华，不再是商品经济条件下的那种以物质财富的私人占有为核心价值的贪婪的私有者，而是以人的自由全面发展为核心价值的自觉劳动者。在这个自由人联合体中，倡导社会主义核心价值体系就是适时的，而且也是必须的。建立新经济体的过程同时也是用新的价值体系来塑造人性的过程。随着这种新经济体的成长、扩张，与之相应的新价值体系在社会生活中普及开来，收编整合旧的经济体，共产主义的一整套制度也就逐渐地形成了。这个扩张的过程，就如同解放军收编国民党军队一样，并不是简单地让国民党官兵换上解放军的衣服，而是要让他们接受“三大纪律、八项注意”等一整套目标、规则和制度，要搞“新式整军”运动，让大家搞明白“为谁当兵为谁打仗”的道理。完成了这个转换之后，那些原本要靠奖励大烟土和大洋才打仗的人，就变成了为人民利益而战斗的勇士。

这个自由人联合体的大门对所有的人都应是敞开的，但所有想加入的人也必须做出一个承诺：接受这个联合体的价值体系，成为一个“自由人”。就像进入建筑工地要戴上安全帽一样，进入这个联合体的人都必须把社会主义核心价值体系输入大脑。如果他们在精神上不能摆脱丛林法则的控制，那就不是“自由人”。

社会主义国家政权不仅要主动地规划建设这种联合体，而且还应当鼓励人们自己起来组建这种联合体，而且还要保护和照顾这些联合体，就像母亲照顾儿子一样，让它们快快地成长起来。这首先是出于战胜资本主义的需要。在与资本主义的较量中，社会主义最终要靠新生的共产主义经济来战胜资本主义，如果仅仅靠搞商品经济的竞争，社会主义永远只是跟在资本主义之后，永远也取代不了资本主义。其次是出于纠正社会主义的某些弊端的需要。由于市场经济的发展，与之相应的资本主义价值体系的蔓延，带来了诸多社会弊端。我们也想了很多办法，但效果都不如意。为什么会这样呢？这是因为我们现在生出来的是一堆实践着丛林法则的企业，很不成器，坑蒙拐骗，欺压工人，掠夺资源，让社会主义母亲操碎了心，仍然管不住，因为他们的本性就是这样，无法改变，弄不好，还会要了老娘的命。俗话说得好，兴家出恶狗，败家出恶人。一个家庭里，要是出了个不成器的儿子，那是和谐不起来的。实践证明，社会主义只有通过建立“自由人联合体”，才能走上和谐之路，才能纠正两极分化等诸多社会弊端。社会主义需要引入新的共产主义因素来治疗自身的疾病，这就像母亲在孕育和哺育婴儿过程中也可以治疗自身疾病一样。

市场经济与社会主义核心价值体系之间存在着根本性的矛盾。我们要想构建和谐社会，要想坚持科学发展观，要想建设社会主义核心价值体系，就必须建设与之相适应的“自由人联合体”。尽快地培育出一群这样的联合体，这就是社会主义的使命。社会主义制度相比于资本主义制度的优越性不仅在于它能创造更高的生产力，还在于它能培育出一种新的社会组织结构以驾驭生产力的发展，所以它就能代表人类的未来。

六、腐败现象与价值体系上的“第一口奶”

腐败现象无孔不入，就连婴儿的“第一口奶”也不放过。有消息说，“为了抢占市场，不少奶粉企业不惜拿出巨资，贿赂医生和护士，在家长不知情的情况下，让医院给初生婴儿喂自家品牌的奶粉，让孩子产生对某个品牌奶粉的依赖，达到长期牟利的目的。对千百万婴幼儿至关重要的第一口奶，就在这样的金钱交易下，被奶粉企业和医院无耻的绑架了。”[①]

对于奶粉企业和护士的腐败，已有很多人义正辞严地谴责过了，无须本人画蛇添足。本文所要说的是，要想控制腐败现象的猖獗势头，我们应当找出一个治本之策。受婴儿会对“第一口奶”产生依赖这一现象的启发，我们似乎可以找到腐败现象的治本之策，请看下文的分析。

婴儿之所以会对“第一口奶”产生依赖，那是因为他不知道还有其他品牌的奶粉。在价值体系上，人们同样会对“第一口奶”产生依赖。人们一出生就生活在市场经济环境之中，被这个环境强加的一套价值体系所控制，不知道还有别的价值体系，一旦掌权就会把它运用于权力运行过程，

[①]婴儿第一口奶黑幕：护士推荐赚钱[EB/OL]．[2013－09－16]．网易：http://money.163.com/api/13/0916/13/98T91I4L00254U80.html

所以就必然出现腐败现象。

婴儿长大后，不再吃奶，自然就摆脱了对“第一口奶”的依赖。长大以后，谁还记得“第一口奶”的味道呢？但人们对价值体系上的“第一口奶”的依赖却与婴儿的“第一口奶”不同，人们没有使用过其他的价值体系，一直使用这种价值体系，这种价值体系就会越来越强化，人们会越来越依赖这种价值体系，很难找到摆脱的机会。“所有的心理学家都知道，一个人完全有可能按照他们一生中的头十年所获得的一套完整的观念来生活，这套观念也许从未有过、将来也不会有任何哪怕是细微的改变。”[①]

人们经常看到，被查处的贪腐高官们行为很搞笑，本来他们也知道贪腐是违法的，嘴上也信誓旦旦地宣示着反腐的决心，实际上却身不由己地搞贪腐；本来已经有了很多钱，却仍然不肯收手，非要达到那种为了找到藏钱的办法而寝食难安的程度。他们原本都是极其聪明的人，为什么会干这种蠢事呢？

这是因为，人的行为是由其价值体系与环境共同塑造的，内在的价值体系是依据，外因则是条件。腐败分子之所以会干蠢事，是因为他们处于价值体系上的“第一口奶”的控制之下，且又因为他有腐败的条件，于是内因与外因互相强化，在腐败的道路上越走越远，直到被“双规”，他才能从价值体系上的“第一口奶”的控制下解脱出来。

在我看来，不管是东方还是西方，不管是过去还是现在，腐败现象的根源都在这里。同样的，不管是古今中外，要想保持社会政治秩序的稳定运行，都必须反腐败。但由于人们都没有找到这个根源，所以也就全都归于失败。朱元璋的办法是用“扒皮实草”的办法严厉惩处，西方人的办法是“三权分立、互相监督”，这两种办法，既解决不了内因的问题，也解决不了外部条件的问题，因而都不能根治腐败现象。我们现在要遏制腐败现象的发展势头，就应当从根本上下功夫，引导人们摆脱价值体系上的“第一口奶”的控制。我们现在之所以要建设社会主义核心价值体系，其实质就在于帮助人们摆脱价值体系上的“第一口奶”的控制。不管人们是不是掌权了，是不是腐败了，都应当解决这个问题。

[①]马斯洛．动机与人格[M]．北京：华夏出版社，1987：261．

毛主席曾经说，“所有的人都要改造”，敝人曾经对此百思不得其解。要说那些剥削阶级需要改造，这没有疑问，而那些根红苗正的人，包括跟着毛主席打天下的人，怎么也需要改造呢？现在我们终于找到了答案，由于人们一生下来，就生活在市场经济环境中，这个环境把私有制价值体系强加在人们身上，使人们不知道还有别的价值体系，于是就误认为它是天经地义的终极的价值体系，结果就在这种价值体系的“第一口奶”控制下过了一辈子，这就是康德所说的“独断论”。所有的人都应当摆脱这种“独断论”的控制，这就是毛主席说“所有的人都要改造”的理由。

1974年10月20日，毛泽东会见丹麦首相保罗·哈特林时说：“总而言之，中国属于社会主义国家。解放前跟资本主义差不多。现在还实行八级工资制，按劳分配，货币交换，这些跟旧社会没有多少差别。所不同的是所有制变更了。”此后又在另一个重要场合说，“我国现在实行的是商品制度，工资制度也不平等，有八级工资制，等等。这只能在无产阶级专政下加以限制。”为什么他要强调这些简单明显的事情，在这些众所周知的事情中，难道有什么玄机吗？现在看来，正如黑格尔所说那样，“熟知并非真知”，恰好是这些人们司空见惯的东西，为人们提供了价值体系上的“第一口奶”，控制了人们的行为方式。人们很难突破私有制价值体系的控制，虽然这种突破发生在思想领域里，似乎是一念之间就可搞定，但在实际上却是最难最难的。某些人之所以痛恨别人腐败，也不过是懊恼于自己没有机会腐败而已。试看今日之中国，还有哪个行业是干净的？在价值体系的“第一口奶”的控制下，没有谁能跳出如来佛的手掌心。有人曾对小学生做过一项调查，受调查的小学生中有90%立志做大官，其中还有小学生明确表示要做贪官，因为贪官想要什么就可以有什么。

现在，党中央铁腕反腐，成就很巨大，所遇到的阻力也很大。这个阻力来自哪里呢？究其根源，也无非是来自人们对价值体系的“第一口奶”的迷恋。对于这些被查处的人来说，生活已经有了很好的保障，所贪的钱其实没有什么用处，只能为其最后的量刑提供一个依据，但由于人们被价值体系的“第一口奶”所控制，仍然像飞蛾扑火一样与社会正义作对。这个由“第一口奶”所控制的社会环境就是两极分化和各种对立冲突、灾难不幸所赖以产生的根源，消灭了原有的剥削阶级，它就会自然而然地产生出新的剥削阶级，查处了现有的腐败分子，它还会滋生出新的腐败分子，就像神话中的九头妖怪一样。因而要想彻底根除腐败现象，不仅要严厉惩治已有的腐败现象，还必须改造这个由私有制价值体系“第一口奶”所主导的社会环境，帮助所有的人都摆脱“第一口奶”的控制。我们不仅要“治病树、拔烂根”，还必须“育新苗”，只有在摆脱了“第一口奶”控制的一代新人成长起来之后，腐败现象才能成为无源之水、无本之木，自然就会平息下来，正如毛主席所说的那样，“世界观的转变是一个根本的转变”。

因而毛主席所发现的这个问题很关键，他所提出的“改造世界观”的主张非常先进，现在仍然是清除腐败现象的治本之策。所谓“改造世界观”，也就是从价值体系上的“第一口奶”的控制下解放出来，认识到还有其他高级的目标值得我们追求。在培育和践行这种新价值体系的过程中，人们就可从此过上一种新生活。

综上所述，腐败现象的治本之策在于促进人们的价值观的转变。党中央现在高度重视价值体系的建设，其目标也无非是帮助人们摆脱价值体系上的“第一口奶”的控制，抓住了主要矛盾。所以，我们必须深刻认识建设社会主义核心价值体系的重大意义，不能泛泛而谈，党建工作、群众路线教育活动，都应当以促进价值观的转变作为目标。如果没有这个转变，中国人则必然是一盘散沙，腹心皆为隐患；而一旦普遍地实现了这个转变，我们便可化阻力为动力，齐心协力，共建和谐社会。

第三编

自觉推进价值体系进化，
开辟政治文明新境界

关于政治体制的评价标准问题

有很多人经常地信心十足地就政治体制改革问题发表意见，不知道他们是否思考过政治体制的评价标准问题。我认为，在就政治体制问题发表意见之前，先把自己关于政治体制的评价标准问题的思路清理一下，是很有必要的。苏格拉底说过，一种未经审视的生活是不值得过的，套用在这里，我们也可以说，如果缺少了对政治体制评价标准进行反思，那种政治学理论就很有可能是不值得坚持的。

一、打破“专制～民主”的狭隘标准，建立科学的政治体制评价标准

关于政治体制的评论价标准，近来人们习惯于采用“专制～民主”这样一个两极对立的思维模式，把“民主”作为绝对好的一极，把“专制”作为绝对坏的一极。按照这样的思维模式来评价政治制度，他们自然就会把西方式民主制度设定为理想的政治体制，把中国的政治制度称为“专制”制度，于是便得出了必须进行所谓政治体制改革、引入西方政治制度的结论。由于这种思维模式预先决定了结论，所以，只要接受了这种思维模式，便必然要接受他们的结论。在这种思维模式的束缚下，虽然西方那一套制度在西方人自己的实践中弊病百出，虽然西方人向其他国家强行推广其民主制度所带来的恶果已经是臭名昭著，很多中国人仍然狂热地迷信西方制度。要想拯救他们，就必须打破这种思维模式，指出这种模式的缺陷。

这种模式的缺陷是什么呢？那就是舍本求末，只注意到民主形式，而忽略了社会政治的根本目标就是服务于人的自由全面发展。由于在这个根本问题上的迷误，人们就进入了歧途，停留在“专制～民主”的表面形式上，抓不住当今世界政治中的主要矛盾——是坚持资本主义价值体系还是坚持社会主义价值体系，是坚持丛林法则还是坚持和谐法则。正如马克思在批判资产阶级经济学家时所说的那样：“忘记本质的差别，……正是那些

证明现存社会关系永存与和谐的现代经济学家的全部智慧所在。”[①]

我们很容易看到，美国人并不像迷信西方制度的中国人那样愚蠢，他们本能地坚持用自己的价值标准来评价其他国家，只要符合这个标准，即使是实行着专制制度，也照样不予批评，而只要不符合这个标准，哪怕是采用民主程序选举领导人，仍然要称之为“无赖国家”。

另外，我们还看到，一个坚持资本主义价值体系的政治体制，不管它是专制的还是民主的，老百姓都还是一样要倒霉。要想使社会政治体制上一个档次，那就必须在价值体系上来一个革新、超越，我们现在主张构建社会主义和谐社会，培育和倡导社会主义核心价值体系 ，这就是西方人所忽略的，体现了社会主义制度的本色。

因而，要评价政治体制就有两个标准，一个是“民主～专制”标准，一个是价值体系标准，坚持资本主义价值体系的人必然以丛林状态为目标，坚持社会主义核心价值体系的人以和谐为目标，于是我们就把价值体系标准表述为“和谐～丛林”标准。要正确评价政治体制，必须把价值体系标准放在第一位，“民主～专制”标准摆在第二位。如果我们将这两种标准的两种状态进行组合，便可以将政治文明划分为四种类型：

第一类：（和谐，民主）

第二类：（和谐，专制）

第三类：（丛林，民主）

第四类：（丛林，专制）

在这四种类型中，第一类是理想的模式，我们称之为“和谐民主型”。在这个丛林法则正在全球化的世界上，目前还只有中国可以算是比较接近，既坚持着社会主义核心价值体系，又坚持着人民代表大会制度。当然，我们也还要进一步把它的优越性充分发挥出来。

第二类虽差一些，但也还可以满意，让那种坚持和谐法则的人掌权，对丛林法则进行专政、压制，引导社会价值体系向上成长，待到大家都愿意按和谐法则来生活的时候，再实行民主，我们称之为“和谐专制型”。比如我们现在，对那些企图照搬西方制度的人，就必须说服教育，不能让他

[①]马克思.《政治经济学批判》序言・导言[M]. 北京：人民出版社. 1971：8.

们随心所欲，对那些严重危害社会稳定的人，就必须用法律来进行约束。

第三类可以美国和中国台湾作为典型，丛林法则占支配地位，但在形式上有一套民主制度，实际上还是资产阶级掌权说了算。美国在国际上横行霸道，发动战争，军工企业赚钱，士兵在前线卖命，国家财政买单。在台湾的政坛上，则是自己把自己搅得一团糟，人民群众经常地到街上去“呛声”。我们把这一类称为“丛林民主型”，现在的伊拉克、阿富汗、日本也属于这一类型。

第四类是最差的，坚持丛林法则，同时又实行专制制度，我们称之为“丛林专制型”，这种政治体制的声名很狼藉，现在已经不大好找了。包括二战时的德国、日本，在形式上也有一套民主程序，希特勒也是选上台的。

仔细观察一下这四种类型的政治体制，我们可以发现，从第四类的“丛林专制型”演变发展到第一类的“和谐民主型”，是一个漫长的历史发展过程。我们可以把它与马克思的社会发展五阶段论相对应：

与“丛林专制型”相对应的是奴隶社会与封建社会；

与“丛林民主型”相对应的是资本主义社会；

与“和谐专制型”相对应的是社会主义社会；

与“和谐民主型”相对应的是共产主义社会。

因此，我们的这个政治体制的分类标准既符合历史发展规律，又深化了对共产主义社会的认识，对以往习焉不察的错误认识进行了纠正，一是纠正了某些人以为只要生产力发展起来了，就可以自然而然地进入共产主义的幻想；二是纠正了某些人把丛林民主作为历史终极目标的幻觉。

按照这个双标准四类型的分析模式，目前我们中国处在“和谐专制型”，这个称呼似乎不大好听。但必须说明的是，中国之所以还需要“专制”，并不是共产党人特别喜欢“专制”，而是因为有很多人还没有接受社会主义核心价值体系，为了防止他们破坏社会和谐稳定，所以就需要“专制”。社会主义核心价值体系的普及与民主制度的完善是一个有机统一的过程，如果人们不肯反思并顽固坚持低水平的制造内耗的价值体系，同时又反对“专制”，那就是自相矛盾。因而人们不要一听到“专制”这个词，就觉得找到了呼吁政体改革的借口，而是应当自觉践行社会主义核心价值体系，从而为把我们的政治体制向上推进到“和谐民主型”做出一份贡献。

二、资本主义价值体系的蔓延促进了人民群众的觉悟

上述理论揭示了某些人以往一直有意无意地想要掩盖的那一个基本事实：他们所主张的实际是以“丛林民主”为目标的政治体制改革。对丛林法则的坚持和热爱，是他们的与生俱来的本能。他们虽然对价值体系在社会生活中的主导作用视而不见、极力否认，但这并不妨碍他们在实际上坚持资本主义的那一套价值体系，并以此来改造社会生活，包括政治体制。因而某些人如果不是虚伪狡诈，故意欺骗人民，那就是愚蠢无知，天真而不可爱，他们虽然没有宣称要用资本主义的价值体系来改造社会，却一直不遗余力地推动这个过程。

用丛林法则来引导社会生活，这是一个自组织过程。所以毛主席说：林彪一类如上台搞资本主义很容易。丛林法则用一只看不见的手引导人们自发地扮演各自的角色，在此过程中，国企的纷纷破产就是一件很自然的事情，党内腐败现象的蔓延也是一件很正常的事情，两极分化、黄赌毒等社会丑恶现象的猖獗也是很正常的事情。在丛林法则不断强化的过程中，共产党的执政基础就会不断削弱，在过程中，共产党执政的合法性问题迟早要被人们提到日程上来。

遗憾的是，面对这种局面，有些共产党人却很不清醒。他们在资本主义价值体系的咄咄逼人的攻势面前，或者是像驼鸟一样把头埋在沙堆里面，闭眼不看现实，或者是有滋有味地当着官、招着商、炫耀着 GDP 数字、攀比着待遇、接受着宴请、享受着公款旅游；另外也有很多人看到了危险，却也只能眼睁睁地面对这些趋势束手无策。这样发展下去，共产党虽然人数众多，却像温水中的青蛙一样失去了应激反应的能力，形势就很危险。国际敌对势力和国内反动派们处心积虑地设计的计谋似乎就要得逞了，他们想要搞垮中国社会主义政权的目标看来就要实现了，街头政治、群魔乱舞的那一天似乎就要来到了。

然而，人民有可能受骗于一时，却不可能永远受欺骗。正面教育的效果不好，人们听不进去，反面教员的教育却可以使人们感受到切身之痛。由于引进了西方那一套运行机制，在发展生产力的同时，也引入了两极分化、环境污染等社会问题，城市里的人们下岗待业，为了生存而四处奔波，

在资本家的血汗工厂里流血卖命，还有上学、就医、住房等三座大山压在头上；乡村里的人们白天怕偷、晚上怕抢，白天晚上都怕的是子弟走上邪路；就是那些成功人士和富有的人们，也同样要在充满敌意的环境中惴惴不安，害怕遇上经营失败或遇到砍手党。正是这些由丛林法则的蔓延所造成的灾难使人民清醒过来：丛林法则就是灾难的根源，只要打开了潘多拉魔盒把它放了出来，它就要在人间播撒灾难。

事实证明，和谐社会的理想并不是那种只有在富足之后才能享受的奢侈品，而是人类生存的基本保障。和谐法则不是某种可有可无的废话，它是人类生存的必需品。只有把它灌输到社会生活过程中去，才能阻遏丛林法则对社会生活过程的控制，保障人类的可持续发展。是生存，还是毁灭？哈姆雷特所提出的这个问题是人类经常要面对的选择。当今人类要想继续生存，就不能继续对丛林法则的误导熟视无睹，必须摆脱其控制。

正如列宁所说的那样："或是灭亡，或是开足马力奋勇前进。历史就是这样提出问题的。"[①]值此危急存亡之际，大家都要积极行动起来，上下同心，其利断金，走出困境的希望寄托在人民群众身上。领导者要担负起组织领导的责任，为人民群众实践和谐法则创造条件，人民群众也应当积极主动地行动起来。所谓自组织，就是在大家实践同一个价值体系的时候，与之相应的一种新社会秩序就会自然而然地呈现出来。资本主义复辟过程是一个自组织过程，构建和谐社会同样也是一个自组织过程。当人们普遍接受和谐法则的时候，一种和谐民主的新秩序就可以自然而然地呈现出来。

三、人民群众的价值体系的高度决定政治文明的高度

对于上面所说的把希望寄托在人民群众身上，有网友挑毛病说："把希望寄托在人民群众身上，潜台词就是说希望不能寄托在党和政府的身上。这明显是反动的煽动性文字。"所以我就有必要再解释几句，把希望寄托在人民群众身上，并不是暗示说希望不能寄托在党和政府的身上，而是说，党和政府的组织领导和宣传教育工作做得怎么样，其结果归根到底要体现在人民群众的价值体系的高度上。人民群众的价值体系高度决定了政治文

[①]列宁选集：第 3 卷[M]. 北京：人民出版社，1995：271.

明的高度。

2006年8月，古巴领导人卡斯特罗生病住院，美国人很兴奋，有报道说，“美国总统布什3日首次就古巴领导人卡斯特罗因病暂交权力公开表态。他公然呼吁古巴人颠覆卡斯特罗政权，并承诺向古巴反对派提供无条件支持。”据报道，布什当日在得克萨斯州发表声明，呼吁古巴民众做好准备应对古巴的转变，称“我们支持你们建立一个过渡政府”。不过后来又听说，美国政府发表的讲话“似乎在这个岛国受到了冷遇”，美国人白高兴了一场，古巴的社会主义政权直到现在还保持稳定。

尽管如此，这种把一个国家走什么道路的命运维系于国家领导人的做法仍然是个问题。只有党的各级领导坚持社会主义核心价值体系是不够的，必须让人民群众都来坚持社会主义核心价值体系，社会主义政权才是稳定的。据说是在此之前，美国为卡斯特罗发明了638种暗杀方法。英国《卫报》报道说，半个世纪以来，美国太想干掉古巴领导人菲德尔·卡斯特罗了，以至于暗杀方式花样百出、不断推陈出新，古怪荒诞到可以让007詹姆士·邦德都自惭形秽——美人计、带有病菌的雪茄、爆炸性软体动物……英国电视四台据此拍成的纪录片《638种方法暗杀卡斯特罗》即将于本周播出，同名书籍也将同步出版。[1]

于是我们就有这样一个担心，假如这638种方法中有一种奏效，古巴的社会主义政权能不能维持今天，就很难说。但如果古巴人民群众都愿意走社会主义道路，喜欢社会主义制度给他们带来的有保障的稳定的生活，不管谁欺骗都不上当，古巴的社会主义政权就是稳定的，实现和谐民主的目标就只是时间问题，而不至于横生枝节，像苏联那样中途夭折，哪怕是美国的暗杀活动成功了，也改变不了古巴社会主义政权的性质。

同样道理，要使我国政治体制稳定运行在和谐民主轨道上，那就必须把希望寄托在人民群众身上。领导人很重要，党和政府也很重要，但决定因素仍然是人民群众价值体系的高度。只要人民群众都愿意坚持社会主义核心价值体系，不管美国人使出多么巧妙的计谋，都将奈何不得我们。

---

[1]卡斯特罗有如神助，逃过638次暗杀［DB/OL］．［2006－08－04］．杭州网 http://www.hangzhou.com.cn/20050801/ca1155053.htm.

共产党代表了人民的根本利益

要想说明共产党代表了人民的根本利益，首先要说明两个基础命题。其中第一个是，政党的社会功能是坚守价值体系。在社会政治生活中为什么要有政党这个东西呢？这是因为在社会生活过程中，需要有一个组织来引导社会价值体系，从而把社会生活稳定在特定的社会形态上。一种新的更高的伦理精神也需要通过政党来培养并灌输到社会生活中去，从而引导社会进步，提升社会发展状态。从这个意义上说，各种宗教和中国的儒家学派都行使了政党的职能，或者说它们都是政党的雏形，因为他们都坚持某种价值体系，对于维护特定社会制度的稳定发挥了重要作用。资产阶级政党无须声称要坚持资本主义价值体系，这是因为经过长期的灌输，这种价值体系已经被作为天经地义的终极的价值体系来看待，这正表明了他们的工作卓有成效。

需要说明的第二个基础命题是，价值体系也有高级低级之分，所以政党也有先进落后之分、能否代表人民根本利益之分。能否代表人民根本利益，并不取决于政党的主观愿望，而是取决于其价值体系的先进与否。中国共产党所坚持的社会主义核心价值体系是最先进的价值体系，所以就能代表历史进步的方向，从而代表了中国人民的根本利益，同时也代表全世界人民的根本利益，它就是最先进的政党。那些坚持落后腐朽价值体系的政党，与人民的根本利益背道而驰，就不能代表历史进步的方向，沐猴而冠、跳梁小丑，只能扮演反面教员，给人类社会添乱。

这两个命题很简单，很基础，不证自明，却也必须事先交待清楚，然后才可以讨论下面的问题。

一、中国共产党结束了中华民族的整体利益无人负责的历史

在中华文明的历史长河中，自春秋战国以来，中华民族的整体利益无

人负责，历代皇朝均没有考虑怎样才能“为人民执好政、掌好权”，而是把天下当作自己的私产来经营。“秦失其鹿，天下共逐之”，鹿者，禄也；人们拼命争当皇帝的目的不过是为自己置一份家业。比如刘邦坐了天下后，得意洋洋地问曾经骂他不务正业的老爸：你看我挣下的这份产业与兄弟们相比，谁的更多呢？这样的执政目标长期地盘踞在历代执政者的头脑里，从春秋战国到中华民国，持续了两千五百余年。

有人提出了疑问：“中华民族的历史浩瀚五千年，要是没人负责，怎能发展到今天？”是的，中华民族历来就有那么一些为了民族利益而挺身而出的人物，江山代有才人出，比如那位孟夫子，就曾口出大言，“如欲平治天下，当今之世，舍我其谁？”他确实是很想对中华民族负一些责任的，但由于没有掌权，所以就没法负责任。一个人仅有为中华民族的整体利益负责的意愿还不行，还必须有科学合理的价值体系，还必须掌权。特别是这个掌权，历代仁人志士中当官的不多，当大官如皇帝的则更罕见，他们别说对中华民族的整体利益负责了，就是对自己的利益也负不好责，穷困潦倒的占了绝大多数。他们的良好愿望在当时的环境下，反而害了他们自己。包括秦皇汉武、唐宗宋祖，这几个人可是当了大官的，文治武功也十分了得，为中华民族的形成和发展做出了很大贡献，但他们也仍然是把中华民族作为自家私产来经营的。由于历代皇帝的执政目标不是对中华民族的整体利益负责，不考虑如何提高社会管理科学化水平，所以他们的执政能力就很低。

首先，他得提防别人来与他争这份财产，兄弟父子之间也争得头破血流，对其他人就更要提防了。但这个事情很难办，掌权者防不胜防，曹操把大权弄到手后，传给了大儿子曹丕，曹丕很怕他的几个弟弟来争权，便对他们整得很厉害，逼得曹植留下了“本是同根生，相煎何太急”的名句。可他防住了自家的兄弟，却没防住外姓人，让司马懿一家把权给夺走了。几千年来，执政者的主要精力都用在提防别人争权夺利上，所以用来办正经事的精力就不多。谁要想办正经事，对国家民族负责，在当权者看来，就是有野心，岳飞、袁崇焕想对中华民族的整体利益负责，于是就没有好果子吃。

其次，执政者们管不好自己，掌权的目标就是为了个人生活有保障，花天酒地，不仅要现时的享受，还想长生不老，修豪华的坟墓。所以就不考虑人民的根本利益，不考虑如何提高执政能力。也有那么几个皇帝在贤明的大臣的教导监督下，朝这个方向努了一下力，但很难办的是，他们的个人修养无法往下遗传，他们所开创的政治清明时期总是昙花一现。唐太宗个人修养很难得，但要想在自己家里选一个合格的接班人很难，三子一弟都不成器，气得他要拔剑抹脖子。他本人很想对天下百姓负责，但权力传到儿子孙子就不行了。

其三，执政不是皇帝自己一个人能办好的事，还要有一支管理者队伍，一个管理阶层。但在实际上，这个管理层自身就是问题的根源，而且更不好管，他们具有与皇帝同样的价值观，“当官不发财，请我也不来”，他们对下欺压百姓，对上则欺骗皇帝，只图自己过好日子。这一大批人都要过花天酒地的日子，就成了社会承载不起的大包袱。皇帝为了自己的家业不垮，很提防这种情况，但仍然防不胜防。虽然也有那么少数几位清官，愿意对人民的利益负责，但他们在这个队伍里很另类，日子并不好过。老百姓被逼上梁山了，揭竿而起，其中也有运气好的当上了皇帝，但他们承袭的依然是前朝皇帝和那一帮官僚的价值体系，照样不能执政为民，不考虑如何提高执政能力，所以中华民族的历史便陷入周而复始的治乱循环。

综上所述，中华民族虽然是一个整体，但几千年来，整体的利益无人负责，所以，我们这个民族的发展总的来说是随波逐流，听天由命。在两千多年的历史中，和谐安定的时候不多，在绝大多数时间里，民众在战乱和流离失所的苦难中苦熬，没有办法，只有认命。

这种悲惨的情况随着中国共产党的诞生而出现了转机。作为中华民族的先锋队，作为由愿意为人民服务的人组成的政治组织，改变了以往个别的先进分子孤芳自赏、无力抗衡邪恶腐败倾向的局面，这是一个由量变到质变的飞跃，中国共产党的出现彻底扭转了从春秋战国以来中华民族的共同利益无人负责的历史。首先是共产党愿意为中华民族的整体利益负责，其次，共产党有能力对中华民族的整体利益负责。这里面包含三个内容，一是有一套新的价值体系，党章规定自己是中国各族人民利益的忠实代表，主张的就是要全心全意为人民服务；二是要组织发动人民群众，建立一套组织制度来保证这种价值体系，不够格的入不了党，保持了共产党在中华民族中的先锋队地位，也就使得中华民族的整体利益有一个稳定的组织来负责；三是掌握了执政权力，具有了把先进价值体系灌输到社会生活中的能力。中国共产党经过长期艰苦奋斗，领导人民夺取了政权，然后在执政地位上进一步运用共产党的价值体系来改造社会，与此同时也不断地深化对这种价值体系的认识，开拓马克思主义在中国发展的新境界，现在又提出了“建设社会主义核心价值体系”和构建和谐社会的目标，在理论与实践的不断创新中推动社会进步，代表和维护了人民的根本利益。这都是只有对中华民族的整体利益负责的组织才能想到和做到的。正因为如此，只有在共产党的领导下，一个贫穷落后、四分五裂的旧中国才有可能重新组织起来，建设成为人民安居乐业、社会管理科学化水平不断提高的新中国，给中华民族带来了复兴的希望。

在共产党出现之前，中国面对东西方列强的侵略从来没有成功的英雄，从来只有悲剧的英雄。他们奋斗了，牺牲了，却没能改变中国任人宰割的命运。唯有共产党毛泽东扭转了乾坤，中国人从此站立起来了，彻底改变了中国“人为刀俎，我为鱼肉”的命运。毛泽东领导中国人顶住了一切外来干涉。即使世界上头号超级大国美国也照样栽在毛泽东手下。美国在朝鲜跟毛泽东领导的中国军队直接较量，失败了。美国人不服气，拿越南当实验战场，间接跟毛泽东的人民战争理论再较量，又失败了。美国利用联合国动员全世界一切可以动员的力量跟毛泽东领导的中国整整较量了二十多年，封锁中国几十年，中国不但没垮，反而成了核大国。

当然共产党也会犯错误。伟大如毛泽东、邓小平等老一辈革命家，也出现了某些缺点，但他们的缺点是在努力维护中华民族的整体利益的过程中出现的，自然就还需要共产党自己来纠正，而不能指望其他政党来纠正，这是因为，那些政党没有先进的价值体系，他们没有能力代表中国人民整体利益，也就没有能力纠正共产党的错误。期望另外一些奉行“人不为己、天诛地灭”的信条的人们来纠正共产党的错误，那只能是问路于盲。

由于上述原因，共产党要想维护中华民族的整体利益，就必须防止别的政党来争权。当共产党要维护中华民族整体利益的时候，自然也会与中华民族内部的落后、自私、腐败、愚蠢的倾向发生冲突。当共产党努力地在新中国把自己的价值体系确立为普遍行为准则的时候，就会遇到原有的自私腐败行为模式的阻力。这种行为模式不愿意改变自己，他们不能适应新的社会制度，于是就以抵触、不习惯、消极怠工的方式迁怒于要求他们进步的制度。有那么一些说法，诸如“外国有个加拿大，中国有个大家拿”，“靠山吃山，靠水吃水，靠公章吃公章”，共产党要想把中国的事情办好，就不能容忍这些东西的存在，当这种腐朽落后的倾向打着民主人权自由的旗号来向共产党争权的时候，共产党就必须坚决抵制，这不是自私，而是为了捍卫中华民族的整体利益。

当然，在现实中，也有一些投机分子混进了共产党内，有人因为党内有了这些腐败分子，就想否定共产党的领导核心地位，这就是一个荒天下之大唐的主张。我们不妨追问一下，这些腐败分子难道是因为奉行了社会主义核心价值体系而成为腐败分子的吗？恰恰相反，他们正是传统的腐败自私落后愚蠢的价值体系的代表，是腐朽落后势力败坏共产党的形象的又一种手法；我们要把中国的事情办好，只有寄望于中国共产党振作起来，从严治党，清除腐化变节分子，把党员先锋队的水平维持在一个较高的水准上，而不能把共产党搞垮，让那些腐败落后愚蠢自私的价值体系在社会生活中占据主导地位。所以我们就想问问那些想要否定共产党执政地位的人，难道你们想让中华民族重新回到过去？

总起来说，中国共产党有对中华民族的整体利益负责的愿望和能力，所以就能结束中华民族的整体利益无人负责的历史，所以毛主席就可以豪情满怀地说：“俱往矣，数风流人物，还看今朝。”

二、《为人民服务》是中国共产党战无不胜的奥秘之所在

任何一个社会组织都不缺少热衷于当领导的人，但如果问问他们“领导的职责是什么”，却未必都能搞清楚。当这些搞不清楚领导职责的人占住领导岗位之后，用老百姓的话来说，他们所谓的领导便是“领着大家捣乱”，自己折腾自己。在中国两千多年的历史中，虽然有一套修齐治平的理论，但实际上还是那种“领着大家捣乱”的领导占了绝大多数，称职的领导很少，所以中华民族两千多年来的整体利益无人负责。只是在中国共产党诞生以后，才结束了这种局面，中华民族才从内忧外患的无穷灾难中站立起来，走上了崛起振兴之路。

中国共产党之所以能做到这一点，最关键的是毛主席的英明领导；毛

主席之所以能领导人民完成这一伟大事业，除了他的雄才大略以外，其关键又在于他倡导了一套“为人民服务”的价值体系，并把它灌输到革命队伍之中，把红军、八路军以及后来的解放军建设成一个革命大熔炉，把来自不同阶层不同文化水平的士兵培养成为具有崇高目标的革命军人，使许许多多像张思德这样的普通战士自觉地把自己的生命献给中华民族翻身解放的伟大事业，迸发出巨大的能量，展现出崇高的精神风貌。

毛主席在《为人民服务》中精彩而简明地阐明了这种新的价值体系，他开门见山地指出，“我们的共产党和共产党所领导的八路军、新四军，是革命的队伍。我们这个队伍完全是为着解放人民的，是彻底地为人民的利益工作的。张思德同志就是我们这个队伍中的一个同志。”在这里，毛主席向他所领导的革命队伍展示了一种新的人生观，新的价值体系，它既是中华民族优秀传统文化的继承与发扬，同时又与共产党人的历史使命有机结合。从张思德的生命过程中，毛主席敏锐地发现并通俗简明地阐述了这种价值体系，他说：“人总是要死的，但死的意义有不同。中国古时候有个文学家叫做司马迁的说过：‘人固有一死，或重于泰山，或轻于鸿毛。’为人民利益而死，就比泰山还重；替法西斯卖力，替剥削人民和压迫人民的人去死，就比鸿毛还轻。张思德同志是为人民利益而死的，他的死是比泰山还要重的。”他的教导颠覆了几千年的升官发财的价值体系，代之以一种全新的价值体系，使革命队伍中的人们明白了生命的真实意义、生命的终极目标，唤醒了他们生命深处的潜能，把个人生命价值的实现同社会整体利益的实现有机地结合了起来，从而在理论上保证了两者的实现。当然，仅仅在理论上阐明这种价值体系是不够的，毛主席的伟大就在于他不仅给人们指明更高的人生目标，同时又通过共产党和人民军队的组织，把人们的个人目标与推翻旧制度、建设新社会的伟大而又崇高的目标有机地结合在一起，从而在实践上把个人生命价值的实现同社会整体利益的实现有机地结合起来，于是便可以化腐朽为神奇，点石成金，使他们原本卑微的生命具有了崇高的目标，实现了巨大的价值。

要发现这种新的价值体系，并领导中国人民完成价值体系的转换，就需要有毛主席这样的得了中华优秀文化的大本大源的人。所谓弘扬中华民族的优秀文化传统，并不是恢复一下尊孔读经就可以的。比如新儒家也很有一番继往开来的雄心壮志，也有所谓返本开新的一套主张，但是他们的学问至今还在抽屉里躺着，没有在社会生活中生根发芽，也就没有生命力。毛主席虽然没有那一套返本开新的说词，但在他的一言一行中自然而然地表达了传统文化的精华，“仁者爱人”在他身上不是一句空话，而是其真性情的自然流露。他把那种原来只是由少数人享受的莫测高深的“道”具体化为人民群众都可理解并实践的“为人民服务”，这体现了“仁者爱人”的精神；他把人民群众组织起来进行改造旧世界、建设新中国的伟大事业，使他们的生命具有了崇高的价值，这也体现了“仁者爱人”的精神；他在日常工作和生活中与普通战士同甘共苦、生死与共，这也体现了“仁者爱人”的精神。在他的头脑中没有等级观念的偏见，所有的生命都是平等的，也都是最宝贵的。听到张思德的死讯，毛主席哭了，说“又不是上前线打仗，怎么让人死了？”这就是人民领袖在不经意间流露出来的与普通战士的血肉之情，他的《为人民服务》在不经意之间表达了人民利益在他心目中至高无上的地位、人的生命价值在他心中的至高无上的地位，以及同志战友之间的深情厚谊：“我们都是来自五湖四海，为了一个共同的革命目标，走到一起来了。我们还要和全国大多数人民走这一条路。……中国人民正在受难，我们有责任解救他们，我们要努力奋斗。要奋斗就会有牺牲，死人的事是经常发生的。但是我们想到人民的利益，想到大多数人民的痛苦，我们为人民而死，就是死得其所。……我们的干部要关心每一个战士，一切革命队伍的人都要互相关心，互相爱护，互相帮助。”在这些论述里，在毛主席的全部著作里，中华优秀文化传统重新获得了生命力。

毛主席始终如一地高举“为人民服务”的大旗，这是任何一个帝王或总统都望尘莫及的。自古以来的帝王和总统们都是为了一己之利，顶多为了江山社稷。毛主席则为人民群众指出了生命的新方向，一种新的价值体系，他用简单明了的语言宣传这种价值体系，使目不识丁的劳苦大众也能明白这一深刻道理；他不仅“口能言”而且“身能行”，他自己就是这种价值体系的具体体现，在他的言传身教、辛勤培育之下，这种价值体系在共产党和共产党领导的八路军、新四军中蓬勃成长起来，正因为有了它的存在，这支革命队伍才能完成许多不可思议的奇迹。在推翻旧制度、建设新中国的艰苦历程中，毛主席所倡导的“为人民服务”的价值体系激励了无数革命者和建设者，张思德、董存瑞、雷锋、王进喜、焦裕禄、孔繁森、吴仁宝以及千千万万的工人、农民、战士们，都努力实践这个新的价值体系。它虽然是无形的，却又是一个客观存在，是革命队伍的精神支柱和灵魂，它把共产党的社会理想与人们的个人奋斗目标有机地结合起来。有了这种结合，共产党领导的军队自然就英雄辈出，这样的军队自然会战无不胜；原本是一盘散沙的中国人民便可以有机地组织起来，完成开创历史发展新境界的伟大事业。就像是激光器把普通的漫射光变成了激光一样，毛主席在价值体系建设上所作的工作就起到了激光器的作用，这便是中国共产党人战无不胜的奥秘之所在。

由于有了毛主席在价值体系上的建设工作，改写了中国人民自鸦片战争以来在列强侵略面前只是被动挨打的“东亚病夫”形象。在朝鲜战场上甘岭战役中，志愿军以两个连的兵力守卫两个高地，在七个营的敌军面前，在 105 毫米以上口径火炮 300 余门、坦克 30 余辆、飞机 40 余架次对没有飞机、没有坦克的劣势装备面前，在所谓“范弗里特密度”的每秒钟 6 发炮弹的打击面前，志愿军捍卫了自己乃至整个民族的尊严。西方人至今也搞不明白这支军队为什么如此顽强，在西点军校纪念馆，美国的一位中校指着这两个著名的高地，向来访的中国军人说：“我们知道你们只有两个连的兵力守卫，但是不明白为什么我们 7 个营就是攻不下来。”其实，这里的奥秘并不复杂，毛主席早就将之公之于众了，只不过是由于美国人囿于偏见而无法理解罢了：“紧紧地和中国人民站在一起，全心全意地为中国人民服务，就是这个军队的唯一的宗旨。在这个宗旨下面，这个军队具有一往无前的精神，它要压倒一切敌人，而决不被敌人所屈服。不论在任何艰难困苦的场合，只要还有一个人，这个人就要继续战斗下去。”①

所谓领导，也就是在价值体系的进化过程中发挥先锋模范作用，引导人们从无知和偏见中解放出来，帮助人们从导致社会分裂动乱的纷争中挣脱出来，唤醒人民群众中沉睡的发展潜力，为他们指明前进方向，使他们团结起来并追求一个既能保证个性健全发展同时又促进社会和谐幸福的目标。大到一个国家，小到一个单位，谁要想成为一位称职的领导者，都必

①毛泽东选集：第三卷[M]. 北京：人民出版社，1991：1039.

须搞好价值体系的建设工作，倘若做不好这件事，那他就不过是“领着大家捣乱”罢了，这是一个不以他个人的善良愿望为转移的客观规律。要想坚持社会主义方向并进一步开创历史发展新境界，就仍然要培育这种精神，保持这种高尚精神对社会生活的牵引力，但这是很难很难的。

一个时期以来，中国共产党的优良作风和思想路线逐渐削弱淡化，张思德精神很少有人提起，社会上开始有人“理直气壮”地宣称“大公无私是侵犯人权”，那种只讲索取、不讲奉献、物欲横流、追名逐利、寡廉鲜耻之风滋长起来，侵蚀党的肌体，侵蚀社会肌体。如果听任这种趋势发展下去，中华民族就会重新沦为一盘散沙。毛主席对这种危险保持高度警惕，他敏锐地发现“资产阶级就在共产党内”。这些年的实践证明了毛主席的英明论断，涣散党组织和社会组织凝聚力的，正是共产党内部那些为了一己之私、不惜出卖党的原则的“党员”，特别是某些领导干部，口能言而身不能行，甚至是口言善而身行恶，正是他们在社会风气的堕落过程中发挥着领导作用。要扭转这个趋势，只能依靠共产党人自己振奋精神，纯洁队伍，继续高举“为人民服务”的大旗。

中华人民共和国建国已经 60 多年了，时代与环境已发生了翻天覆地的变化。透过历史认知和政治是非纷争的迷雾，蓦然回首，人们看见毛主席仍然矗立在时代的制高点上，仍然在为努力奋斗的新一代中华儿女提供巨大的激励、启迪和力量。

三、共产党要始终保持价值体系的先进性，才能保障人民的根本利益

要想代表人民的根本利益，共产党人不仅要记住毛主席所提出的“为人民服务”，还必须始终保持价值体系的先进性。共产党之所以能够代表人民的根本利益，其关键就在于共产党具有价值体系的先进性，能够引领社会价值体系的进化过程。

这是因为，在共产党与其所要改造提升的社会环境之间存在一个作用与反作用的问题。共产党要改造社会，社会不会老老实实地听任其改造，它要抗拒改造，甚至反过来改造共产党，竭力把它拉到与自己相同的水平上。共产党要建设社会主义核心价值体系，而社会环境中则要坚持私有制的价值体系。因而对于真正的共产党人来说，就必须保持价值体系的先进

性，这样才能使自己名实相称，保持影响改造社会环境的朝气、锐气，才能摆脱腐败现象的纠缠。对那些资产阶级政党来说，就不存在这个保持价值体系的先进性的问题，恰恰相反，他们总是有意无意地维护社会环境中现有的价值体系，美其名曰“普世价值”。因而对民主党、共和党之类的政党来说，就不存在什么反腐败问题，本来就没有先进的价值体系，也就无所谓腐败不腐败了。

然而，保持价值体系的先进性是一件很困难的任务。在现在的世界上，共产党已经被改造得差不多了，我们中国共产党仍然在改造与反改造的斗争中坚守着自己的阵地，这是很不容易的。但也必须看到，党内的腐败现象也是很严重、很触目惊心的，人民群众意见很大，如何保持价值体系的先进性，使自己名实相称，就是一个很突出的问题。

（一）共产党的名实相称是一个千古难题。

名是很重要的，循名才能责实。就像农业上的新品种在大田推广过程中不可避免地要与低劣的品种杂交退化一样，政党在改造社会环境的过程中反过来被社会环境所改造，这种事情古已有之，历史周期率就是这样产生的。就是西方的宗教也经历了一次又一次的退化，基督教也会成为某些人谋私的手段，教皇也会出售赎罪券，以至于引发了路德的宗教改革。佛教的教义也很伟大，但真懂的人也不多，所多的是歪嘴和尚，骗吃骗喝的寄生虫。这是一个人类尚未解决的千古难题。

现在共产党人也面临这个难题。有那么一些人之所以对共产党有意见，就是因为他们拿共产党的宗旨来要求它，你不是要解放全人类么？你不是要代表人民的根本利益么？那我们现在有了困难，你就应当给俺想办法。假如有那么一些政党，他们根本就不想为人民服务，掌权的目标就是捞钱，人民有事还找不找他呢？不找了，躲还躲不及呢。像台湾的陈水扁，民主的调子也唱得很高，但老百姓对他要求就不高，随便他们折腾去，谁想拉票请人吃饭，大家都只管先去吃他一顿再说。还有过去的那些“山大王”，解放前有多少呢，谁也说不清，但都没成气候，因为他们对老百姓没有吸引力；而毛主席他们就能成气候。在蒋委员长的眼里，毛主席也是“山大王”，他称之为“共匪”，为了剿这股“土匪”使出了吃奶的力气，可是越剿越多，这个“山大王”就能成气候，就能把蒋介石赶到台湾去，什么原因呢？这是因为共产党有一套高水平的价值体系；再加上毛主席为这支队伍制订了一套好规则，带出了一支全心全意为人民服务的好队伍，所以就得到了人民群众的拥护，所以共产党就能打江山、坐天下。

正由于共产党目标高远，所以人民群众对共产党的期望值就很高，看见党的队伍中出现了消极腐败现象，便觉得名实不符。仔细分析一下人民群众的意见，其原因可以分为两个，一是有那么一些共产党员确实退化了。在和平年代的平静生活中，这些党员的朝气逐步消磨了，官僚主义、享乐主义滋生了起来，过去的严酷战争把那些不够格的家伙挡在了党员队伍之外，现在没有了这个屏障，官迷们争相往党的队伍里挤，分享执政党的好处，使共产党不再名实相称。

人民群众有意见的第二个原因是，提意见者自身的价值体系就不正确，他们用苛刻的标准来要求共产党，要求他们个个都像孔繁森、焦裕禄一样，做不到就意见很大。这就很不成熟，缺少体谅别人的气度，这种人到哪里都是麻烦制造者，谁当领导，他就对谁有意见，而且他自己的欲望也很膨胀，共产党做得再好，他也还是照样有意见。就像那种娇生惯养的小皇帝一样，父母把他生出来就等于是给自己找了一个小债主，一辈子也还不清他的债。他们总是这山望着那山高，在中国，他对共产党有意见，假如他在美国是不是就很幸福了呢？我看也未必，如果他不能随着年龄的增长而开悟闻道，永远都是一个怨气冲天的家伙。

（二）共产党的名实相称问题之所以是千古难题，根源于私有制的社会制度，它源源不断地把不平等制造出来。

人类毕竟不是猴子，人类追求着平等的理想。如果是猴子受了其他猴子的欺负，或是草原上的瞪羚被狮子猎豹捉住了，它就不会吵吵平等啊民主啊之类的词句，但人类会这么吵，人类还要追求着更高的生活理想，从原典时代开始，人类的自我意识觉醒之后，人类就不再听天由命了，而是极力想过一种更好的生活。因而无论是向往西方民主还是向往共产主义，大家都想过一种更好的生活，区别就在于那些以西方为师的人追求的是一种自相矛盾的理想，想在维护私有制的基础上来实现平等，他们自己在可以多吃多占的时候决不手软，而对别人的多吃多占则愤愤不平。这种自相矛盾、自我分裂的人格本身就是私有制的产物，就是问题的根源。

从人类想要超越私有制的束缚的时候开始，这个矛盾就开始出现了。无论是中国的孔夫子，还是外国的宗教，都要艰难地克服私有制环境的束缚。庸人喜欢使辉煌者黯淡，把崇高者拉入泥潭。这是个老问题，对共产党也是这样，私有制的社会环境也是极力地要把它拉入泥潭。一部分人从内部对它进行渗透，使它烂掉，另一部分人则从外部对它进行攻击，虽然没有一个统一的机构对这两部分人进行组织协调，但他们却自发地协调一致地致力于一个共同目标：把共产党搞垮。他们把共产党与其他资产阶级政党摆在一个水平上进行比较，这就好比是把人与猴子相提并论，并用猴子的标准来评价人。即使是在党内，那些真正的共产党人也是很孤独的，毛主席在会见外国朋友时写下“木秀于林，风必摧之；堆出于岸，流必湍之；行高于众，人必非之”的字条，其内心想必也是感慨万端的吧？

腐败问题就是在私有制的基础上产生出来的问题，必须把这个基础清理掉才能得到真正的解决，这个事情只有共产党人才能做到。在《共产党宣言》中有这样一句话：“共产党人可以把自己的理论概括为一句话：消灭私有制。”[①]正是由于他们对于社会的深刻洞见，才能提出远远高出于其他政党的革命目标，使得共产党远远高出于其他资产阶级政党，就像人高出于猴子一样。共产党要想名至实归，保持自己的崇高，就必须坚持马克思主义的价值体系，也只有这样，才能保持改造旧世界的锐气与动力，才有解决名实相称这一千古难题的希望。

这个问题说起来简单，但实际上却很难做到。难题之难在于人性提升之难，在于没有捷径可走。人们大多不知道自己的真正利益之所在，狂热地追求那些有害的事情，少数知道自己的利益的人们就与其他人处于冲突之中，冲突的结果要取决于双方力量的对比，如果不闻道者占了上风，社会便会趋向于衰败，大家一块倒霉；如果闻道者占了上风，社会便趋向于进步，大家一起进步。因而那些闻道者，在社会生活中就代表了整体利益，也就是代表了人民的根本利益。

这个进化过程需要有一个渐进的发展过程，要经过一系列的发展阶段。从武装夺取政权，再到运用执政权给人民创造一个安居乐业的环境，进一

[①]马克思恩格斯选集：第1卷[M]．北京：人民出版社，1995：286.

步改造社会，中国共产党在一步步地沿着正确的方向往前走。生活于这个社会环境，又要改造这个社会环境，这个过程因而就很艰难很曲折，我们不要指望共产党能把自己的腐败问题清理得干干净净，那是不现实的要求，是强人所难，只要私有制没有消灭掉，党内就一定还会有腐败现象，社会上也一定还会有违法现象，就像人类不能把体内的细菌消灭干净一样。但是，只要共产党还继续执政，还在努力地反腐败，社会就还有希望。如果没有共产党的领导，社会也就失去恢复健康的希望了。

（三）怎样才能名至实归：在改造社会的同时改造自身。

有没有一个神仙一把抓的法子，把党的队伍建设好呢？我看是没有的。这是因为，无产阶级只有解放全人类，才能最终解放自己。共产党人不可能在社会还没有解放的时候，自己先弄得干干净净。要想使共产党做到名至实归，也就是要求整个社会革命化。共产党要率先把自己弄得干干净净，这是不错的，但社会环境也必须跟上，共产党要在改造社会的同时改造自己，在改造自己的同时改造社会，这是同一块硬币的两面。

共产党与人民的血肉联系是一个天然的存在。正确地对待这个联系，维持这个联系，才能保持社会整体的和谐。如果民众对共产党求全责备，或者是共产党不考虑人民的需要，都会破坏这个联系，自己给自己制造麻烦，导致内耗。每一个人都是社会的细胞，都有一个如何成为一个合格的成员的问题，不能把责任都放在共产党身上，共产党作为领导者，应当承担相应的责任，其他人也有责任，也有一个有诸己而后求诸人、无诸己而后非诸人的问题。

在西方政治体制中，政党和执政的官僚是分开的，政党里面的某个人执政失败，人们选举的时候不会再去选他，但也不会把罪过归咎到他的政党头上。个人的责任不需要政党来承担，这样一来，他们的政治体制就很稳定。而在当今中国，某个官员干得不好，某些人就要把责任推到共产党和政治体制身上，借以否定共产党的领导。他们把党内腐败现象等同于共产党，希望共产党纯而又纯，如果共产党做不到，就应当下台让别的政党来干。对持有这种想法的朋友，我们有几条建议：

首先，对于腐败现象，不要指望有一个神仙一把抓的法子，毕其功于一役。这种愿望是好的，共产党也可以搞一些声势浩大的活动，震慑一下党内腐败分子，但更重要的还是要长期坚持，打持久战。就像愚公移山一样挖山不止，虽然这座山还在往上长，但只要我们挖得比它长得快，总有一天会把它挖掉。

其次，也不要指望共产党能够把党员队伍治理得干干净净。对党员队伍应当提出更高要求，但也要看到，党是生活在社会中的，不可能把它放在玻璃罩里面。社会是个大舞台，共产党则是个小舞台，处在执政的矛盾焦点位置上，社会矛盾问题都会集中反映在党内。腐败现象是市场经济的伴生物，谁来管事都避免不了，只想要市场经济带来的好处，不想要它的坏处，这是不可能实现的目标。

其三，不要指望把共产党搞掉就能解决腐败现象。如果共产党垮了，没有了坚持更高的价值体系的政党了，让一帮沐猴而冠的政党来管事，社会就更加没有希望了。党建工作关乎每一个人的利益，谁也不要置身事外、幸灾乐祸，谁要是与共产党的领导权作对就是与他自己作对。

对于党内腐败现象，我们所能期望的只能是，在保持社会主义制度稳定的同时，坚持对腐败现象进行治理，在坚持用社会主义核心价值体系改造社会的同时改造自身，只有这样，共产党才能逐步摆脱腐败现象的纠缠。要做好这件事情，我们也有几点建议：一是高举理想之旗，始终如一地坚持共产党人的价值体系，不要忘了自己的历史使命就是消灭私有制。二是不要孤立地就党建来抓党建，要把党建工作放在推动社会进步的伟大实践中来做，在抓好经济政治文化社会建设的同时抓党建。三是要围绕向社会灌输社会主义核心价值体系这个核心目标而掌权执政，管好社会运行过程，要为党员和人民接受这种价值体系创造物质的制度的条件。比如要完善社会保障制度，让人们免除衣食之累；再比如要建立一个完善的奖励机制，让善行得到及时的鼓励；再比如，要保留和发展公有制，为那些不愿为老板的钱袋服务的人们提供一个为人民服务的机会，把人们从生存恐惧之下解放出来，给人们的高尚情操开辟一个广阔的发展天地。四是严格掌握党员标准与干部标准，把不合格的党员与干部清理出去，使真正坚持社会主义价值体系的党员在党内占据主导地位。我们相信，只要我们能够有效地推进价值体系建设，彻底解决腐败问题也就只是一个时间问题了。

建设社会主义核心价值体系，推进国家治理体系和治理能力现代化

只有正确地提出问题，才能找到问题的答案。当今人类社会政治之所以成了一团乱麻，主要原因就在于占主导地位的西方政治学不能正确地提出问题，纠缠于“民主、自由、人权”等抽象目标，忽略了以人为本、科学发展和社会和谐等现实目标，忽略了社会价值体系的建设。幸运的是，我们中国共产党人提出并自觉追求以人为本、科学发展和社会和谐等现实目标，并且自觉地建设社会主义核心价值体系，在此基础上又进一步提出“推进国家治理体系和治理能力现代化”的总目标，从而正确地提出了问题，找到了政治学理论创新的突破点，进而也就可以找到走出政治困境的方案，这将是我们中华民族为人类文明所做出的最重大的贡献。

一、落后的政治文明与全球化的历史大趋势之间的矛盾呼唤社会治理体系和治理能力的现代化

正如亚里士多德所说的那样，人是天生的政治动物。这是因为，人类必须组织起来应对生存与发展中各种问题和挑战。只有在社会集体中，个体才能生存，才能获得较为充分的发展。随着生产力的发展，人流、信息流、物质流的交流范围的不断扩大，于是便依次出现从氏族社会、民族国家到超民族国家的不同层次的社会政治组织；历史进步过程实际上是这个组织化的范围不断扩大、内部协调化水平不断提高的过程。按照这个趋势，最终将会形成以地球为一个单位的社会政治组织。

但从目前的情况来看，人类在经济上逐步融为一体的同时，政治上却一片混乱，不仅在国际舞台上充满着纠纷、冲突与战争，各个国家内部也都深深地陷在经济危机、贪污腐败、两极分化、环境恶化、社会动乱以及

由此而造成的各种难题的纠缠之中，于是乎，在经济全球化的历史大趋势与落后的政治文明之间就出现了尖锐的矛盾。

之所以会出现这种局面，其根本原因就在于，生产力与社会交往范围的扩大对人类治理体系与治理能力提出了更高的要求；而人类治理体系和治理能力并没有与时俱进，不能适应生产力发展和社会交往范围的现代化的要求。如果我们再进一步考察人类治理体系与治理能力之所以难于提高的原因，便会发现，这是因为控制着人类头脑的价值体系仍然是低水平的狭隘片面的价值体系。这种价值体系以物为本而不是以人为本，坚持这种价值体系的人们坚信，人性就是自私的，尽可能多地占有生存资源就是个人成功的标志，对于国家来说，同样也要以掠夺生存资源为政治目标，服务这个狭隘目标，人们为了压倒对手而不择手段，继续遵循着动物界的丛林法则，不知道追求构建和谐社会。

在这种低水平价值体系的主导下，西方人以“自由、民主、人权”为包装，形成了一个三权分立、互相制约的国家治理体系以维持社会运行。这个治理体系的治理能力极其低下，不能适应现代社会和谐稳定可持续发展的要求。它的运行实际上同商品市场的活动没有本质区别，各个政党就如同商业机构，极力向公众推销他们的货物；公众则以物质财富的私人占有为核心价值，一旦从家庭和商业事务中走出，进入社会政治事务，就进入了盲区，对社会公共事务既缺乏责任感，又缺乏鉴别力，于是野心家便可采用类似于商业广告的宣传手法，诉诸人们的非理性情绪，以及谬误重复一千遍就能成为真理的手法，用一点小钱把人们鼓动起来，走上街头，发动颜色革命。包括那些专业议员，也同样是以自己的物质利益为标准，随随便便地应付各项议题，在利益集团的操纵下通过一个又一个干涉别国内政甚至是发动侵略的决议；那些借助于反对贪腐的口号而上台的领导人反而更急迫更加肆无忌惮地贪腐；由于目光短浅，同时也为了迎合选民的意愿，政客们无暇顾及也不敢触及那些真正重要的政治问题，得过且过地混日子，结果就使许多急需解决的重大问题在旷日持久的内耗中得不到妥当解决，于是人们便可发现，整个世界都处于动荡、战乱的威胁之下。

以美国人为例，他们在口头上以“自由、民主、人权”作为政治模式的核心价值，狂热地向其他国家推销其政治模式，但在实际上，其目标却是维护霸权、掠夺资源。美国政府先是以“反恐”的名义入侵了阿富汗和伊拉克，赶走了塔利班，绞死了萨达姆，据说是给阿富汗和伊拉克人民送去了“民主与自由”，但在实际上送去的却是战乱、分裂、贫穷和生灵涂炭。后来美国和法国又侵略利比亚，声称要帮利比亚人民铲除暴君，要为那里送去民主，要让百姓共享自由和民主的新鲜空气，结果却是使利比亚四分五裂，政府名存实亡，没有民主，没有安宁，没有民生，有的只是混乱、屠杀和民不聊生，是满目疮痍、空前的人道主义灾难！在美国人自己编制的《全球 2010 年失败国家指数》报告中，阿富汗与伊拉克分别位列第六与第七名。[①]通过这种方式，美国人在实际上宣布了自己在这两个国家的失败，包括他们的以民主为招牌的政治模式和以掠夺世界人民为实质的政治目标的失败。

现在，人们每天一打开电视，所看到的就是爆炸、冲突过后的断壁残垣、流离失所的难民、一场又一场的军演和研制新武器的消息，所听到的是在冲突中死伤人员的数字。现实表明，西方的那一套政治理论正面临破产的危机。2014 年 10 月 15 日，福山为宣传其新书《政治秩序和政治衰败》(Political Order and Political Decay)来到马里兰州约翰·霍普金斯大学演讲，[②]他说：“尽管美国在利比亚、叙利亚、伊拉克投入了大量军力和金钱，但他们已经处于失败国家的状态，几近四分五裂；伊斯兰极端势力和恐怖组织的势力范围已经扩展到撒哈拉以南非洲的尼日利亚、马里等国。像ISIS这样的极端势力，其实在历史上并不算是非常强大的力量，比如ISIS自称为伊斯兰国，其实根本没有国家可言，但他们赶上了周边政体处于衰弱状态的时机。这些政体缺乏最基本的管制能力，比如尼日利亚北部就由于严重的政治腐败和管治缺失状态，沦为了恐怖分子的大本营。”

[①] “失败国家”(failed states)概念缘自西方学界和政界，专指一些社会内部秩序极度混乱（常伴有武装割据、暴力冲突甚至种族清洗）的国家。《外交政策》与和平基金会(Fund for Peace)每年根据各种社会、经济、政治和军事指标就各国总体的社会稳定性进行排名。按照该排名序列评定者的标准，前 38 个国家为警戒级别，排名 39-131 的国家为警告级别，位列 132-164 的为平和国家，165-177 被视为可持续国家。但在习惯上，总评分数排行进前 60 位的国家，被称为“失败国家”，在排名世界地图上标明为桔黄色“有危险国家”（In Danger）或更深的颜色。

[②] 福山美国演讲：民主是问题，还是解决方案［DB/OL］. 2014-10-1707:47:00　来源:澎湃新闻网(上海)http://news.163.com/14/1017/07/A80ABAPV00014SEH.html.

“美国自 9·11 以来尝试执行一套异于传统的外交政策，十分强调国家建设（nation-building），试图在各地区建立足以自行对付恐怖主义和处理安全威胁的国家机器，但现在看来似乎一切都要推倒重来。不论在伊拉克还是叙利亚，美国的问题似乎在于，美国人根本不懂何谓国家建设。他们不懂得怎么将伊拉克这样的混乱国家建成像丹麦那样民主、繁荣、稳定、公共服务和秩序良好的国家。事实上我发觉，连丹麦人自己也不知道丹麦是怎么建成的：我在阿胡斯大学做过一段时间访问学者，对此深有体会。而且我在多年教学中发觉，似乎很少人再去关注国家到底是怎么建设起来的。这些情况促使我动笔去写关于国家建设和政治秩序的书。”

福山发现了美国政治过程中的问题，他说：“我认为，美国的体制已经逐渐发展成一种‘否决制’（vetocracy）；在这种制度下，否决权才是最重要的政治节点，利益集团可以通过各种方式掌握否决权，进而把守政治体制，守护自己的利益。或许否决制还没有从根本上否定民主制，但正在日益造成低效、不受认可的政府管治，而且使得金钱在政治中的作用越来越重要——远比 50 年前重要。这样的政体无法满足美国公众的利益。”“如果华盛顿政治继续这么沉沦下去，不仅美国权力受损，而且民主在全世界的声誉也会受到伤害。从短期看来，民主的失效和威权的发展，将会有举足轻重的影响，美国必须行动起来，重振国家的管治与效率。”

但我们发现，福山虽然提出了“国家建设”的问题，却没有找到建设路径。这是因为他没有找到社会政治过程中的主要因素——价值体系，他说：“要探究国家的根源，从人类历史出发，我给出的框架很简单：自由民主制度的政治秩序由三个基本元素所决定：第一是国家本身的强度……第二是法治……第三则是民主，或者为民负责。”由于这个分析框架忽略了主要矛盾，他关于“国家建设”的设想就难免陷入陈词滥调。尽管他没有意识到价值体系的存在，却仍然被西方那一套低水平价值体系控制着。在这种价值体系控制着社会生活过程同时又控制着人们头脑的前提下，不管人们怎样折腾，都不可能把社会治理引入正轨。由于目前活跃在西方政治舞台上的仍然是坚持这种价值体系的人物，包括其理论家如福山，其价值体系的发展水平决定了他们对丛林政治制度的偏好；同时也由于整个社会经济政治制度把民众的价值体系牢牢地禁锢在资本主义的范围内，所以西方社会就被牢牢地锁定在资本主义轨道上，陷在日益严重的危机之中而不能走出半步，焦头烂额，眼睁睁地走向最后崩溃的大结局。

然而，人类命运没有旁观者，没有哪一个人能够在即将到来的危机面前独得幸免。我们中国也同样处在生态环境日益恶化、社会矛盾日益复杂和腐败现象日益严重的纠缠之中，这是因为我们这个社会刚刚从私有制社会中产生出来，社会主义核心价值体系还没有取代旧的价值体系，旧的价值体系并没有“装进棺材、埋入坟墓”，仍然在社会生活过程中发挥着作用，制造出贪污腐化、两极分化、环境污染等各种问题。在这种情况下，无论我们在经济建设、科技创新、维护稳定和保障民生上付出多大努力，都无法解决由于价值体系的缺陷而导致的问题，无法实现国家治理体系和治理能力的现代化。包括反腐败工作，也是同样道理。十八大以来，党中央大刀阔斧地开展反腐败斗争，既打苍蝇，又打老虎，取得了空前成就，人民群众交口称赞。但这仍然是治标的办法，要想根治腐败现象，就必须从整体上推进国家治理体系和治理能力现代化，而要做好这件事情，就必须推进价值体系的建设。

二、人类政治陷入困境的原因在于政治学理论没有抓住主要矛盾

有人就必然有政治，有政治就必须研究怎样管好众人之事，所以也就必然要有政治学。与对所有客观事物的认识过程一样，人们对社会政治过程的研究也必须经过一个由表及里、由浅及深的认识过程，才能最后找到本质，抓住主要矛盾。

与对其他客观事物的认识过程不同的是，社会政治问题相当复杂，有大量的因素需要关注，因而这个探索过程就相当漫长。于是我们便可看到，虽然人类已经有了大量的政治学专著，但是人类社会政治活动的可悲现实表明，这些政治学都处在前科学的阶段。怎样才能建设一个完善的政治组织，以保证人性的健全发展同时又保证社会与自然生态环境的可持续发展，人类为此进行了漫长的探索，至今仍未得到圆满解决。现在我们提出了建设社会主义核心价值体系的目标之后，再回顾以往的政治学理论和社会政治过程，就会发现以往的政治学理论和政治家们都忽略了政治过程中的一个因素，或者是发现了这个因素却又没有能力驾驭这个因素。正是这个因

素在社会政治过程中发挥着决定作用，这个因素就是价值体系。

价值体系问题之所以是政治学的关键因素，其原因就在于政治学研究的真正对象就是“人”，而“人”则有一个价值体系的进化过程。这个过程并非只存在于人们的头脑中，而且还存在于社会运行过程之中；个体价值体系在社会价值体系的大环境中形成，受其制约；社会价值体系形成于无数个体的价值体系的相互作用，并在它们之上获得了独立的生命，反过来又控制着个体价值体系的成长过程，把发展水平参差不齐的个性稳定在大致相同的水平上。于是乎，在个体价值体系与社会价值体系之间存在一个互相制约又互相促进的“超循环”[①]；这个主导社会生活过程的价值体系“超循环”即是文化，它产生于社会成员们追求各自目标的活动，又在各个个体生命之上获得了独立的生命，反过来控制着各个个体的活动。不管是普通民众，还是政治家，都处在它的控制之下。包括那些以改造现实社会为己任的政治理论家和革命家，他们或许可以超越其自身的利益，关心社会利益，以人类幸福为目标来构建理想的政治制度，他们的理论与实践对社会发展进程产生了巨大的影响力，甚至是扭转了历史的方向，但仍然没有跳出这个“超循环”的手掌心，不过是这个“超循环”的内在发展逻辑借以实现出来的工具而已。

由于以往的政治学没有抓住这个主要矛盾，没有认识到价值体系“超循环”的演变过程，所以，以往的政治活动就不是处在人类的自觉控制之下，虽然也追求着自由、民主、人权甚至是共产主义等目标，却不知道如何实现这些目标，知其然而不知其所以然，就无法进入自由王国。其之所以如此，原因就在于研究者自身处于价值体系的进化过程之中，其认识能力受制于现实的价值体系发展水平，“不识庐山真面目，只缘身在此山中”。从西方的情况看，包括从亚里士多德以来的西方政治学家们都处于价值体

[①]超循环理论是由德国科学家艾根(Manfred Eigen)于1970年提出的。艾根认为生命信息的起源是一个采取超循环形式的分子自组织过程，他把生物化学中的循环现象分为不同的层次：第一个层次是转化反应循环，在整体上它是个自我再生过程；第二个层次称为催化反应循环，在整体上它是个自我复制过程；第三个层次就是所谓的超循环，超循环是指催化循环在功能上循环耦合联系起来的循环，它是将多个催化或自复制单元按循环形式连接起来的复杂系统，其中每个自复制单元既能指导自己的复制，又能对下一个中间产物的产生提供催化帮助。超循环的特征就是：不仅能自我再生、自我复制，而且还能自我选择、自我优化，从而向更高的有序状态进化。

系的“独断论”之中，没有清醒地意识到价值体系的存在，却又下意识地坚持着低水平的价值体系，把动物式的丛林状态作为人类生存的不言而喻的前提。这种人仍然站在旧制度的污水之中，但他们缺少自知之明，在狂热坚持这种价值体系的同时，却又期望着消除由这种低水平价值体系带来的社会丑恶现象，这就是自相矛盾、南辕北辙。

从东方的情况来看，中国人虽然认识到了这个问题，却也没有解决好这个问题。我们中国出现了老子、孔子等伟大先哲，找到了解决问题的正确思路。老子发现了“道”在社会生活中的作用，他主张通过把“道”“修之于身”、“修之于家”、“修之于乡”、“修之于邦”，直至“修之于天下”，从而自然而然地把社会与人性都引入正轨，这就是他所说的“自然”、“无为”。由孔子开创的儒家则继续深化老子的思路，提出了一个“大学之道”，按照“格物、致知、诚意、正心、修身、齐家、治国、平天下”的程序，把大道渗透到社会管理过程中去。但是，由于这个设想极其宏大而不具备实现的条件，老子根本就不打算把其理论付诸实践，孔子与后来的儒家弟子“知其不可而为之”，怀抱着“为万世开太平”的梦想而急迫地投入到社会政治过程中去，但最终都因无法把大道“修之于天下”而归于幻灭。在现实中占主导地位的仍然是低水平的价值体系，在低水平价值体系的主导下，人们通过武力征服、机诈权谋的方式所建立起来的一个又一个王朝，最后又都不可避免地式微衰败、分崩离析。他们所追求的目标与社会运行本身的逻辑背道而驰，后者处于他们的意识之外，于是他们就感觉到有那么一种神秘的力量与自己作对。所以便出现了一个著名的“历史周期律”的问题，其原因就在于没有跳出旧价值体系的“超循环”。

这个“超循环”不仅控制着人们的身体，同时还控制着人们的头脑。接受了那一套话语体系，就掉进了这个“超循环”之中。在被它控制了头脑的情况下，人们就成了被它所操纵的“木偶”，成为这个“超循环”自我强化的一个分子。为什么帝国主义和一切反动派非常喜欢搬起石头砸自己的脚，为什么他们一定要遵循“捣乱失败，再捣乱再失败，直至灭亡”的行为逻辑，其原因就在于人们跳不出这个“超循环”。在这种情况下，武力越是强大，就失败得越惨。以当今暴力最强的美国人为例，本来是要“反恐”的，结果却“越反越恐”，本来是想推广“民主价值观”的，结果却制造了大量的人道灾难，其价值体系的成长水平决定了他们跳不出上述逻辑，就像孙悟空跳不出如来佛的手掌心一样。

社会价值体系的升降与社会治理水平的高低之间存在着有机的联系，正是在这里隐藏着人类进入和谐世界的钥匙：唯有价值体系的提升，才能把人类从内耗与治乱循环的悲剧状态下解放出来。然而，价值体系的这个提升异常困难，从现在的情况来看，资本主义价值体系的“超循环”对人们的控制是无形的，它甚至可以做到让人们根本就感觉不到自己受到了控制，所追求的就是自己的“自由”与“民主”，包括那些被称为专家学者的人们也同样跳不出私有制价值体系所限定的轨道，只会在“宪政”、“民主”、“正义”、“普世价值”等空话中兜圈子。由于没有能力摆脱资本主义价值体系的控制，当今世界上流行的政治学既无法正确地提出问题，也找不到现实难题的解答。以福山为例，他在苏联东欧社会主义政权崩溃之后，曾经兴高采烈地断言资本主义制度的民主形式胜过其他各种制度，并断言它就是“历史的终结”，然而好景不长，现在他也发现“2014 年对于国际政治来说确实是非常糟糕、非常不稳定的年份”，但由于他不能突破资本主义价值体系的控制，所以就不可能找到走出政治学困境的出路。再如新加坡国立大学东亚所所长郑永年先生，他也同样迷茫，在一篇文章的结尾处，他这样问道：“各种专制制度早已经失去了存在的根据，但大众民主也同样出现了巨大的问题，那么我们要追求一种什么样的政治秩序呢？”①

三、人类走出政治困境的希望寄托在中国共产党人身上

整个历史也无非是这个价值体系“超循环”的发展演变过程。随着价值体系的“超循环”过程的进化，人类认识和改造世界的能力也成长起来，进而推动社会经济基础的变革和生产力的发展，与之相应的，全部庞大的上层建筑也或快或慢地发生变革。反过来，社会经济基础的进步又会对社会治理体系与治理能力提出新的要求，从而对社会价值体系“超循环”提出进一步进化的要求，如果社会经济基础与上层建筑的变革走在了价值体系的前面，价值体系“超循环”的进化水平不能适应社会运转过程的要求，

①郑永年. 民主政治与社会冲突［DB/OL］. 中国政治学网：http://chinaps.cass.cn/readcontent.asp?id=14532.

人类就需要自觉推进价值体系的进化。

中国共产党人在中国特色社会主义道路上艰难跋涉，经过 60 多年的探索，终于找到了社会政治过程中的关键因素。习近平总书记最近发表讲话，提出了推进国家治理体系和治理能力现代化的目标，并揭示了社会政治过程与价值体系之间的有机联系，他说：“推进国家治理体系和治理能力现代化，要大力培育和弘扬社会主义核心价值体系和核心价值观，加快构建充分反映中国特色、民族特性、时代特征的价值体系。”[①]在另一个讲话中，他又说：“培育和弘扬核心价值观，有效整合社会意识，是社会系统得以正常运转、社会秩序得以有效维护的重要途径，也是国家治理体系和治理能力的重要方面。历史和现实都表明，构建具有强大感召力的核心价值观，关系社会和谐稳定，关系国家长治久安。”[②]这些讲话抓住了主要矛盾，也就为解决当今人类面临的重大问题找到了路径，其意义十分重大。

认识到价值体系问题与国家治理体系和治理能力现代化之间的有机联系，我们就能够卓有成效地推进价值体系的进化，把价值体系“超循环”的演变过程置于人类理性的控制之下。只有做好了这件事情，人类才能走出政治学的困境，实现国家治理体系和治理能力现代化的目标。否则的话，不管人们把“自由、民主、人权”的口号喊得多么响亮，也不管人们在科技进步上取得多大的成就，社会都仍然要被锁定在两极分化越来越严重、矛盾冲突越来越尖锐的运行轨道上。在人类交往范围不大和科技生产力还不发达的时代，资本主义价值体系所导致的危害还局限在地球的局部范围内，不至于把整个人类推向彻底毁灭，而在当今这个经济全球化、人类生产力和科技能力空前强大的情况下，资本主义价值体系的缺陷也必然要被放大开来，使人类面临着自我毁灭的威胁。正是全球化与科学技术的进步，逼迫人类正视价值体系问题，进而自觉地建设一个可以保证人类行为合理性的价值体系“超循环”，在此基础上，才有可能实现治理体系和治理能力的现代化。

[①]习近平. 坚定制度自信不是要固步自封［DB/OL］. 2014 年 02 月 17 日新华网. http://news.xinhuanet.com/politics/2014-02/17/c_119373758.htm.

[②]习近平. 使社会主义核心价值观的影响无所不在［DB/OL］. 2014 年 02 月 26 日新华网 http://www.js.xinhuanet.com/2014-02/26/c_119501281.htm.

认识到价值体系问题与国家治理体系和治理能力现代化之间的有机联系，我们自然就会发现中国优秀文化传统的巨大价值。要想使社会主义核心价值体系的“超循环”稳定地运行起来，就必须经过以下几个程序，首先要有个体对新价值体系的觉悟，然后还要把这种觉悟传播开来。这个过程也就是老子所说的那个过程，“修之于身，其德乃真；修之于家，其德乃余；修之于乡，其德乃长；修之于国，其德乃丰；修之于天下，其德乃普”，用儒家的话来说就是“修身齐家治国平天下”。我们现在建设中国特色社会主义，也就是要把社会主义核心价值体系“修之于国”以达到“治国平天下”的目标。而我们现在之所以能够开始这个程序，则是因为我们在马克思主义的指导下，完成了建立共产党、夺取政权、稳定政权、改革开放、发展经济等环节，这些都是把社会主义核心价值体系“修之于国”所必须有的前置程序。

老子所制订的把大道从“修之于身”直至“修之于天下”的程序其实就是人类实现国家治理体系和治理能力现代化的一般程序，放之四海而皆准，任何国家要想构建和谐社会，都必须按照这个路线图一步一步地实施。人们要想在伊拉克、阿富汗等国家重建社会秩序，就不能按美国人所设计的路径，把原有的政权推翻，然后组织选举。实践证明，此路不通，正如福山所说的那样，“美国人根本不懂何谓国家建设”。假如有人立志于在这些国家进行国家建设以保障人民的根本利益，那就必须按照中国人所开创的这个程序来操作：首先，要出现一位毛泽东式的把大道“修之于身”的人物；其次，要把大道“修之于党”，建立一个坚持社会主义核心价值体系的政党，通过武装斗争夺取政权、巩固政权；其三，要出现一位邓小平式的人物，领导人们改革开放，为人们接受社会主义核心价值体系创造物质基础；然后，才能把建设社会主义核心价值体系的目标提上日程。这样一个完整的“国家建设”程序极其漫长而艰难，不仅对伊拉克和阿富汗那样的“失败国家”来说是漫长而艰难得无法想象，对于美国这样的国家来说，也同样漫长而艰难得无法想象，正是由于其在低水平轨道上运行得过于稳定，所以便失去了向高水平轨道“跃迁”的机遇。所以美国人有理由悲观，因为他们看不到自己的出路何在。

认识到价值体系问题与国家治理体系和治理能力现代化之间的有机联

系，我们自然也就找到了共产党执政的理论依据。按照上述价值体系进化的程序，社会主义道路与共产党的领导不是一个可有可无的选择，而是人类继续生存下去的必经之路。人类要想摆脱私有制价值体系“超循环”的控制，就必须有共产党的领导，这是因为，价值体系的进化过程并不是孤立地发生在个体身上的过程，它是一个社会集体过程，所以就需要有共产党的领导和社会主义制度的保障。

从理论上说，每个人都具有自由全面发展的潜能，每个人的内心深处都潜藏着一个全面的价值体系，但在现实中，由于私有制文化环境的屏蔽，这些潜能被隐藏了、扼杀了，人们要想突破这种屏蔽，认识到那种全面的价值体系，就需要有一个中国古人所说的“闻道”、“开悟”，这是一个非常困难的过程。有的人能够“生而知之”，但这种人很罕见，大量的人只能是“学而知之”，更多的人是“困而学之”，还有相当数量的人“困而不学”，终其一生都生活在黑暗愚昧之中。在国家民族这个层面上的价值体系的转换提升，则是一个更加困难的过程。尽管同样面临着迫在眉睫的危机，除了我们中华民族能够认识到价值体系问题并自觉地进行价值体系的建设之外，其他各个民族的掌权者均没有认识到价值体系中的问题，当然也就不可能自觉进行价值体系的建设，“困而不学”，所以就摆不脱私有制价值体系“超循环”的控制。

从西方国家的情况来看，也有人如马克思突破了资本主义意识形态的束缚，带来了一种新的价值体系——以人的自由全面发展为核心价值的价值体系，所以他就能够发现了资本主义的缺陷——人们活动的结果反过来与人们自己作对，这就是他在《1844 年经济学哲学手稿》中所分析的异化现象。可以说马克思的整个理论体系的基础就在于发现了异化现象，所以也就发现了历史之谜的解答。其之所以能够做到这一点，就在于他超越了私有制价值体系，产生了新的高级的价值体系。这个潜藏于马克思的内心深处的新的价值体系就是马克思主义的灵魂、精髓。

不幸的是，西方人没有进一步坚持和发展这个新的价值体系，既没有建立社会主义制度，也没有出现共产党执政的情况，失去了用社会主义核心价值体系来主导社会生活的机遇，当然也就无法实现社会治理体系和治理能力的现代化。在全球化的过程中，西方人高居于食物链的顶端，随心所欲地掠夺、欺凌第三世界；在这种情况下，他们的头脑也被资本主义的那一套价值体系牢牢地控制着，甚至想不到要提升和完善自己的价值体系，只能继续按照“捣乱失败，再捣乱再失败，直到彻底灭亡”的路径继续走下去，其社会运行过程就被牢牢地锁定在资本主义的轨道上，现在人类所遇到的已经不再是异化现象了，而是能否继续在地球上生存下去的问题。美国人不考虑这个重大的根本的问题，却还想继续在地球上当领导，奥巴马总统在西点军校 2014 年毕业典礼上演讲说，“美国必须在世界范围保持领导力”。很显然，他还没有弄懂这个道理：要想在世界上当领导，仅仅依靠“军事力量史上最强”是远远不够的。只有把先进的价值体系“修之于身”，才能具备当领导的资质。

在被低水平价值体系牢牢控制的情况下，西方人没有能力承担创新社会政治理论、引导人类政治文明走出困境的重任。这项重任只能由自觉建设社会主义核心价值体系的中国人来承担。英国历史学家汤因比很早就对此作出了预言，他说：“我期待着东亚对确立和平和发展人类文明能作出主要的积极的贡献。世界要稳定下来，这才是避免世界陷于悲惨结局的唯一道路。”“今天高度评价中国的重要性，与其说是由于中国在现代史上比较短时期中所取得的成就，毋宁说是由于认识到在这以前两千年期间所建立的功绩和中华民族一直保持下来的美德的缘故。”①汤因比先生不厌其详地列举了中华民族的历史遗产，诸如“在漫长的中国历史长河中，中华民族逐步培育起来的世界精神”、“儒教世界观中存在的人道主义”、“儒教和佛教所具有的合理主义”②，等等。这与西方的情况形成了鲜明的对比：“在罗马帝国解体后，西方本身或在世界其他地区，都没有实现过政治上的统一。不仅如此，西方对政治上的影响是使世界分裂。……西方的政治传统是民族主义的，而不是世界主义的。由此看来，今后西方也似乎不能完成全世界的政治统一。”“恐怕可以说正是中国肩负着不止给半个世界而且给整个世界带来政治统一与和平的命运。”③

①展望二十一世纪——汤因比与池田大作对话录［M］. 北京：国际文化出版公司，1985：286，287.

②同上，287.

③同上，288、289.

现在我们应当能够看清了，人类要走出政治困境、实现社会治理体系和治理能力的现代化，希望只能寄托在中国共产党人的身上。这是因为，要实现社会治理体系和治理能力的现代化，就必须培育和践行社会主义核心价值体系，把它从少数先知先觉者的书本里发掘出来，变成可以被普通民众理解的常识。用汤因比的话来说就是："最重要的问题是提高群众的道义性和知识水平，这才是真正把今天改善政治的迫切要求落实到实处的唯一方法。"[①]而要大力培育和弘扬社会主义核心价值体系和核心价值观，就需要有很多条件，首先要有与这种价值体系相配套的政治制度——社会主义制度，其次要有坚持这种价值体系的执政党——共产党，再次是要有自觉坚持这种价值体系的领导人，在此基础上才能产生改造旧世界的实践；在这种实践上，才能不断开辟马克思主义发展的新境界。这些条件，我们中国共产党人现在都具备了，除此以外，中国共产党人在长期的革命斗争中还形成了高度重视党性锻炼的光荣传统，形成了"理论联系实际、密切联系群众、批评和自我批评"的三大作风，这是中华民族追求"闻道"的文化传统的进一步延伸，两千多年来，无数圣贤在这个方向进行的艰难探索，为我们现在建设社会主义核心价值体系进行了充分的理论准备，这是我们实现社会治理体系和治理能力现代化的有利条件，因而摘取政治学王冠上的宝石的希望寄托在中国人身上。正如汤因比所说的那样："世界统一是避免人类集体自杀之路。在这点上，现在各民族中具有最充分准备的，是两千年来培育了独特思维方法的中华民族。"[②]作为中国人，我们必须对自己在人类文明进化过程中的使命有清醒的认识，坚定中国特色社会主义的道路自信、理论自信、制度自信，勇敢地担当起自己的使命。

四、自觉建设社会主义核心价值体系，开辟政治文明新境界

中国共产党人把马克思主义的普遍真理同中国革命的具体实际相结合，在正确解答现实难题的过程中，不断地开创马克思主义发展的新境界，走过了漫长而艰难的历程，付出了巨大的牺牲，现在我们终于提出了建设社会主义核心价值体系的目标，抓住了社会运行过程中的主要矛盾，自然

[①]展望二十一世纪——汤因比与池田大作对话录［M］. 北京：国际文化出版公司，75.
[②]同上，293.

也就找到了解决问题的办法，找到了历史之谜的最终答案。

在此过程中，中国共产党人也自然而然地继承和弘扬了中华优秀文化传统，从而把东西方文明的精华汇聚在一起。所谓建设社会主义核心价值体系，也就是把“大道”修之于身，以此为起点，进一步把“大道”修之于家、修之于党、修之于国，使这种价值体系形成稳定的“超循环”，在这种“超循环”的主导下，所有的社会成员都自然而然地健康向上，在此基础形成稳定和谐的社会秩序，这样我们就可以在政治领域进入自由王国。当我们把自己的事情办好之后，自然也就有了影响其他国家的“软实力”，进而把这种价值体系修之于地球。

要达到上述目标，必然要经历一个漫长的历史过程，需要几代人坚持不懈的努力奋斗。正如马克思所说的那样：“历史的全部运动，既是它的现实的产生活动——它的经验存在的诞生活动，——同时，对它的思维着的意识说来，又是它的被理解和被认识到的生成运动。”[①]中国特色社会主义事业的深入发展推动中国共产党人逐步深入认识价值体系在社会运行过程中的重要作用，进而自觉地进行价值体系的建设。改革开放以来，我们党首先提出了“一个中心、两个基本点”，然后又提出了“三个代表”重要思想，后来又提出了以人为本、科学发展观和构建和谐社会的目标，并进一步提出建设社会主义核心价值体系的目标。党的十八大以来，习近平总书记发表了一系列重要讲话，提出了许多富有创见的新思想、新观点、新论断，进一步开拓了马克思主义中国化的新境界，特别是对培育和践行社会主义核心价值观进行了深入解析，在此基础上，提出了全面深化改革的总目标：完善和发展中国特色社会主义制度，推进国家治理体系和治理能力现代化，这是我们党执政六十多年来不懈奋斗、艰辛探索、努力推进马克思主义中国化所取得的新成果。对于个人来说，它为人们展示了人格成长的新境界，是为人们提供终极关怀的安身立命之道；对政治家和各级领导来说，它引导人们把对社会规律的认识深入到价值体系层次，进而找到社会管理的钥匙，为人类打开了进入和谐社会的大门。

达到了这个认识高度，我们自然也就可以理解习近平总书记提出的“两

[①]马克思恩格斯全集：第3卷[M]．北京：人民出版社，2002：297．

个不能否定”的新观点，不管是前 30 年，还是后 30 年，对于社会价值体系进化来说，都是不可或缺的环节，都是中国共产党领导人民进行社会主义建设的实践探索，就像植物要经历开花与结果等不同阶段一样。达到了这个认识高度，我们自然也就找到了各种现实难题的答案，比如说反腐败斗争，党中央既打苍蝇，又打老虎，有效地遏制了腐败现象的嚣张气焰，但要从根本上解决腐败现象，还是要通过社会主义核心价值体系的建设，形成不想腐、不能腐、不敢腐的有效机制；再比如说现在所争论的人民民主专政问题，并不是重提阶级斗争，而是要在意识形态领域里确立社会主义核心价值体系的主导地位。再比如说文化软实力问题，只要人们在价值体系上达到了社会主义核心价值体系的高度，便可占领人类价值体系进化的制高点，自然而然地打造出具有中国特色、中国风格、中国气派的哲学社会科学学术话语体系，重塑中华文明软实力。

共产党员作为先锋队成员，也无非是在价值体系建设上走在前面。人们并不因为加入了共产党就自然而然地具有这种新的价值体系，而是要借助于党组织的培养熏陶以实现价值体系的转换提升；只有真正地完成了这种转换提升，人们才能真正地成为共产党人。当人们带着翻身求解放的淳朴愿望加入共产党时，还不能算是真正的共产党人，但对于早期共产党人开展武装斗争、改造旧世界的目标来说，这种淳朴愿望是够用的。随着社会主义事业的不断深入，我们进入到建设中国特色社会主义的新阶段，提出了构建和谐社会的新目标，在这种新形势下，继续停留在原来的那种淳朴愿望的水平上就很不够了，所以就需要与时俱进地提升所有党员的价值体系，把社会主义核心价值体系“修之于党”。只有始终保持价值体系的先进性，共产党才能始终站在人民群众前面发挥领导作用。

要承担拯救人类的历史责任，所有的中国人都应当努力。在人类历史进程中没有旁观者。走出价值体系的幼稚状态，这是需要全体人民共同面对的问题；所有的人都不能置身事外，所有的人都应当把社会主义核心价值体系在自己心里建立起来。只有借助于人们的实践，社会主义核心价值体系才能获得真实的生命。反过来说，只有通过对社会主义核心价值体系的实践，每一个体生命才能实现最大的价值，这才是真正的自由、民主和人权。社会主义核心价值体系与个体的结合，是一个真正的“双赢”。为了实现这种“双赢”，执政者应当帮助每一个人闻道、开悟，这也无非就是认识到什么是真正的个人利益，进而实现这种利益，获得一个奋发有为的不虚此行的人生，这就是共产党为人民提供的终极关怀。

恩格斯曾说：“历史是这样创造的：最终的结果总是从许多单个的意志的相互冲突中产生出来的，而其中每一个意志，又是由于许多特殊的生活条件，才成为它所成为的那样。这样就有无数互相交错的力量，有无数个力的平行四边形，由此就产生出一个合力，即历史结果，而这个结果又可以看作一个作为整体的、不自觉地和不自主地起着作用的力量的产物。”[①] 由于历史的形成是无数个力的平行四边形的合力，那些先闻道的人，总是要付出更多努力，才能把其他人也拉到同样的水平上。在此过程中，必然要与不闻道的人产生冲突，遭受他们的误解、非难、打击、迫害，不闻道的人习惯于采用这些方式来处理各种矛盾。如何应对他们，对于闻道者来说，是一个无法避开的难题。对于执政的共产党人来说，更是无法避开，所以就要正视问题并正确运用执政地位，搞好价值体系的培育，“要切实把社会主义核心价值观贯穿于社会生活方方面面。要通过教育引导、舆论宣传、文化熏陶、实践养成、制度保障等，使社会主义核心价值观内化为人们的精神追求，外化为人们的自觉行动。”[②]与之同时，还要妥善处理价值冲突，图难于其易，为大于其细，把矛盾冲突控制在人民内部矛盾的范围内。总而言之，建设社会主义政治体系的关键就在于使社会主义核心价值体系的“超循环”稳定地运行起来。

现在，西方政治学和他们的现实政治过程一样，已经走到了尽头，代之而起的只能是我们中国的政治学，在以博大的胸怀吸纳继承东西方人类文明的优秀成果之后，中国共产党已经提出了建设社会主义核心价值体系的新目标，在进一步运用执政权力实现这一目标的过程中，中华优秀传统文化必将重新焕发活力，引领时代潮流，为人类政治文明的发展开辟出一条光明大道，保障人类在地球上的繁衍生息。

[①]马克思恩格斯选集：第4卷[M]. 北京：人民出版社，1995：697.

[②]习近平. 使社会主义核心价值观的影响无所不在 [DB/OL] . 2014年02月26日新华网 http://www.js.xinhuanet.com/2014-02/26/c_119501281.htm.

把社会主义核心价值体系灌输到社会生活中去

党中央在提出了“以人为本”、“科学发展观”和“构建和谐社会”的政治主张之后，又提出了建设社会主义核心价值体系的目标，其意义十分重大。这是党中央完善社会主义政治目标体系的画龙点睛之笔，只有当这个价值体系在全体干部和人民群众中确立起来之后，以前所提出的目标才被注入了血液，具有了生机。这是因为，各种社会理想，归根到底，都必须与人们所追求的个人理想相结合，成为人们自觉奋斗的目标，然后才有可能实现。要想实现“以人为本”、“科学发展观”和“构建和谐社会”，也是如此，它不仅是在社会组织层面上的奋斗目标，同时也包含了一种较高层次的个人性格特征，一种新的人生目标。通过实践“社会主义核心价值体系”，便可以打破私有制价值体系对人们的精神束缚，把人的生命引导到一个较高的人生轨道上，当这种人生目标成为人民大众的自觉追求的时候，“以人为本”、“科学发展观”也就不再是仅仅停留在文件和领导讲话中的东西，而是把根扎在人们的生命过程中的具有生命力的东西。有了这种内在的生命力，和谐社会也就可以自然而然地成长起来了。

这种引导人性进化的管理学，我们可以称之为“政治学的点金术”，有了这个点金术，便可化腐朽为神奇，变包袱为财富。任何一个社会集体要想长久地存在下去，就必须掌握这门技术。各种宗教学说，不管其外表有多大的差异，其内在的目标都无非是要找到这门技术，引导人们闻道、开悟，佛教、道教、儒家、基督教、伊斯兰教，都是如此。但由于他们受制于时代局限性，不得其门径，没有找到这门技术；只有马克思主义的问世，才找到了门径。毛主席掌握和运用了这个点金术，所以便能率领他的饥寒交迫、装备低劣的人民子弟兵，战胜诸多强敌，创造一个又一个奇迹。

但我们也必须看到，这个引导人们闻道、开悟的任务是一项漫长而艰巨的任务。马克思说："要扬弃私有财产的思想，有思想上的共产主义就完全够了。而要扬弃现实的私有财产，则必须有现实的共产主义行动。历史将会带来这种共产主义行动，而我们在思想中已经认识到的那正在进行自我扬弃的运动，在现实中将经历一个极其艰难而漫长的过程。"[①]毛主席把这个运动向前推进了一大步，但仍然也还只是"万里长征走完了第一步"，只有一少部分中国人实现了精神上的解放，现实的私有财产仍然还要保留着；要想使全中国的人民都在精神上来一个飞跃，并建立相应的经济基础，使人民的精神发展水平巩固地保持在这个新水平上，还有很漫长的路要走。我们必须一代又一代地牢记目标、坚持不懈地努力，才能推进这一目标的实现。在建立了社会主义制度之后，我们便可以运用国家机器来为人们的精神飞跃创造经济、政治、文化的条件，打破旧的价值体系对人生道路的控制。对于建设社会主义核心价值体系的任务，我们不能泛泛而谈，必须研究落实措施。泛泛而谈的做法，便会把这一重大的历史进步的机遇淡化淹没，没有触动旧价值体系的支配地位，听任社会运行过程被它控制和锁定的现状。以加强精神文明建设为例，改革开放以来，我们也一直在强调，作了很多决议文件和领导讲话，实际效果却一直不如人意，高尚的词句仍然是一个软弱无力的"应该"。总结经验教训，我们要强调，共产党的执政能力的核心就在于引导人性进化的能力。社会主义应当为人们提供更高的人生理想，如果继续听任丛林法则误导人民，自然就会把资本主义社会的各种丑恶现象引到我们的社会中来。共产党作为执政党，要把建设社会主义核心价值体系作为执政的首要任务来抓，研究使这个价值体系能被人民群众接受的条件，并切实创造这些条件，围绕这项任务的实现来组织社会生活，使这个价值体系渗透到社会运行过程中去，这样才能扭转我们这些年来精神文明建设上的被动局面。

用社会主义核心价值体系来教育人民群众，使这种价值体系渗透到社会生活中去，这是保持党的领导权的基础工程，此外它还是把共产党人在革命建设过程中建立起来的先进文化巩固地建立起来的需要，是使每一个

[①]马克思恩格斯全集：第3卷[M]．北京：人民出版社，2002：347．

人的个性都得到自由全面发展的需要；同时也是保护自然生态环境、从而为人类的永远的生存延续提供可靠的基础的需要，仅此一个的地球是我们人类的家园，再也不能经受资本主义价值体系的掠夺摧残了。把社会主义核心价值体系渗透到社会运行过程中去，实际上就是打破旧的价值体系在个人与社会之间的超循环过程，建立起社会主义核心价值体系在个人与社会之间的超循环过程。这个任务不是单个人所能独立地完成的，而是必须由人类组织起来集体地达到的目标。单个人在这个超循环中是被动的、无能为力的，作为执政党就要运用执政权力来为人们营造气候、树立榜样，建立一套与社会主义核心价值体系相适应的政治经济制度，组织领导人民群众树立和实践社会主义核心价值体系，使之在社会生活中成长起来。这是一个很艰难的很复杂的任务，不仅要有大决心和大毅力，同时还要有实事求是的科学态度，这是一个大工程，就如同发射火箭一样，必须设计一个周密的方案，搞一个系统工程。当我们把人民群众的生活过程推送到这样一个更高层次的运行轨道并稳定地运行起来之后，共产党人的历史使命才可以宣告完成。这个系统工程，主要由以下六个方面的内容。

一、要形成全社会都自觉建设社会主义核心价值体系的大气候

古往今来，大凡强大的国家，不管它有多少种对立的思想，但总有一个让所有国民崇信并视为理所当然的主义。思想上的百花齐放是好事，但必须把范围控制在意识形态的表层，其内在的基础或主干则必须是统一的稳定的；一个社会要想保持稳定，就必须有一个让全社会共同信仰的主义。正如《共产党宣言》中所说的，“任何一个时代的统治思想始终都不过是统治阶级的思想。”[①]比如在私有制社会，私有制的一些基本原则就占据着统治地位，人们根本不怀疑这些原则的合理性。比如资本主义、私有财产等等，只要这些根本原则不受挑战，资本主义制度的合法性就仍然是不言自明的，于是就可以继续保持下去。在这个层面之上，辩论就可以激烈进行，任何不同的观点都可以形成。辩论得越激烈，社会就越显得开放和多元。

在社会主义社会，自然而然地要用马克思主义作为全社会共同信仰的

[①]马克思恩格斯选集：第1卷[M]. 北京：人民出版社，1995：292.

主义；如果忽略了这项工作，让资本主义的那一套价值体系继续招摇过市，就会造成两种价值体系的冲突，由此便会带来无休止的内耗；如果让资本主义价值体系占了上风，便会把私有制社会中的剥削压迫和各种社会丑恶现象重新恢复起来，并进一步把私有制社会制度恢复起来，导致历史的大倒退。这种情况已经被社会发展的现实所证明，所以我们应当趁资本主义价值体系还没有完全控制社会生活之前，把这项工作认真抓起来。

党中央提出的建设社会主义核心价值体系，为我们做好这项工作提供了一个重大的机遇。价值体系的建设并不单纯是个人的事情，个人与社会之间存在有机的联系，个人的价值体系是在社会环境中形成的，不管是健康的还是堕落的价值体系，都需要有社会环境的支持。从个人成长和生活幸福的角度出发，必然地要涉及社会“大气候”的建设问题。我们要想培养人们具有健康向上的价值体系，就要使社会主义核心价值体系在社会生活中形成大气候。这个大环境虽然看不见摸不着，不能吃也不能喝，但它也和物质财富一样，是人民群众的生活必需品。要想达到人性的新高度，就必须借助于高水平的社会价值体系的托举。资本主义不关心人民群众的这个需要。对于中世纪的人来说，宗教是一个从生到死包围着他整个一生的精神模子，它把个人的一生所有寻常的和非常的时刻都予以圣洁化并包含在圣餐和宗教仪式之中。随着资本主义的兴起、科学的进步，带来了信仰的丧失和宗教的衰微。对于生活在这个时代的人来说，也有一个从生到死包围着他整个一生的精神模子，那就是世俗化，用物质财富的占有来充斥其一生，用基本需要的放纵来占有他的全部目标，把人塑造成一个马尔库塞所说的“单向度的人”，把人置于丛林法则的控制下，维持在一种动物式的生存状态，把人塑造成色情狂、守财奴、赚钱机器，甚至是杀人狂。在这个历史阶段中，如果人们还存在追求更高层次的需要的潜能，便会感到无家可归，这个世界已不再满足他的精神需要。人们便会无所适从，随波逐流，成为茫茫大地上的一个流浪者。存在主义就是这个流浪者的精神体验的表达。

对于我们共产党人来说，要代表人民的根本利益，不仅要关注人民的物质需要，还必须关注人民的精神需要。即使有些人没有感受到这种需要，我们也要培养人们产生出这种需要。只有在人们产生了这种需要，而我们又能满足这种需要的情况下，党的领导地位才是稳固的。在我们的社会中，市场经济所带来的精神空虚、西方敌对势力为了和平演变中国而有意地传播腐朽堕落的价值体系，所造成的危害堪称触目惊心。因此党组织必须关注人民群众的精神健康，为人民群众精神上的发展提供适宜的大气候。

丛林法则是与私有制价值体系相配套的行为法则，私有制社会是从无数遵守着丛林法则的人的行为中发展出来的，换句话说，这个有活力的有生命的有机体是自下而上地成长起来的。因而，丛林法则就是私有制社会的基因，整个复杂无比的私有制社会的漫长演变过程，都产生于这个法则。资本主义之所以能在遭遇诸多困境危机之后，依然保持自身制度不变，其原因就在于价值体系没有变化，不可能跃升为高级制度。当每一个人都在丛林法则的指导下、追求个人利益的最大化的时候，所形成的社会只能是一个私有制社会，而不可能长出一个社会主义社会来。然而有些人为了使社会主义社会具有生机活力而放纵丛林法则，这就像农学家想要培育高产农作物却选择了低产作物的基因一样，这便是自相矛盾、南辕北辙。在人们依然遵守丛林法则的情况下，自下而上地成长起来的社会只能是资本主义社会，那种自上而下地套在社会身上的社会主义制度就成了一件可笑的外套，就像是一张披在狼身上的羊皮，在狼成长起来的过程中，迟早要甩掉这张皮。社会主义制度因而就是不稳固的，这就是苏联崩解的原因。

我们要想使社会主义也像资本主义那样自下而上地成长起来，就要有一种新的法则来引导人的生命过程，这就是社会主义核心价值体系。在这种法则的指导下，人们所追求的不是个人物质利益的最大化，而是社会的和谐以及在此基础上的个性的自由全面发展。对于未来的共产主义是个什么样子，我们现在无须去硬性规定，但我们却可以确切无误地知道共产主义社会的基因，这就是社会主义核心价值体系。只要我们细心保护和培育这个基因，在人们遵守社会主义核心价值体系以应对现实生活问题的过程中，共产主义就会自动地成长起来，完善起来。

社会管理者必须努力为人的成长创造一个环境气候，历史上，西汉曾采用了“罢黜百家独尊儒术”的政策，其目的是为了让“邪辟之说灭息，然后统纪可一而法度可明，民知所从矣。”（班固：《汉书·董仲舒传》）今天为了保持社会主义制度的稳定，也应当在思想文化上有一个引导人民群众循“道”而行的政策，我们应当“罢黜丛林法则”，“独尊社会主义核心价值体系”。社会主义核心价值体系不仅属于中国，同时也属于世界，我们要想在世界文明进化过程中抢占先机，就应当抢占这个制高点，建设一个大气候，让人民群众运用社会主义核心价值体系，自力更生、艰苦奋斗；全心全意为人民服务；藐视一切强敌，敢于斗争，敢于胜利，这样便可过上朝气蓬勃激昂奋发的生活，积微积渐，自然而然地达至人生的圆满境界，从而也推动社会趋向于和谐。所以，我们要建设一个树立社会主义核心价值体系的大气候，就应当加大宣传力度，使之在社会生活中占据支配地位，成为人们日常生活的基本准则。这就像是一棵大树的主干，有了这个主干，社会主义核心价值体系的枝叶才可以茂盛地成长起来。

二、共产党员要做实践社会主义核心价值体系的模范

一种新的伦理准则要在一个素质较高的社会组织的坚持与实践中，逐步扩散到社会中去。“社会主义核心价值体系”是对马克思主义道德观的精辟概括，是对新时期社会主义道德的深刻阐述，要想使它深入到社会运行过程中去，也需要有社会的先锋队来坚持和实践。共产党就是这样一个组织：一个既生活于社会之中又坚持更高的价值体系的组织，用自己的实践来倡导新的价值体系，并为之创造经济的、政治的、文化的条件。

建党九十多年来，共产党在社会中发挥了先锋队作用，所以便赢得了人民的信任。无论是在过去的战争年代，还是在现在的和平建设时期，共产党员始终在各自的岗位上发挥着先锋模范作用，全力以赴地维护人民的利益。同破坏人民利益的倾向进行坚决斗争，在天灾人祸面前冲在前面，在生产、科研等各个岗位上发挥先锋作用，率领人民群众在艰难困苦的条件下艰苦奋斗，取得一个又一个的胜利。现在我们要在社会中树立社会主义核心价值体系，首先也还是要让这种价值体系在共产党内树立起来，才能影响并号召人民群众，所以就必须加强党的建设，在党组织内部营造一个坚持社会主义核心价值体系的“小气候”。

我们不能把这项任务单纯地看作是一个道德修养问题，而是应当把它放到一个广阔的历史背景上来看，放到人类整体进化的进程中来理解其重大意义。共产党的目标是消灭私有制，这是共产党的历史使命。如果忘记

了这个使命，共产党就把自己等同于其他资本主义政党了。我觉得这是当前我们各种问题的总根源。当然在目前，要达到这一目标，还有很长的过程，社会主义的经济制度还不够稳定，还要借助于市场经济的拐杖，但是，作为共产党就不能忘了这个目标。如果忘了，就无法抗拒私有制社会的腐蚀；如果忘了，就不能推动社会进步，私有制社会的丑恶现象就会卷土重来。当然这也是对共产党的提醒，你不改造人家，人家就要改造你，想回避矛盾是回避不掉的。树立社会主义核心价值体系，对党员来说，也就是重申党章的规定，要做一个名副其实的党员，要坚持自我改造，要用社会主义核心价值体系改造社会而不是反过来被私有制环境改造了，这不仅是个性完美的需要，是个人的根本利益，同时也是历史的要求，社会进步的要求。共产党员在自觉实践社会主义核心价值体系的时候，也就是自觉地创造历史。我们还应当强调，在社会主义核心价值体系之上有一个总纲，那就是人格的完美，在追求这个目标的过程中，人们必须经过几个阶段，从具体的每一条规则做起，形成习惯，逐步使个人人格趋于完美，最终达到“从心所欲不逾矩”的境界。

作为执政党，理当对社会生活中出现的一切问题负责。如果管不好自己的队伍，在社会管理上举措失当，腐败现象和浪费现象愈演愈烈，善良的人们无法生存而被逼铤而走险，执政党的责任是很大的，所以就应当反求诸己，带头作自我批评，在这方面做出榜样来，引导社会风尚，才能使社会矛盾逐步缓和，使社会趋于和谐。真正的共产党人是那种在精神上觉醒了的人。就像中国文化传统中所说的“闻道”、佛教所主张的“开悟”一样，这首先是一种新的人生态度，即使是在生产力水平不高的社会环境中，也会出现这样的人，他们代表人民的利益，推动历史的进步。各种宗教以及儒家学说，也不过就是引导人们摆脱私有制价值体系的一套方法技术，但由于时代的局限性，它们没能找到有效的方法技术。这个历史任务现在落到了共产党人的身上，党建工作归根到底就是要引导人性进化提升，超越丛林法则，这是一个系统工程，夺取政权、建立公有制是这项工作的前置程序，在此基础上，才可以把社会中的先进分子集中起来，让他们互相影响、互相促进，形成一个自我强化的超循环，从而营造一个有利于先进精神成长起来的局部文化环境，进而影响并提升社会大环境。党建工作的这个本来目标，必须反复强调，莫失莫忘。

为使党组织切实有效地发挥先锋模范作用，必须建立一套严格的党内纪律。在过去的战争年代，党组织有残酷的斗争环境和枪林弹雨的洗礼，使那些钻营投机之辈望而生畏，从而保证了党的纯洁性。共产党虽然在人数上远低于国民党，但其力量却是国民党无法比拟的。但在今天的和平时期，一些满脑袋自私自利、低级趣味的人，也削尖脑袋钻进党内。他们只为升官发财，哪里顾什么人民利益、国家富强、民族昌盛！现在这样的人已经钻进党的各级干部队伍之中。这些人在拍马溜须、跑官要官、作威作福、声色犬马上出类拔萃，而在为人民服务上却是昏聩无能，成事不足，败事有余，他们对共产党的危害之大，有如蚁穴之于长堤，有如癌瘤之于人体，已经成为共产党之最为危险的敌人。共产党要想拒钻营投机者于门外，最好的办法是也给党员制定一套"清规戒律"，这套"清规戒律"必须保证入党并不能得到个人物质利益，而是必须为人民利益多做奉献，吃苦在前，从而使那些投机钻营之辈望而却步。党的大门只对那些真正抱有共产党信仰的人、不计较个人得失的人、有志为人民、国家、民族献身的人而开放。这样的"清规戒律"不妨包括强制参加义务劳动，小过重罚等条款。

为防微杜渐，必须建立党内维护社会主义核心价值体系的奖惩制度。对于党内的错误思想要开展积极的思想斗争，对于违反党纪的行为，要从严治党。党的优良传统中有一条"批评与自我批评相结合"，这是人性进步之阶梯，也是党员有机联系起来并凝聚为坚强堡垒的粘合剂。没有了这一条，党组织也就无从保持先进性、战斗力。所以我们要想寻找科学合理、有制衡机制的政治体制，也还是要从基础做起。共产党是执政党，执政党的建设关系到全国人民的根本利益，因而不是党内的事情，对违纪人员的处理应当公开，让人民知道。这是为了赢得人民的信任而必须采取的措施。党纪的惩罚应当比国法更严厉，这是为了维护党员队伍的素质所必须采取的措施。这样便可断了那些为了发财而往党的队伍里挤的念头，堵住跑官买官的念头。为了保证党规的正常运转，党内应当有一个三权分立，立法、行政、司法权分别开来，互相监督。为了保障共产党的执政权，在社会上不能搞西方大选的一套，但可以在党内借鉴西方制度的监督措施，在保障党的执政地位的同时，保持党的队伍的纯洁。

要建立一套培养接班人的制度。培养接班人也就是培养出那种具有了社会主义核心价值体系的新一代共产党人，为达此目的，党组织应当有一套培养锻炼青年党员的方式，要创造一种相对洁净的生活环境，把那些特别有潜力的年轻人放到这样的环境中，让他们习惯于这种党员所必须过的生活方式——清贫清白的生活方式，特别是在青少年时代就要开始。谁要想入党从政，就必须经过这种艰苦生活的锻炼，类似于修道院似的生活，与外界隔断。比如说，到沙漠里种树去，这是造福人类的好事，同时也是非常艰苦的事，大城市的青年们也有想去种树的，那就在那里办一个大学，办一个党校。一边种树，一边学马列。国家保证这些人的基本生活需要，但人们不要指望在这里肥吃海喝。在这样的学校培养锻炼了几年后，考核合格了，再将他们安排到各地党政机关任职管事。即使是那些从了政的人，也还要经常地返回到这样的学校里回一下火。这样的学校不需要经过严格的考试，谁愿意谁去，不愿意的人也不勉强。不要像某些知青一样，毛主席让他们下乡经风雨，他们觉得是受了迫害，破口大骂。那些不愿去的人，受不了艰苦生活的人，那就过你的太平日子得了，但对社会政治就不要多嘴了，你没有资格，而这个资格不是别人不给你，而是你自己放弃的。

中华文明是如此的悠久，还有什么新东西可以被发现、被发明出来呢？我看很难，当前的问题，就是要切实解决那种光说不做、知行分离、人格分裂的问题。这个问题不解决，就像病人服药一样，再好的药，他就是不肯吃，医生能有什么好办法呢？我们现在最急需的不是什么新的思想、新的方案，而是认死理的愚公，闻道勤行，从我做起。

三、要建立一套维护社会主义核心价值体系的政治制度

关于社会主义政治制度，我们经常地听到要对其进行改革的呼吁，但究竟应当怎样改革，人们从不同的价值体系出发，提出的主张大不相同。既然那些坚持私有制价值体系的人们可以天天主张着要改革政治体制，我们也可以从建设社会主义核心价值体系的需要出发来提出一个改革建议。社会主义核心价值体系需要有相应的政治制度来保护它，其实我们的人民代表大会制度是一个设计得很严谨科学的制度，是一个维护社会主义核心

价值体系的政治制度，毛主席等老一辈革命家在建立新中国的政治体制时高瞻远瞩、深谋远虑，再经过这些年来的发展，这个制度已经相当完备了。现在存在的问题主要是人大职权行使得不到位，理论上说要坚持党的领导、人民当家作主和依法治国的有机统一，但实际上对坚持党的领导理解不深，只注意到形式上的坚持，而对实际内容即社会主义核心价值体系的坚持却自觉性不高，操作性不强。而另一方面，西方敌对势力和国内一些人不知道坚持社会主义核心价值体系的重要性，对形式上的党的领导也要扔掉，于是便攻击我们是“一党专制”、不民主等等。现在党中央提出了社会主义核心价值体系，随之而来的也就需要有一个制度来保障它的贯彻落实，这就为我们澄清认识、解决这个问题提供了机遇。

所谓坚持党的领导，也就是坚持社会主义核心价值体系在社会生活中的支配地位。于是，我们便可设计出一个从群众中评选党员、从党员中选举人大代表的民主政治制度，选举的标准就是社会主义核心价值体系。党员要具有先进性，人大代表也应当具有先进性，人大代表是由群众选出来的，那么党员发展也应当增加一个群众选举的程序，而不只是由支部一班人搞党员发展。在群众选举认可的基础上，再经过党组织的培养教育，其素质就有保障了，在这些党员中，再优中选优，由群众选出人大代表。作为共产党员，应当是实践社会主义核心价值体系的模范，这个要求同样适用于人大代表，只有当各级人大代表都是实践社会主义核心价值体系的模范了，社会主义核心价值体系才能渗透到社会政治生活过程之中。这样，要想当一名人大代表，首先就应当做一名模范共产党员，在实践社会主义核心价值体系上做出表率，在代表人民利益上做出一些成绩，让人民群众认可赞同，然后才有可能被选为人大代表。

这样一来，党委和人大就一致起来了，人代会也就是党员里面的先进人物组成的，所以也就同时是党代会，各级的党代会也就是人代会，就可以按宪法和地方组织法规定的程序，召开人民代表大会，选举产生出人大常委会和一府两院的官员，讨论关系本辖区全体人民利益的大事，作决策。由于各级党代会与人代会就是一回事，各级的党委常委会也就是各级的人大常委会，用不着多开一次会，既节省了经费，也避免了矛盾，同时还堵住了某些人对共产党的执政地位的质疑。

这个办法同时还进一步完善了党内民主，党员的先进性究竟如何，不是关着门自己说了算，而是开着门，由人民群众说了算。要代表人民利益的人，代表得怎么样，人民最了解。而人大代表又由人民群众在那些贡献大、党性很稳定的党员中选出来，就更能保证其先进性了。

另外对那些不愿意做实践社会主义核心价值体系的模范的党员，则可以通过群众的评议和选择来把他们淘汰出去，共产党员有7000万，其中有相当一部分已经不具有先进性了，给党抹黑，把他们清理出去，使党组织更加布尔什维克化，战斗力会更强。因而在一个村或一个单位，党员的数量也要定个限额，定期地让群众评一评，把表现好的群众吸收进来，表现不好的则选下去，重新当群众。党员也不能终身制，到老了也应当退休，如果这些老同志认为自己共产主义信念很坚定，那也可以当一个荣誉党员，把党员的名额让出来，让有能力为群众服务的人成为党员。

这样一来，共产党权力就更大了，会不会让共产党员更容易腐败呢？我看不会，这个方法使更高一级别的人大代表和党员对下一级别的人大代表和党员负责，不是对上负责，从而使各级官员都是对下负责，最终是要对人民群众负责，进而使各级管事的官员和人大代表、党员都由人民群众来决定其去留，这就保证了人民的利益。

在这种情况下，如果有人再说共产党执政是什么“一党之私”，那就没理由了，任何人只要表现好，为人民办了好事，都有可能被选为党员、人大代表，共产党本来就不是某个家族某个阶层的代表，是全体中国人的先锋队组织，谁要想成为党员，那就努力地为人民办好事吧，如果自己没有被选上，那就查查自身的原因，查找一下人民群众不选自己的原因，不要因为自己当不上党员就迁怒于共产党。

这个设计也堵住了某些人说我们不民主的攻击，充分地体现某些盲目崇拜西方制度的人们所一向强调的一人一票的选举方式，只不过是在这个程序中作了一项重要的修补，那就是明确了社会主义核心价值体系的选举标准，有谁能找出一个理由来反对这个标准呢？所以，现在使用这个方法的时机成熟了，这是因为，经过共产党执政这么些年来的探索，我们中国人在社会政治体系的价值取向上成熟了，提出了“以人为本”、“科学发展观”和“构建和谐社会”的政治主张之后，又提出了社会主义核心价值体系，得到全体人民的认可，人民群众可以自己运用这些标准，即使出现一些问题，他们自己也会总结教训，通过行使民主权利来维护自身的利益。

通过这样一个制度设计，便可以用社会主义核心价值体系来评价引导人生历程，同时又维护了党在社会生活中的领导地位，保持党员队伍的动态稳定和始终处于先锋队的地位，同时还保证了社会经济过程的正常运转，满足了人民的民主参政的要求，如此等等。这个设计对于保证党的先进性、保持党与人民群众的鱼水关系具有重大意义，对于中国的政治文明建设也具有重大而深远的意义。

四、坚持社会主义公有制为主体的经济制度，为人民群众坚持社会主义核心价值体系解除后顾之忧

为了使人民群众真正地树立起社会主义核心价值体系，我们就应当保障其物质需要，为人民群众的精神解放创造条件。在当前的市场环境中，由于两极分化的扩大导致了一些人成了弱势群体，找不到工作，有病无钱治，孩子上不起学，等等。党组织就应当满足人民的物质需要，作为执政党，应当掌握一部分资源来保障人民群众的基本的物质需要。我们搞改革开放的初衷是让大家共同富裕，但要想实现这个目标，仅仅倡导一下是不够的，还要有保障措施，建立健全的社会保障制度，但这还不够，还应当有一个吸纳所有失业人员的社会组织，给他们提供一个生活上的避难所。要把这里建设成所有无业人员的家，同时也是一个精神之家，大家在这里实践社会主义核心价值体系，过着一种简朴然而又是积极进取的有意义的生活。像这样高素质的人组织在一起，一定会奋发图强，如果有谁断言他们会一直解决不了自己的生存问题，那我是不相信的。

一种生产方式需要有相应的精神来支撑，或者也可反过来说，一种新的精神也需要有制度的支撑，就像海里的贝类需要有一个贝壳一样。当人们以财富的私人占有为核心价值来衡量公有制时，它就是一个弊端丛生的经济体制。因而当社会主义企业中物质刺激奖金挂帅的观念占了支配地位后，企业的精神生命就已经死掉了，于是便只剩下一个外壳，只有一卖了之。现在我们要建设社会主义核心价值体系，就要给它找一个安身之所，高贵的精神需要有一个高贵的居所，这便是社会主义公有制。它在私营企

业的外壳中能否容身呢？这虽然不以一概而论，但通常是很难的。在个体煤矿等血汗工厂中，要去向那些如牛负重的工人倡导社会主义核心价值体系，那显然是不现实的。资本主义要想维持对人的奴役和剥削，就必须让生存的自然必然性牢牢地压在所有人的身上，不仅是被压迫被剥削的人们，包括那些压迫剥削者自己同样也处在压力之下，他们之所以疯狂聚敛、之所以腐败，也无非是这种生存压力所导致的一种过激反应罢了。所以这种被奴役的状态以及它在人们思想中引起的生存焦虑，便是资本主义赖以延续的根据，同时也是腐败现象、违法犯罪现象产生的根本原因。处于这种被奴役状态的人是认识不到公有制的优越性的，某些人急不可耐地贱卖公有制企业，其理由很多，振振有词，但如进行一下心理分析，便可发现其根源就在他内心深处的那种对私有制的迷信。正是因为其精神上的局限性，所以他们不知道公有制这一高贵精神栖息地的珍贵。

我们要想在社会生活中建设社会主义核心价值体系，那就必须把公有制保护好建设好。这些年来，一提到改革，就意味着打破大锅饭铁饭碗，所以一听到人们说要坚持改革方向我就很担心，是不是还要继续打破呢？我看不能再打了，在目前的情况下，现有的国企不要能再卖了，还是要想法把它保护起来，选择一些真正确立了社会主义核心价值体系的人来管理，在企业里建设和培育社会主义核心价值体系，让它成长起来，占住这个居所。对其他的企业，要大力倡导，但不要强迫命令。现在也还是有一些这样的企业的，比如南街村，人们自发地坚持公有制的方向，而且还很成功，那就放手让它发展。树立为榜样，人们可以根据自己的主观偏好做出自己的选择。水平高的，选择公有制，水平差的选择私有制，愿意学雷锋为社会作贡献的，那就到公有制企业去；不愿和穷人同甘共苦、想自己发财的，就去搞自己的企业，或是给私企老板打工。

要搞社会主义市场经济，那就要创造出这样一个政治局面，让各种所有制各尽所能，自由竞争。是不是真有优势，让实践的结果来证明。对于大多数积极进取奋发有为的人来说，还是要坚持社会主义公有制，为他们创造一个为社会公共事业作贡献的机会。现在社会生活中有很多难题，资源短缺、环境恶化等一系列挑战都是在丛林法则的控制下所不可避免的，继续在这种价值体系的框架之中摸索，那就永远找不到解决办法。只有跳出这个框架，才有可能找到出路和办法。

经历了这些年来的实践，我们现在应当明白过来了，社会主义公有制非常珍贵，离了它而下岗的日子不好过。当权者要明白这个道理，人民群众也要明白这个道理。我们大家都要爱惜它，保护它，因为它和我们的身家性命是血肉相联的。对于大多数积极进取奋发有为的人来说，社会主义公有制为他们创造一个为社会公共事业作贡献的机会，它是与社会主义核心价值体系相配套的生产方式，是老一辈革命家用热血和生命换来的，来之不易；社会主义制度要想巩固起来，也必须以公有制为核心，把社会重新组织起来。所以，我们一定要珍惜公有制。

原来的公有制纷纷凋零，其根本原因在于，公有制是和谐法则的外壳，正像毛主席所说的那样，“政治工作是一切经济工作的生命线”，当市场法则侵入到公有制企业内部的时候，或者更准确地说，这些公有制本来就是在市场法则的基础上建立起来的，它本来就缺少内在的灵魂，实行了承包租赁等改革政策以后，淡化削弱了政治工作，没有了灵魂，也就没有了生命线，这样的公有制，其不能自我维持的命运就是必然的。现在，由于丛林法则在社会生活中的泛滥而造成的灾难，不仅穷人不堪其重负与痛苦，包括富人和其他各个阶层的人们也无法忍受，这就为人们的普遍觉悟创造了条件，在这种情况下，我们便可以自觉地建立与之相适应的经济体制，这样建立起来的公有制应当是有生命力的。在市场经济环境中，建立起公有制模式，就像胎儿在母腹中成长起来一样，直到可以独立生存的时候，便脱胎而出并继续成长，最终取代旧制度。

政治体制改革的切入点在经济过程，在于培育新的经济关系。如果直接对政治体制进行改革的话，这种头痛医头、脚痛医脚的办法只能造成混乱。国外敌对势力“和平演变”中国，就是从经济体制入手，我们要想巩固社会主义制度，也同样要从经济体制入手。目标尽管不同，方法和程序却是一样的。

五、要建立一套维护社会主义核心价值体系的国家荣誉制度

为了引导党员干部努力实践社会主义核心价值体系，还应当建立相应的国家荣誉制度。而今市场经济把很多原来视为高贵的称号都贬低到平庸

的水平上，比如学位文凭可以花钱买到，职称评聘也由于金钱关系的渗入而大大贬值，干部选拔工作也因腐败的蔓延而名声扫地。在这种情况下，除了对老的价值标准通过严肃风纪、加强治理以进行匡扶之外，还需要建立一个新的价值标尺，用一个不与经济利益挂钩的标尺引导人们自强自立，服务社会，从而引导社会趋向于和谐。

闻道对于一个人的成长至关重要，不管早晚，只要闻了就行，朝闻道，夕死可矣；但从另一方面来说，还是要从幼年开始，越早越好，坚持的时间越长，人生的成就就越大，所达到的境界就越高。所有的人都应当自觉追求这个目标，为此就应当有一个奖惩激励机制，对人们的善行及时予以鼓励，对人们的错误及时给予纠正。对于任何一个社会集体来说，这都是社会政治建设中不可忽略的一环。由于这件事情很复杂，以往的宗教就用一套阴司报应的理论来填补这个空白，然而这对那些不信这个理论的人来说，没有用处。现在有了互联网技术，我们便可建立一个品行的记录，建立一个所有的公民都可参加的道德积分升级制度。对那些响应党的号召、努力实践社会主义核心价值体系的人要给以加分的奖励，根据不同年龄段的特点划分不同的标准，引导人们从基本的规范做起，从修身齐家做起，一步步地进入更高的等级。

从小学生开始，就要激励孩子们努力按照社会主义核心价值体系的规范约束自己的行为，当他表现优秀时，就可以得到加分的奖励，当他犯了一个小错误时，就要减去一个相应的分数。如果一个人所犯的错误比较大，比如考试作弊，就要扣较多的分数。如果他触犯了刑律，那就要扣很多的分，并且受到法律制裁。凡是积分高的等级高的自然就要受到社会的尊重，反之则受到社会的鄙视，由于是全国联网，一个人走到哪里，这个道德分便跟到哪里，一个道德分不高的人在哪里都无法受到尊重，他如果想要得到尊重，就必须改邪归正，努力地做更多的好事，比如见义勇为，把自己的道德分再提上去。

共产党员在实践社会主义核心价值体系中要发挥先锋模范作用。所以在这个制度中，应当规定一条，必须达到了一个规定的分数，才可以加入共产党。比如说，如果一个人不孝顺，连父母也不想赡养，却向别人吹牛说要为人民服务，那就显然是不可能的，所以家庭中的和谐在这个等级上是一个必经的台阶，要通过这个标准来提倡家庭美德：以孝悌和睦为荣，以亲情刻薄为耻，以保证社会细胞的健康。共产党员在道德修养过程中所达到的境界，更是缺少应有的评价。每年也评一下先进党员，实际上却并不受重视，这个荣誉已经被市场经济挤到一边，被严重地边缘化了，这是一个亟待解决的重要问题。对那些共产党员，则应当用更高的标准，如果道德上有了严重污点，则要降级，甚至开除出党组织。应当用社会主义核心价值体系作为标准，对党员在闻道履道方面所取得的成就有一个精细的评价，以鼓励党员们在修行的路上不断努力，早成正果。可以像围棋设立段位一样，制定一个标准。做了多少件好事，便可以进一段，做了一件坏事，便要去一段，对社会的贡献越大，段位便越高，其生命的价值就越大，作为终身性的荣誉称号，可以光宗耀祖。为了这个段位，当官的便不会铤而走险去贪一点小钱；即使是已经退休的党员，也还有一个奋斗目标，也仍然可以为人民服务，这样做还可以恢复中华民族尊老敬贤的好传统。

还应当对党员作个规定，达到了相应的段位才可以做官。对于做官的人来说，要求就要更高一些，要用能否坚持社会主义核心价值体系并把它宣传贯彻到人民群众中去作为评价标准，而不是以总产值来评价其政绩。要把践行社会主义核心价值体系的情况作为评价和使用干部的重要依据之一，既要运用到选拔、任用干部工作中，也要运用到对在职干部的监督之中，下功夫解决党员干部思想、作风上存在的突出问题，确保不合格的人进不了领导干部队伍，进了领导干部队伍后腐败变质的人无法再浑水摸鱼，引导各级领导干部学在前面、做在前面，用自己的模范言行和人格力量为群众作表率，带动全社会形成知荣辱、树新风、促和谐的文明风尚。

党员和群众并不是遵守不同的价值体系，而是坚守一个共同的价值体系，其区别就在于党员们实践社会主义核心价值体系的自觉性更高、标准更严、违反后受到的惩戒更重，这便是党员的先进性之所在。人民群众可以用社会主义核心价值体系的标准来要求党员，这并不意味着他们可以置身事外，他们也应当践行这个价值体系。共产党不是宗教组织，但是共产党必须在社会生活中发挥宗教组织所承担的社会功能，对民众进行引导教育，成为人民群众的精神上的导师，努力把党组织建设成人民群众的精神之家，把各级党组织建设成人民群众的精神上和物质上的庇护所。

通过这样的一个道德评价体系，便可以把那个在宗教中由神灵执掌的裁判功能由人类自己在现实生活中行使起来，从而引导人性的进化，建立起地上的天国。在此过程中，还要避免以往的那种把经济活动与道德建设对立起来的老毛病，而是应当把两者有机地结合起来。从理论上说，以人为本的目标已经把这两者结合了起来，但在道德评价中，还应当注意两点，一是把人们对经济活动的贡献作为评价其道德水平的标准之一；二是对善行的奖励主要是荣誉性的，因为强调物质的奖励会在鼓励人们践行社会主义核心价值体系的同时，向人们暗示，物质标准还是最终的标准。要通过强化这一套荣誉制度，逐步地淡化现有的那些升学率、学位、总产值、官本位等扭曲人性、误导人生的评价标准，从而把社会生活引上正轨。

个人的健康成长需要有一个评价指标体系来发挥引导作用，对于社会的运行来说，也是同样道理。要想让社会运行趋向于和谐，也需要有一个健全的评价指标体系。百尺之台，起于累土；合抱之木，生于毫末。对社会运行中的偏离和谐的倾向必须及时地发出警告，如果听凭这种倾向发展到极端，再想补救就来不及了，所以执政党必须对此高度警惕。儒家曾有一套天人感应的理论，把为政者施政得失与自然现象联系起来，用“天象示警”来引导君主接受他们的治国之道。现在我们已经有了以构建和谐社会为核心的一套完备的政治目标，同时也有了现代化的技术手段和民主政治制度，因而就可以建立起一套和谐社会的评价指标体系，客观准确全面地评价社会和谐的程度，并按照民主的法制的程序，及时反馈到执政过程中去，提高我们的执政能力，促进我们的科学执政、民主执政，从而有效地实现构建和谐社会的政治目标，保证社会的和谐、人民的福祉。

六、研究两种价值体系的攻防战中的战略战术问题

资本主义和社会主义两种价值体系是一个客观存在，都力图在社会生活中发挥“序参量”的作用。作为执政党，我们不能听凭丛林法则在我们这块土地上肆虐，必须按照我们的价值体系来控制社会发展方向。从这些年来的实践可以总结出这么一条规律：两种价值体系的消长决定着社会主义事业的前进与衰败。两种价值体系都要争夺人民群众，共产党如何把人民群众争取到自己一边来，让人民群众接受自己的价值体系，这是巩固党

的领导地位、也是巩固社会主义制度的根本问题。

目前的问题是，资本主义的那一套价值体系在社会生活中很猖獗，在一些地方占了支配地位，很多地方看起来是共产党在领导，实际上这些共产党员也在坚持资本主义的价值体系，形成了气候。眼下某些党员干部之所以不能落实好社会主义核心价值体系，原因有这么两条：一是自己精神成长达不到水平，再好的道理他也接受不了，流行的价值体系控制了他们的头脑；二是就算有一些好干部，盘根错节的关系束缚了他们的手脚。他本来想坚持共产党的价值体系，但也施展不开，在强大的社会舆论面前，他反而要把自己的观点隐藏起来，迎合流行的庸俗观念，于是他又重新成了地下党员。如果不能扭转这种局面，无论如何在口头上坚持倡导社会主义核心价值体系，都不能使之渗透到社会生活过程中去，社会经济政治制度都围绕着旧的价值体系运转。在这种情况下，共产党要倡导社会主义核心价值体系，把人民群众争取过来，就需要有一些特殊的战略战术：

一是在党建上要有非常手段。要想振衰起弊，就需要有雷霆手段；要想把自己的队伍搞好，就要有那么一支坚定地实践社会主义核心价值体系的队伍。就像当年的四大野战军一样，这是打败蒋介石的主要力量。同时还要建立自己的巩固的根据地。因而我们就必须按照中央《关于加强党的执政能力建设的决定》的要求，坚持党要管党、从严治党的方针，紧密联系治国理政的实践，全面加强和改进党的思想、组织、作风和制度建设，保持党员队伍的先进性和纯洁性。一是严把入党关，宁缺勿滥；二是严肃党的纪律，凡有违规者，事无论大小，都律以党纪，惩前毖后，治病救人，把党组织建设成为实践社会主义核心价值体系的先锋队、大熔炉。

二是要注意战略战术，要组织一些战役。就像当年解放战争中的争夺地盘一样，现在的这个争夺人民群众也是一场战争。这些年来，我们的阵地让敌对意识形态步步为营地蚕食了不少，不能再退了，再退就没有根据地了。所以要把现有的地盘守住；要打阵地战，守住现有的地盘。此外还要组织一些运动战，集中兵力，收复失地，打一些漂亮的歼灭战。在战略上也要有些讲究，在两种价值体系冲突互相争夺地盘的斗争中，也要用毛主席的办法，集中优势兵力打歼灭战。可以专门培训一支干部队伍，由坚定地实践“社会主义核心价值体系”的干部组成，像突击队一样机动，一个县一个县地解决问题，不把当地的价值取向扭过来就不撤。这样坚持搞下去，一片一片地巩固根据地，再来一个持久战，总有把人民的事情办好的时候。

最后我们再强调一下，以上所说各条都是人们接受社会主义核心价值体系的外在条件，归根到底，内因仍是变化的根据。人民群众资质不同，秉性各异，有人生而知之，有人学而知之，有人困而学之，还有人困而不学，所以就还要针对不同人的特点，因材施教，引导人民自觉坚持社会主义核心价值体系。古人说，救人一命，胜造七级浮屠，引导人们树立社会主义核心价值体系，使人获得新的生命，也是救命的善举，是为每个人的生命提供的终极关怀。对任何一个人来说，不管他现在是什么身份，是什么阶级地位，只要他没开悟，就不是一个自由的人，不管他是处在被侮辱和被损害的地位，还是在社会中高高在上，都不过是在私有制社会中扮演了一个角色，不管他在这个制度中如何变换位置、升沉荣辱，都仍然是一个庸人，其行为都在有意无意地强化私有制价值体系的统治地位。而一旦他开了悟，认识到更高的人生目标，便会自己教育自己，自己解放自己，自己创造自己的幸福生活，获得真正的自由。随着这种新人的不断增加，便会由量变到质变，推动社会主义政治制度的自组织过程，一个全新的社会政治制度也就逐渐形成了。

共产主义当下即是说

其一

网上有朋友主张共产主义可以在20年内实现，另有很多人不赞成，以为共产主义根本不可能实现；我对这个“20年实现说”也不赞成，但理由不是说它不可能实现，而是觉得20年太久了，我还能活20年吗，这岂不是要把我关在共产主义的大门之外吗？另外，我觉得朋友们也得替那些比我更老的同胞们想一想吧，如果共产主义是一件好事情，是所有的人都迫切需要的东西，那我们就要更快一些把它建成，让他们也能享受享受，于是我在跟贴中主张“共产主义当下即是”，可能有些朋友以为此说太过荒诞，于是便懒得反驳；既然朋友们手下留情，我便得寸进尺，再说点理由。

一、“当下即是”是我们的国粹

20世纪50年代，有境外大儒牟宗三、徐复观、张君劢、唐君毅四人发表了《为中国文化敬告世界人士书》，据称是足以代表当代新儒家根本精神方向的一个纲领性文献。其中列举了西方人“尚可有学习于东方之人生智慧，以完成其自身精神思想之升进者”的五条，首先的一条就是“当下即是”之精神与“一切放下”之襟抱；第二条是一种圆而神的智慧；第三条是一种温润而恻怛或悲悯之情；第四条是如何使文化悠久的智慧；第五条是天下一家的情怀。既然四位先生把当下即是列为第一条，可见其重要性，估计朋友们手边不一定有资料，所以我就把他们对这一条的解释抄下来，请朋友们自己看：

“西方文化精神之长处，在于其能向前作无限之追求，作无穷之开辟。但在此向前追求、开辟之精神状态中，人虽能以宗教上之上帝为托命之所，而在真实生活中，其当下一念，实是空虚而无可在地上立足。由此念念相续，亦皆空虚而无可在地上立足。于是西方之个人与国家，必以向前之追求开辟，填补当下之空虚。当其追求开辟之力量，随自然之生命之限制或外来之限制，而不能不停顿时，其个人之生命，国家之生命亦可能同时倒下。故西方之老人，多为凄凉寂寞之老人，而西方历史上之强国，常为一仆不起，或绝灭不世之强国。中国文化以心性为一切价值之根源，故人对此心性有一念之自觉，则人生价值，宇宙价值，皆全部呈显，圆满具足。人之生命，即当下安顿于此一念之中，此即所谓无待他求、当下即是之人生境界。中国以知进而不知退为人生之危机，而此正西方文化之特点。其所以不知退，则因在其当下精神中，实无可立足之地。则由当下即是之生活智慧，可与西方人以随时可有立足之地，此即可增加西方文化自身之安全感与坚韧性。”[①]

下面还有一大段解释，主要是解释“一切放下”，我就不抄了。另外，不仅儒学主张“当下即是”，佛教也有同样的主张；他们有一个众所周知的主张，“放下屠刀，立地成佛”，这也无非就是“当下即是”。所以，“当下即是”是我们的国粹，我的“共产主义当下即是说”还是有点来头的。

二、把当下即是与共产主义联系起来，是一个立足点的转换

人们通常谈论共产主义时，注意力大都集中在物质财富的分配方式上，他们通常都认为有那么一个物质财富充分涌流的社会，就如同阿 Q 所想象的那样，“要什么就有什么”，想吃饭了，说一声，饭就来了，而且还是生猛海鲜；需要住宿了，打个招呼，房子就分配到手了，还是有车库有花园的别墅；想结婚了，也打个招呼，漂亮的歌星都现成地在那里等着呢，是要吴妈还是赵司晨的妹子，自己看着挑就行了。

这样的“共产主义”，不仅那些不赞成共产主义的朋友觉得渺茫，就是主张共产主义的朋友们也觉得不大可能。这种“共产主义”，用马克思的话来说，“只不过是私有财产的彻底表现……普遍的和作为权力而形成的忌妒心，是贪财欲所采取的并且只是用另一种方式使自己得到满足的隐蔽形式。任何私有财产，就它本身来说，至少对较富裕的私有财产怀有忌妒心和平

---

①牟宗三，徐复观，张君劢，等．为中国文化敬告世界人士宣言[M]//封祖盛编．当代新儒家．北京：三联书店，1989：41-42．

均主义欲望，这种忌妒心和平均主义欲望甚至构成竞争的本质。粗陋的共产主义不过是这种忌妒心和这种从想象的最低限度出发的平均主义的完成。”[①]他的话有些难懂，按我的理解来说，这种粗陋的共产主义，是由于人们还是在使用那一套以财富的私人占有为最高目标的价值体系，根据这种价值体系来设想共产主义，就把它想成是一个可以任意地满足自己在私有制社会中形成的扭曲的畸形的需要的社会，这种设想与真实的共产主义可以说是牛头不对马嘴，完全是两回事。

马克思反复强调，“私有制使我们变得如此愚蠢而片面，以致一个对象，只有当它为我们拥有的时候，就是说，当它对我们来说作为资本而存在，或者它被我们直接占有，被我们吃、喝、穿、住等等的时候，简言之，在它被我们使用的时候，才是我们的。……一切肉体的和精神的感觉都被这一切感觉的单纯异化即拥有的感觉所代替。”[②]马克思深刻地分析了这种异化。但是人们的思想观念的进化是一个客观历史过程，只能在现有的水平上来思考理解问题，要是人们能轻易地达到马克思的理解水平，那马克思也就不伟大了，所以这样一种粗陋的共产主义仍然控制着人们的头脑并在一定时期中形成气候，苏联的土豆烧牛肉的共产主义，也还是这种粗陋的共产主义，由于先天不足，所以它的垮台也就是命中注定的。

我们现在强调当下即是，则是对上述粗陋的共产主义的扬弃，是一个立足点的转换，把重心从财富的私人占有转移到人的自由全面发展上，从以物为本向以人为本的转换。很多人把对共产主义的理解的重心放在财富的充分涌流与分配上，他们所坚持的价值体系是以财富的私人占有为核心的价值体系。从这种价值体系转换到以人的自由全面发展为核心的价值体系上来，人们便可自觉地为共产主义事业的实现而奋斗，从一个等待着享受共产主义的物质财富的人转变为一个积极投身到新社会的建设的人，这是马上就可以做的，这就是当下即是。价值体系的这种从以物为本到以人为本的转换，就像是天文学上的从地心说到日心说的转换。完成了这种转换，人们才能理解马克思所说的共产主义。

需要强调的是，社会主义制度相比于资本主义制度的优越性并不在于

[①]马克思恩格斯全集：第3卷[M]．北京：人民出版社，2002：295.
[②]同上，303.

它能创造更高的生产力，而在于它有孕育共产主义的能力，所以它才能代表人类的未来。坚持丛林法则的人们竭力地改造社会主义制度，把它窃取为己有以谋取狭隘个人利益；坚持和谐法则的人们则要运用好社会主义制度，使之进一步成长完善。

三、这是一条通向共产主义的现实道路

新的价值体系必须进入人的头脑，渗入人的生命过程，才具有生命力，才能成长发展。某一个人或某几个人完成了价值体系的转换，虽然不能算是实现了共产主义，却有可能影响和推进历史的进程。这个想法完全符合我们中国传统文化的思路，从修身齐家做起，一直推到治国平天下为止。与之稍有不同的是，共产主义不是用职务高低来评价人的价值，不是引导人们都去做大官，而是引导人们去做对社会有益的事，做一个高尚的人，一个纯粹的人，一个有道德的人，一个脱离了低级趣味的人，一个有益于人民的人。这样的人越来越多，就会由量变发展到社会制度的质变，共产主义才是一个可以实现的理想，不再是渺茫的空想。尽管我们现在说不清共产主义社会里的人们怎样过日子，但有一点却可以肯定地说清：共产主义必须由坚持着新价值体系的人组成。

价值体系是社会运行的序参量，制导着社会的运行。如果完成这种转换的人越来越多，形成了气候，使新的价值体系控制了社会运行过程，社会便可向共产主义方向发展，共产主义社会的“序”便日渐呈现出来。反之，如果新的价值体系产生不出来，在社会中占支配地位的还是老一套价值体系，它就会把社会维持在资本主义的“序”上，社会问题会越来越多，不管生产力如何发展，社会都将偏离共产主义方向，渐行渐远。

简而言之，共产主义可以分为两个部分，一是内在的价值体系，一种新的人生目标和行为规则；二是外部的社会环境，包括物质基础和政治制度。这两者之间又存在着有机的联系，前者是“因”，后者是“果”。必须首先有了“因”，才能得到“果”。共产主义的经济基础和政治制度不可能当下即是，但选择共产主义的价值体系却可以当下即是。在价值体系上来一个转换，人们便可从私有制价值体系的束缚下解放出来，获得了新的生命。相信共产主义的历史必然性即意味着以身相许，把自己投入到这个事

业中去，使自己的生命具有了崇高的价值，获得更充分自由的发展。一个坚持共产主义价值体系的人在追求自身的自由全面发展的同时，会影响他人，主动地形成和改造自己的环境，推进历史进步。这也就是《中庸》所说的，“唯天下至诚，为能尽其性；能尽其性，则能尽人之性；能尽人之性，则能尽物之性；能尽物之性，则可以赞天地之化育；可以赞天地之化育，则可以与天地参矣”。这样的人，不管生活在什么时代，也不管其物质生活是优裕还是匮乏，都是一个大写的人。

在这样的人组成的社会中，才能形成一种良好的社会组织模式。共产主义无非就是一种科学合理的社会管理模式，没有什么高不可及的。人类自从出现以来，一直是面临各种困难挑战，应对得好了，就进步发展，应对得不好，就要毁灭完蛋。到了共产主义社会，照样也还要面临各种挑战，比如说各种自然灾害，它们不会因为我们建立了共产主义社会，就不再找人类的麻烦，它们不会特别地照顾共产主义社会的人，该来的时候谁也挡不住。共产主义与以前的社会的区别就在于，它能把人们团结起来，靠消耗最小的力量，在最无愧于和最适合于人类本性的条件下来应对这些挑战，保护人类文明的延续。

现代人面临很多严峻的挑战，生态恶化、资源短缺、暴力活动猖獗等各种互为因果的新老问题错综复杂地纠结在一起，不论是发达国家还是发展中国家，也不论是何种制度，都受到这些问题的折磨。特别是“9．11”事件所告诉我们的这个道理：现代社会高度复杂而又极其脆弱，要想保持它的正常运转，非常困难，而要想破坏它则极其容易，一小伙恐怖分子略施小技就可以把整个地球搞得鸡犬不宁。面对如此严峻的挑战，目前占支配地位的资本主义制度不可能组织人类正确应对这些挑战，因为它本身就是问题的根源。尽管它为人类文明的进化发挥了作用，现在应该是它寿终正寝的时候了。要打破各种问题所构成的恶性循环，使人类文明延续下去，就只有依靠共产主义制度。共产主义建立在对个人与社会关系的正确理解之上，“它是人和自然界之间、人和人之间的矛盾的真正解决。……它是历史之谜的解答，并且知道自己就是这种解答。”[①]

[①]马克思恩格斯全集：第3卷[M]．北京：人民出版社，2002：297．

历史将逼着人们做出选择：是接受共产主义而继续生存呢，还是坚持资本主义而走向毁灭？我相信人们都不会选择毁灭，所以我认为，我的这个“共产主义当下即是说”是有根据的。

其二

我写的“共产主义当下即是说”引起了朋友们的争论；争论又启发我想到了一点东西，写出来请朋友们再指教。

一、共产主义当下即是说讨论的是共产主义理论与实践的关系

共产主义不是“咕咚”一声从天上掉下来的，它是在人们追求共产主义的实践中创造出来的。有了人们对社会主义价值体系的接受与实践，共产主义的政治经济文化制度才能产生出来。当下即是，说的是我们要想接受社会主义价值体系，也就是一念之间的事，现在就可以做的；当然，这并不就是说，只要人们坐在屋里想一想就可以生活在共产主义现实之中了，就可以要什么就有什么了。比如说，马克思首先具有了社会主义价值体系，列宁后来也具有了社会主义价值体系，再后来又有一位毛泽东，他也具有了社会主义价值体系，他们并没有享受共产主义的物质文明，马克思没用过电灯，列宁没用过电视，毛泽东没打过手机，但这些都不妨碍他们成为一名共产主义者，他们都相信自己所面临的是“最后的斗争”，奋不顾身地投入人类解放事业，推动了历史的进步。尽管我们现在还是社会主义初级阶段，但是，与他们所处的时代相比，我们毕竟离共产主义更近了。他们没把共产主义完全地建设好，这未必不是好事，如果人家把事做完了，这一代人只需要去享受就行了，那也没啥意思。

对于人的发展过程来说，有一个价值体系的进化过程，因为人是未完成的，自然似乎没有把他铸成就将其放到世界中；动物则天生比人更完美，它只需要实现在它之中已经是现成的东西。因而人必须不断地完善自己。上帝创造了亚当之后，对亚当说：“我们已使所有其他的造物服从限定的规律，唯独你完全不受限制。你能挑选并选定去做由你自己的意志所决定的无论是什么样的人。为了你自己的荣誉，你自己应该成为你自己的主人和建筑师。你可能退化成为一只动物，或者把自己提升到最高的上帝的领域。”

人类一直像上帝所设定的那样，向一个更完美的方向进化，同时也积极地创造和改变社会生活方式。共产主义则是这个进化过程的高级阶段，坚持共产主义理想，也就是要突破私有制价值体系的束缚，实践新的价值体系。

正如卡西尔在《人论》中所说的那样："歌德说过：'生活在理想世界，也就是把不可能的东西当作仿佛是可能的东西来对待。'伟大的政治和社会改革家们确实总是不得不把不可能的事当作仿佛是可能的那样来对待。""乌托邦的伟大使命就在于，它为可能性开拓了地盘以反对对当前事实的消极默认……克服了人的自然惰性，并赋予人以一种新的能力，一种善于不断更新人类世界的能力。"[①]

旧的价值体系把人们的眼光束缚在一个狭隘的范围内，使人不能正确合理地行动，从而又进一步维持私有制社会对人们的奴役。与之相应的，新的价值体系也发挥着两种作用，其一是帮助人们更好地看清现实，其次是引导人们更充分地发掘内在的潜力，并为了新的人生需要的实现而建设一个新的社会。共产主义首先是一种理想，但对于相信它的人来说，它是一个真实的存在，于是人们按照它的规则来生活，这样的人越来越多，共产主义就真的出现了。鲁迅说，地上原本没有路，走的人多了，也便成了路。这是一个很简单的道理，我就不用多说了。

二、大家都在为历史进步做"贡献"

有些朋友对我的上述说法不理解，但我却非常理解这种不理解。假如我这么说几句，大家就信以为真了，那共产主义的实现也太容易了。要完成价值体系的转换是需要一些条件的，这使我想起了多年前看过的一本书——《熵：一种新的世界观》，拿过来抄一点给大家看看。

"就个人而言，我们往往是生活中碰了钉子才想要变个样。个人危机，不得不反省的人生痛苦，以及试验完全是陌生的事物时的恐惧，我们都曾有过经历。然而只是在旧的方式不再有用的时刻，我们才会拼命寻找出路。我们会手忙脚乱地探索各种可能性，把我们的神经和感情系统整个地调动起来。我们好不容易找到了一、两条似乎是行之有效的出路，就要紧紧抓住不放，至少要直到危机再次来临。"

[①][德]卡西尔．人论[M]．上海：上海译文出版社，1986：77-78．

“个人的历史与社会的历史没有很大的不同。两种情况下知足而乐都标志空白阶段，而危机则标志创造阶段。”作者接着批判了“闲暇或剩余历史说”，这种说法认为：“只有当人们创造了一定的财富剩余从而有足够的闲暇去思索、试验和调整的时候，人们的态度才会发生重大的改变。”作者分析说：“这个论点乍一听不无道理，却经不起仔细推敲。让我们假定一个狩猎－采集型社会成功地创造了一定的剩余。这就是说他们的环境里贮备着绰绰有余的动物和水果可以满足他们的各种需要。既然如此，他们还有什么必要去放弃他们的生活方式，有什么必要去掘地耕耘，从此过上一种吉凶未卜的生活呢？万事如意之时，谁也不会想去改变他们的生活方式——除非他们疯了。”

“所有的迹象表明，狩猎－采集型社会是出于需要才开始耕作。只是当猎物与可食用的植物日见稀少，新的疆域开发殆尽，进一步的地理扩张越来越困难，生存的危机意味着必须进行新的试验时，人们才开始尝试新的办法。”[①]

这种说法很有意思，它很好地解释了为什么某些朋友对价值体系的转换问题那么反对，那是因为他的生活已经很舒服了，老婆很美丽，住得挺宽绰，如果那里没有比现在更好的房子、更好的女人由他挑，他凭什么要考虑这个问题呢？“除非他们疯了。”即使有人遇到了危机，单个人的价值体系的转换照样无济于事。这是一个需要诸多条件的社会集体行动，历史正在酝酿这些条件。资本主义方式所带来的生态危机、资源短缺、两极分化、普遍的战乱，使人类的生存正面临空前的危机，它将迫使人们做出新的选择——共产主义。并不是在生产力发展到一定的水平之后，大家一块高高兴兴地进入共产主义，而是在面临毁灭的威胁的情况下，人们不得不尝试采用新的制度。人类正面临日益迫近的危机，这也许正是历史转折的机遇。历史是由无数个力的平行四边形组成的合力的结果，大家都在为共产主义的到来做着贡献，所以某些朋友的反对也是贡献，当然是小一点，没有拉登和布什们的“贡献”大。

[①] [美]杰里米·里夫金，特德·霍华德．熵：一种新的世界观[M]．上海：上海译文出版社，1987：56-57.

其三

本文的前两部分是2001年在网上与朋友们闲聊时所写下的。当时我想说明共产主义也不过是一个价值体系的转换，但很费劲，说者很费劲，听者同样费劲。在党中央提出了建设社会主义核心价值体系的目标之后，再来说明这个问题，就变得容易了。有了这个新目标，我们便可进一步清晰地区别两种价值体系：一种是社会主义核心价值体系，它以人为本；另一种则是资本主义价值体系，它以财富的私人占有为核心价值。区分开这两种不同的价值体系，再来解释“共产主义当下即是说”就容易了。

在以财富的私人占有为核心价值的人们看来，共产主义不过是一个可以无限制地满足其私人占有欲望的社会。简单地说，这种共产主义也无非就是阿Q所想象的“要什么就有什么”的社会，它仍然是以财富的私人占有为核心价值，而不是以人的自由全面发展为核心价值，这样的共产主义当然不可能当下即是，将来也不可能出现。许多朋友之所以反对共产主义当下即是说，那是因为他们所坚持的仍然是阿Q的价值体系。

如果我们在价值体系上来一个转换，不再以财富的私人占有为核心价值，而是以人的自由全面发展为核心价值，我们所看到的世界就是另一种样子，它不过是我们生命活动的舞台罢了。“天地设位，圣人成能”（《易经·系辞下传》），一个想要得到自由全面发展的人，不管在什么样的环境中，都可以找到施展其才华的用武之地，都可以有所作为，有所成就，不虚此生。因而只要人们在价值体系上来一个转换，共产主义也就当下即是了。而且，也正是在人们实践这种新价值体系的过程中，共产主义事业才具有了内在动力，才能不断向前推进。

共产主义当下即是说所要解决的就是要为共产主义提供内在的成长动力的大问题。我们可以把共产主义分析为两个组成部分，一部分是活跃在人们内心中的新价值体系，另一部分是实践这种价值体系的过程中所创造出来的外部世界。前者存在于无数共产党人的头脑之中，这个东西激励他们承担历史的重担，激励他们艰苦奋斗，虽九死其犹未悔；在他们的奋斗过程中，那个现实的共产主义才能逐步地呈现出来，包括物质财富的充分涌流，也包括与之相应的一套政治制度、文化意识形态等等。这两种共产主义，前者是内在的本质，后者是外在的形式；前者是灵魂，后者是躯壳；前者是本，后者是末；前者是因，后者是果。

为理解这两者的关系，我们不妨观察一下长城或金字塔，它们都是其时代精神的遗迹，就像沙滩上的贝壳一样，曾经是有生命的，而现在只留下了岁月的流水难以消蚀的坚硬外壳。当时的人们为什么要修建长城和金字塔，又怎样组织完成这样巨大的工程，现在有些人以为那是当时的领导人拍脑袋想出来的主意，通过严酷的暴政逼迫民众把它修起来的。然而，纯粹用挥舞皮鞭的办法来修建长城和金字塔，这任务太艰巨了，我以为当时一定还有一些引导人们投身于这项伟大工程的办法，也就是说，一定存在着一种价值体系是时代精神支撑着这些伟大工程。只是由于年代过于久远，我们无法和当时的人们对话，因而无法了解这些曾经鲜活的生命。

再拿我们现在的情况来说，改革开放政策鼓励人民群众追求“富起来”的目标，这就是当今时代的价值体系，这种价值体系也创造出许多东西，诸如经济的快速增长，成片成片的高楼，琳琅满目的商品；同时也制造出了诸如雾霾、拥堵、干涸的河流、犯罪率居高不下等副产品，不管是正面的还是负面的，也不管我们想要还是不想要，都塞给了我们，它们都是这种价值体系的必然产物，这是一个有机生命的自然而然的表现。

共产主义也是这样，它首先是一种新的价值体系，这是内在的生命，有了这个东西，才有外在的物质、制度、文化的外壳。这个外壳不可能当下即是，它需要有一个成长的历史过程，而这个内在的精神则要取决于我们当下的认识，一旦开悟，人们便可“当下即是”，成为一个高尚的人，一个纯粹的人，一个脱离了低级趣味的人，一个有益于人民的人。如果人们不具有这种价值体系，却又希望着共产主义，那他就是只想要结果而不肯主动为之努力，他所期待的共产主义就必然是一个空中楼阁。

大家都知道“生于忧患，死于安乐”的古训，然而，我们这里需要指出一个问题：这条古训是否灵验也要取决于人们的价值体系。一个不开悟的人，不可能“生于忧患”，艰苦的环境不会激励他奋发图强，只能把他压垮，让他在喋喋不休的抱怨中度过了庸碌的一生。在这种价值体系的水平上，人们只能“死于安乐”，就像古往今来的那些纨绔子弟一样，优裕的环境给他们养成了一身骄奢淫逸的毛病。对于那些有志于追求大道的人来说，

"生于忧患"才真正地有了可能。对于一个有了科学合理的价值体系的人来说，他不会抱怨环境的优劣，在哪里都能自力更生，充分利用环境条件以实现自己。如果遇到的是艰难的环境，则会激发其生命潜能的实现；如果遇到的是优越的环境，则会使他得到更充分自由的发展。能否开悟，这是一个人能否实现其生命价值的关键，一旦人们认识到这个关键，自然就会拥抱和践行健康向上的价值体系，这就是我们所说的"当下即是"。

"共产主义当下即是说"所要解决的其实是一个安身立命的大问题，它把人们的核心价值从物质财富的占有转移到个人的自由全面发展上来，为人们提供了终极关怀。当人们被时代潮流裹胁着向前漂流的时候，不考虑什么是真正值得做的事情，于是就会做出许多蠢事错事，像那些帝国主义反动派和贪官污吏一样，搬起石头往自己脚上砸，害人又害己，到后来很后悔，到最后死不瞑目，觉得这一生被浪费了。人们都说"寸金难买寸光阴"，那么，我们的全部生命都应当用于最有价值的事情，所以就应当自觉坚持社会主义核心价值体系，投身于共产主义事业。

"当下即是"是我们中华文化传统中的精华，即使是在生产力水平很低的古代，也有很多仁人志士认识并实践这种价值体系，撑起了中华文明的大厦；老一辈无产阶级革命家也坚守这种价值体系，在艰难困苦的环境中浴血奋斗，所以才缔造了现在的中华人民共和国。我们现在有了优越的环境条件，更应当继承这一优秀文化传统，使之继续保持生机活力，所以就应当心甘情愿地成为这种新价值体系的载体，把自己的头脑打扫干净，让这种新价值体系住进来，成为自己这具躯壳的主宰，让它把我们的生命带到那个开创历史新境界的伟大事业中去。那最先朝气蓬勃地投入新生活的人，他们的命运是值得羡慕的。

有人不愿意接受新的价值体系，以为是受到了奴役、迫害，其实呢，让自己的头脑里住进丛林法则价值体系，让物欲和情欲控制了生命，那才是真正的奴役、迫害。反正人的躯体就是用来装价值体系的，就像电脑要装软件一样，不装这种软件，就要装那种软件。既然如此，我们何不装上一套最好的软件呢？我所说的"共产主义当下即是说"，其实质也无非就是看见了社会主义核心价值体系这套高级软件，赶紧地拿过来给自己装上。

儒家“大学之道”对党建工作的启示

建设社会主义核心价值体系是我们党执政 60 多年来不懈奋斗、艰辛探索、努力推进马克思主义中国化所取得的新成果，传承和延续了中华民族最深沉的精神追求，汇合了东西方优秀文化的精华，对于个人来说，它为我们展示了人格成长的新境界，是为个人提供终极关怀的安身立命之学；对政治家和各级领导来说，它引导人们把对社会规律的认识深入到价值体系层次，进而找到社会管理的钥匙，为解答现实难题另辟蹊径，同时也为人类打开进入和谐社会的大门。有了这个新目标，我们便可借鉴中国优秀文化传统，特别是儒家的“大学之道”，做好党建工作。

一、共产党的核心功能是建设社会主义核心价值体系

人们在谈论政党的社会功能时，通常会概括出四项功能：

第一，利益表达功能，准确反映老百姓的利益、愿望、诉求。

第二，利益综合功能，对民众的利益进行概括、提炼，变成党的纲领、政策、主张。

第三，政治录用功能，要把那些社会中比较有能力的人吸纳到党的队伍中来。

第四，政治社会化功能，把党的主张宣传到人民群众中去。

但对于共产党来说，我们必须特别强调，它与其他政党有一个根本区别，那就是它还必须承担一项重大的功能，那就是十八大报告所说的：“加强社会主义核心价值体系建设。要深入开展社会主义核心价值体系学习教育，用社会主义核心价值体系引领社会思潮、凝聚社会共识。推进马克思主义中国化、时代化、大众化，坚持不懈地用中国特色社会主义理论体系武装全党、教育人民。”我们把这项工作概括为“价值体系建设功能”，在上面所说的政党的四项功能中，近似于“政治社会化功能”，是对这项功能

的深化，所宣传的并非仅仅是社会政治层面的主张，而是包含了人性进化的目标——把人性引导到向上和自由全面发展的方向。其他政党没有能力承担这项功能，这是共产党所独自达到的领域。正是由于这项功能的行使，把共产党与其他政党区别开来，所以我们应当把这项功能摆在共产党的社会功能的核心位置上，其他三项功能都必须服务于这项功能；只有在正确履行这项功能的过程中，其他三项功能才能得到正确地履行。

共产党人对这项功能的认识也有一个从不自觉到自觉的发展过程。马克思、恩格斯、列宁、毛主席没有明确地提出建设社会主义核心价值体系的目标，但他们都本能地坚持这种价值体系，所以就能够尖锐地批判私有制社会的各种弊端，并提出一套无产阶级革命的理论，用先进的思想武装工人阶级和人民群众，把人民群众组织起来推翻旧制度；并在与各种各样的“左倾”与右倾路线的斗争中，代表着正确路线，因而可以说，这个价值体系就是马克思主义的精髓与核心，共产主义事业发展的过程也就是这个价值体系成长的过程。毛主席在领导中国人民建立了新中国之后，就敏锐地感觉到，建立新制度仅仅是万里长征走完了第一步，真正重要的任务还在后面；那个真正的任务是什么，怎样完成？又经过三十多年改革开放、以经济建设为中心的实践之后，我们党才提出了建设社会主义核心价值体系的目标。最重要的角色通常最后出场，建设社会主义核心价值体系也就是让这种价值体系在社会生活中占据主导地位，这就是共产党人的最重要的目标。必须经过武装夺取政权和发展生产力等一系列前置程序，然后才能着手这项最重要的工作。

认识到这一点，我们就可以进而发现，建设社会主义核心价值体系就是共产党的核心功能，必须切实履行到位。其他政党无须履行这项社会功能，这是共产党的历史使命。共产党的先进性就体现在价值体系的先进性上，共产党人在价值体系的进化过程中必须走在人民群众的前面，除此以外，共产党还必须向人民群众宣传这种价值体系，把它灌输到社会生活过程中去，这才是称职的领导。从共产主义运动的历史来看，在各国共产党中，凡是坚持社会主义核心价值体系的共产党，都推动了理论上的进步和共产主义事业的发展。马克思所开创的科学社会主义理论是一个新的思想体系，其实质在于超越了资本主义价值体系的价值体系，它以新的价值体系为核心、为精髓。列宁坚持向工人阶级灌输这种价值体系，取得了十月革命的伟大胜利，开辟了历史发展的新境界。毛主席也坚持用这种价值体系来武装全党，组织人民群众，所以也取得了推翻“三座大山”、建立新中国的伟大胜利。

从共产主义运动史上的教训来看，凡是共产党不重视价值体系建设的时候，都会造成巨大损失。特别是苏联东欧社会主义政权的大崩溃，其根本原因就在于共产党没有抓好价值体系的建设。从历史的经验中，我们可以提出这样几条堪称规律的结论：

（一）真正的马列主义者必然重视社会主义思想体系，也就是我们现在所说的社会主义核心价值体系，只有积极地培育它、建设它，坚持用它来引导教育党的队伍和人民群众，才能推动共产主义事业的发展。那些不坚持社会主义核心价值体系、崇拜工人运动自发性的政党和派别，无一例外地必然地滑向了修正主义，他们没有能力突破私有制社会的价值体系加在他们心灵上的束缚，在理论上没有能力推动马克思主义的发展，在实践上则无益于社会主义事业的发展，夺取不了政权，即使得到了政权也保持不住。之所以会出现修正主义，其原因就在于那些人只学会了马克思主义的词句，在价值体系仍然停留在私有制价值体系上。

（二）党建工作的核心任务就是建设社会主义核心价值体系。这个新目标刷新了我们对社会主义的认识，它就像太阳系中的太阳一样，涵盖了所有的目标，通过对这个目标的追求，构建和谐社会的各项目标才可以自然而然地得到实现。这便是“纲举目张”，过去我们以阶级斗争为纲，后来又以经济建设为中心，现在我们则已经进步到以人为本。如果要坚持以人为本，我们就不能不把人的自由全面发展作为核心价值，让每个生命都实现最大的价值，都能不虚此生；而要做好这件事情，我们就不能不关注价值体系的建设，培育和践行社会主义核心价值体系。只有从人的价值体系建设入手，我们才能进而把社会生活引上和谐发展的轨道。建设社会主义核心价值体系是提高党的执政能力的基础性工作。

（三）整个共产主义运动就是社会主义核心价值体系萌芽、成长、发展壮大的历史，共产主义社会也就是这种价值体系最终形成稳定的社会意识形态的社会。党组织也无非是完成这一历史使命的手段，同时也只有在认真履行这一改造社会的历史使命的过程中，共产党才能体现其存在的价值，保持自身的存在。等到全社会都自然而然地坚持社会主义核心价值体系的时候，党组织也就完成了自己的历史使命。

总结党建工作的历史经验，我们必须把社会主义核心价值体系建设作为党建工作的核心，并通过党建工作把它融入国民教育、精神文明建设全过程；只有抓住这个根本，我们才有可能找到党建工作科学化乃至提高中华文化软实力的路径。

二、儒学的“大学之道”弥补了马克思主义理论中缺失的环节

在价值体系的建设上，我们经历了一个由不自觉到自觉的发展过程，正走在积极探索的正确方向上，但也必须承认，我们现在还没有进入自由王国。很多共产党人只是对砸烂旧世界有清醒认识，在旧制度的压迫下揭竿而起，在推翻了旧制度后，却不知道还有更重要的工作要做。苏联和中国革命的实践证明，革命运动可以极大地提升人的品格，培养出了大量高尚杰出的人才。但我们必须看到，只有那些天性聪颖、意志坚定的人才能成为这样的人才，还有很多人达不到这种境界，要想通过革命把这些人也提升到这种境界，往往是力不从心，劳而无功。特别是在和平建设环境中，共产党很难保持革命战争时期那样一种昂扬的战斗精神，有相当数量的党员在灵魂深处仍然受制于私有制价值体系，他们并不是真正的共产党人，一旦处于执政地位，便会自然而然地摆上了当官做老爷的谱，如果这样的党员当了领导并在党内占据了主导地位，新建立的社会制度必然要重新进入私有制的运行轨道。

这些年来，党建工作中出现了不少问题，正如习近平总书记在十八届中央政治局常委与中外记者见面时所说的那样：“新形势下，我们党面临着许多严峻挑战，党内存在着许多亟待解决的问题。尤其是一些党员干部中发生的贪污腐败、脱离群众、形式主义、官僚主义等问题，必须下大气力解决。全党必须警醒起来。”之所以会出现这些问题，就是因为党建工作没有深入到价值体系层面，党员培养、干部选拔和党风教育等各项工作不能有效地围绕价值体系的建设开展工作，缺少一套能够系统地提升人性的办法，宣传教育上所提出的各种具体要求不能入脑入心，只是一个软弱无力

的“应该”，没有成为党员干部自觉追求的目标。在这种情况下，在党组织内部就难于形成一个有利于党性锻炼的环境，所以许多活动就只能是做做样子，无法收到实效。作为社会领导者的共产党人自身的价值体系成长不起来，也就难于坚持和传播社会主义核心价值体系，不仅不能主动地领导社会大环境的进步，反而被社会环境所改变。

所谓党性，也无非是充分发展的人性。所谓党性锻炼，其目标也无非是把自己的价值体系提升到社会主义核心价值体系的高度上。反思这些年来的经验教训，我们的党建和社会管理工作之所以没有进入自由王国，其原因就在于缺少了一套提升人的价值体系的办法。社会主义制度不同于以前的各种社会制度，它必须建立在价值体系的新水平上，因而，如何提升人的价值体系水平就成了关系到社会主义制度生死存亡的大事。这其实也是以往的各种宗教以及中国的儒学所要解决的问题，它们的目标都是要提升人性，超越动物式的存在水平；但由于这个问题过于宏大，它们就像盲人摸象的寓言所表示的那样，各自摸到了大象的一个部分，并不能真正地做好这件事情。我们现在要建设中国特色社会主义，开拓马克思主义中国化的新境界，那就必须做好这件事情，所以就需要综合这些理论，看到一个完整的大象，也就是要抓住最核心最关键的因素——建设社会主义核心价值体系，找到一套卓有成效地提升人性的办法。

以前我们总认为物质生产力的发展是第一位的，现在生产力发展起来了，我们才发现，当今人类所面临的难题就在于摆脱私有制生活轨道，而这个生活轨道的形成又取决于人们的价值体系的发展水平。社会的政治经济文化的发展水平支配着各个个体的价值体系，各个个体的价值体系的水平反过来又决定着社会政治经济文化运行过程。社会价值体系与个人价值体系之间有一个互相决定过程，这是一个“超循环”。怎样打破低水平价值体系的“超循环”，建立起高水平价值体系“超循环”，这是把社会运行提升到新轨道的关键。道家的老子对这个问题有深刻的洞察，也提出了一套解决问题的方案，那就是把大道修之于天下，他说：“修之于身，其德乃真；修之于家，其德乃余；修之于乡，其德乃长；修之于国，其德乃丰；修之于天下，其德乃普。”但由于这项工作过于宏大，他无法把它付诸实施，所以就骑上青牛出关了。如果不是关尹子强要他著书，他甚至连《道德经》

也不打算留下来。

共产党人现在所遇到的正是同样的问题。共产党人提出了一套改造旧世界的学说，借助于被压迫阶级求翻身求解放的力量，建立了新的社会制度，在经历了一系列漫长而艰难的探索过程之后，终于发现，社会主义制度必须建立在一个较高的人性发展水平上，所以就需要建设社会主义核心价值体系，打破低水平价值体系的“超循环”，建立起高水平价值体系“超循环”。就像各种宗教都有一套教育信徒保持信念的仪式规章一样，马克思主义也应当发展出一套引导人们提升自身价值体系的程序与方法，但是，到目前为止，共产党人还没有做好这件事情。由于缺少了一套卓有成效地进行自我教育的程序与方法，所以就无法打破旧价值体系的“超循环”过程，理想社会的实现也就缺少了内在的动力而难以为继。苏联东欧社会主义政权的崩溃就是这种缺失的必然结果。在中国共产党人改造旧社会的过程中，开展积极的思想斗争，发展出了一套“团结——批评——团结”、“批评与自我批评”的方法，可惜的是没能坚持下来。要想使党组织保持革命性和先进性，就必须塑造广大党员的完美人格，提升其价值体系，要想坚持走中国特色社会主义道路，就必须解决这个问题。为什么林彪一类如上台搞资本主义很容易呢？其原因就在于他们无须进行价值体系的建设；而要搞社会主义则很难，其原因就在于价值体系的提升是很难解决的难题。

正是在这个问题上，儒家的心性修养之说显示出了重要的价值，弥补了马克思主义理论的不足。孔夫子的伟大之处就在于发现了人生之大道，虽然现实与其理想差距很远，他仍然不放弃努力，知其不可而为之，先是周游列国以寻找施展政治抱负的机会，四处碰壁之后，回到家中著书立说，他不仅论述了道德在社会生活中的重要性，而且还创立了一套提高道德修养的办法。他的理论经过儒家后学们的不断发展，形成了一套极高明而道中庸的心性修养之说，并且与社会政治过程有机地结合在一起。这一点最集中地体现在《大学》所说的“大学之道”上，从“格物致知”做起，通过对自身价值体系的反思，达到对大道的认识，并进而“诚其意”，排除外部环境的影响，真正地把大道确立为自己的核心价值，“修身、齐家、治国、平天下”，自觉承担起对国家民族的责任。

为了清晰地表示“大学之道”，我们可以画一个坐标图：

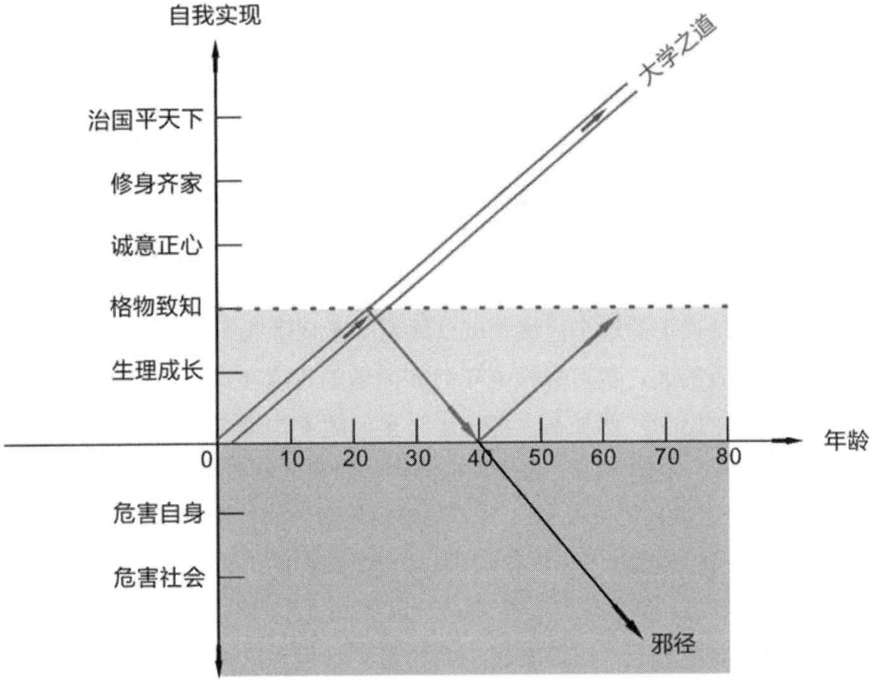

在这个坐标图中，X轴表示人的年龄，Y轴的上方表示人们“格物致知”的过程和对社会作出奉献的大小，下方则表示人们对社会的危害的大小。人们出生以后，便开始了一个成长的过程，首先是生理上的成长，然后还有一个精神成长过程，在“格物致知”这个环节，有一条无形的虚线，有的人突破了这个“格物致知线”，便可继续向上，进入一个新阶段，把个人利益与社会集体利益有机统一起来，从而自然而然地实现个人自由天性的充分发挥，同时也自然而然地促进社会的进步。这样的生命轨迹便是“大学之道”，我们用两条平行线来表示。

如果人们突不破“格物致知线”，就不知道生命还有一个向上的方向，他只关注自身的基本需要，就会转而向堕落的方向发展，所以就需要受到道德与法律的约束。于是在“格物致知线”与X轴之间存在着一个混沌的区间，处在这个区间里的人们，正如弗罗伊德的心理学所揭示的那样，既有向上成长的本能，也有向下堕落的倾向。在两种倾向的冲突中，有的人能够作出正确的选择，转而向上，再次向“格物致知线”冲击，进入“大学之道”；有的人则进一步向下突破道德与法律的底线，进入邪径，就像孔夫子所批评的原壤一样，“幼而不孙弟，长而无述焉，老而不死，是为贼”。沿着这个轨道前行，人们既损害社会整体利益，也危害了自身利益。如果一个社会集体选择了向下堕落的方向，就会出现马克思所说的异化现象，其最终结局是走向自我毁灭。

我们可以把这个图分为三个区域：

1. 格物致知线以上的这个区域，可以称为“光明区”；

2. 格物致知线与年龄轴中间的这个区域，可以称为“混沌区”；

3. 年龄轴以下的这个区域，可以称为“黑暗区”。

我们所有的人，都可以根据年龄和闻道的程度在这上面找到自己的坐标点。人们一出生，就处在“混沌区”里，随着生理上的发育，智力也成长起来，到了一定的年龄，人们就应当向上突破“格物致知线”，闻道而进入“光明区”，进入“天高任鸟飞，海阔凭鱼跃”的自由王国；在这个区域里，人们就可以成为“一个高尚的人，一个纯粹的人，一个有道德的人，一个脱离了低级趣味的人，一个有益于人民的人”，这样的人自然就可以最充分地实现自身潜能，进而实现生命的最大价值。这样一条人生道路，就是人的天命，人的本性，所以《中庸》说“天命之谓性”；遵循这一天命的本性而生活成长的过程就是遵循大道，此即“率性之谓道”。

这个率性的过程并不是一个自然而然的过程，人们对自己的天性有一个认识过程，人必须努力修养自己，突破“格物致知线”，努力践行大道，从而使大道成为自己的主宰，或者换句话来说，人必须提升自己的价值体系，使之与大道相吻合，既不偏离也不改变，此即所谓“中庸”，也即是“修道之谓教”。所谓建设社会主义核心价值体系，也就是突破“格物致知线”进入“光明区”。当然，突破“格物致知线”之后，也并非就可以一劳永逸，还必须继续努力，突破“诚意正心”这个环节，继续往上走。很多贪官也突破了“格物致知线”，道理也能讲得很好，但就是因为没有达到“诚意正心”的环节，所以就经受不住考验，重重地摔了下来，进入了“黑暗区”。

如果人们完全被低层次欲望控制着，被私有制文化环境控制着，就无法突破“格物致知线”，就会一直陷在混沌区里，在个体与社会、欲望与道德、善与恶等一系列两极对立的冲突中痛苦地挣扎；如果欲望战胜了理性，就会逐步突破道德底线、法律底线，就会成为贪官或其他各种类型的罪犯，堕入“黑暗区”，既伤害了自己也危害了社会。在一个社会集体中，当处于“黑暗区”的人越来越多的时候，这个社会集体就必然要趋向于衰败和自我毁灭。在这样的集体中，就算是有人想要构建和谐社会，也回天无力、徒唤奈何。要想避免堕入这种局面，执政者就必须高度重视价值体系的建设工作，把民众引上“大学之道”，引导人民群众突破“格物致知线”进入“光明区”。当进入“光明区”的中国人越来越多的时候，我们的社会就会自然而然地趋向于和谐，中华文明的伟大复兴就是一件自然而然的事情了。

儒家的“大学之道”是一个真正革命的理论，不仅为我们的生命提供了终极关怀，也为社会进步提供了永不衰竭的内在动力。我们可以断言，要搞社会主义就必须踏上“大学之道”，如果人们忽略或者背离了“大学之道”，所搞出来的社会主义只能是似是而非的社会主义，迟早要现出原形，就像在苏联已经出现的那样。

对于党建工作来说，我们要想管好党员干部队伍，归根到底还是要引导广大党员干部走上“大学之道”，使自己的价值体系与“大学之道”吻合起来，始终保持在这条大道上，莫失莫忘，不离不弃，将其作为一种正常的生活方式。这种状态就是《中庸》所说的“中庸”，吻合得好的便是“诚”，吻合得最好的便是“至诚”。“中庸”在实际上是一种非常积极、非常高调的生活方式，根本没有人们通常所理解的那种“调和折中”的意思，更与“平庸、妥协、保守、不求上进”不沾边。对“中庸之道”的坚守和对“至诚”的追求是人性成长的内在动力，也是社会趋向和谐稳定的内在动力。唯有通过对“至诚”的追求，才能把人们从动物的存在水平提升到人的存在水平上，从地区的国家的存在水平提升到全人类的存在水平上，使人们成为真正的共产党人。唯有通过对“至诚”的追求，共产党人才能超越环境的约束，成长得更为充分，进而带动社会价值体系的进步，大道才能具有自我实现的可能。太阳底下没有新东西，只有人们心中对“至诚”的追求，才能给社会生活带来积极的变化，不管是中华民族的繁荣富强还是和谐世界的建设，其起点都只能是人们对“至诚”的追求。

虽然人在宇宙中极其渺小，却是万物之灵，能够“制天命而用之”，充分发挥自身的主动性、创造性，辅万物之自然，自觉推进大自然与人类社会的进化，此即所谓“人定胜天”，这是儒家学说中的精华。当然，我们也要看到，儒家学说在改造私有制文化的长期努力中，反过来也受影响、被改造，甚至成为封建统治阶级用来维护统治的工具，也有那么一些“腐儒”、“拘儒”，把儒家学说作为混饭吃的工具，但是，儒学的“大学之道”却具有顽强的生命力，因为它所关怀的是我们生命中最深层的渴望，它不可能被完全扼杀，所以，儒学就能够一次又一次地从堕落的环境中重新挺立起来，为中华文明带来新的生机。我们共产党人现在所要做的也无非是继续坚持儒学所确立的伟大目标，并最终实现这个目标。

三、要把社会主义核心价值体系“修之于国”，首先要把它“修之于党”

中国特色社会主义理想，归根到底要建立在每个中国人对自身人格完美的追求之上，所以就“要深入开展社会主义核心价值体系学习教育，用社会主义核心价值体系引领社会思潮、凝聚社会共识。推进马克思主义中国化、时代化、大众化，坚持不懈用中国特色社会主义理论体系武装全党、教育人民。”（《十八大报告》）这其实也就是中国古人所说的“闻道”。

正如习近平总书记所说的那样，“中国特色社会主义植根于中华文化沃土、反映中国人民意愿、适应中国和时代发展进步要求，有着深厚历史渊源和广泛现实基础”，我们要进行价值体系建设，就可以而且有必要借助于儒学的那一套自我修养的理论，走上《大学》所说的“大学之道”，从“格物致知”开始，经过“诚意、正心”这两个环节，然后才能把大道“修之于身”，然后再逐步扩展开来，“齐家、治国、平天下”。特别要强调的是“诚意”这个环节，这里所说的“诚”，并不是通常所说的“诚实守信”的意思，而是把自己的价值体系与“大学之道”吻合起来，全身心地投入其中，不是出于某种责任与义务的要求，而是把它当成自己的事情来做，不敢稍有偏离。这种对“大学之道”的信仰与忠诚，类似于西方宗教中的“皈依”与“虔诚”，也就是全身心地投入到对大道的追求中去。不同之处在于，我们所信仰与忠诚的是人类自己的天命，而不是在人类之上的神或上帝。沿着这个方向一直坚持下去，我们所想要弘扬的那些精神、所想要倡导的那些价值观才有可能成长起来。如果能够唤醒全体党员对大道的“忠诚”，我们自然就有可能在党组织乃至整个社会组织中形成一种保持健康、抵制堕落的机制，使新的价值体系渗透到日常生活之中，从而使我们逐步远离和摆脱两极分化、社会动荡以及各种社会丑恶现象，把社会运行稳定在社会主义轨道上。正如列宁所说的那样："只有那些已经深入文化、深入日常生活和成为习惯的东西，才能算作已达到的成就。"[①]

因而，在"大学之道"中的"修身、齐家、治国、平天下"这几个环节中，还应当加上"党建"这个环节，也就是要把大道"修之于党"。党组织就应当是培育和践行社会主义核心价值观的政党，通过党组织的培育锻炼，使广大党员成为自觉坚持社会主义核心价值体系的新人，并通过广大党员的言传身教和党组织的培育宣传，把新的价值体系进一步普及到人民群众中去。中国人的"大学之道"讲了两千多年，一直没有得到很好的落实，其原因之一就是缺少了这个环节，而今我们把这个环节补上了，自然也就使"大学之道"的落实真正地具有了可能。从这个意义上，我们可以说，正是共产党人继承了儒家学说的伟大传统，是自尧舜禹汤、文武周公、老子孔孟一脉传承下来的中华道统的继承人。共产党人必须深刻认识这一历史责任，把"大学之道"应用于党建工作，把党组织真正建设成培养闻道者的组织，只有这样，才能真正地提高党建工作的科学化水平。

要做好这项工作，必须强调身教重于言教。党员干部队伍的作风建设必然会带动社会风气，"尧舜帅天下以仁，而民从之"，这种正面的领导利国利民；"桀纣帅天下以暴，而民从之"，这虽然也是领导，却是从反面进行领导，其结果是祸国殃民。这里隐伏着会引起正向或负向转化以及此后一系列连锁反应的苗头，这就是所谓"一言偾事，一人定国"。整个党员干部队伍，特别是领导干部，都要从修身齐家做起，要在家中做到孝悌慈爱，这是做人的底线，如果做不到，就不是合格党员，就不能担任领导干部。

搞好身教的关键是党员干部队伍要"诚其意"，先要格物致知，诚意正心，对自己的价值体系进行审视，真心诚意地把自己的价值体系提升到社会主义核心价值体系的高度。如果党员领导干部言行不一，说的是全心全意为人民服务，做的却是全心全意为小家庭谋利，说的是坚持共产主义理想，做的却是私有化的改革，时间一久，就会丧失公信力。孔子说："下之事上也，不从其所令，从其所行。上好是物，下必有甚者矣。"（《礼记·缁

[①]列宁．列宁选集：第 4 卷[M]．北京：人民出版社，1995：785．

衣》）作为党员领导干部，必须“有诸己而后求诸人”，这就是说，首先要自己做到了，然后再去要求他人做到；“无诸己而后非诸人”，自己先管好自己不去做了，然后再要求别人不去做。这就是儒家所大力倡导的“恕道”，同时也是在培育社会主义核心价值体系的过程中所必须遵守的法则。只有遵道而行，才能给社会生活带来实质性的进步。那些率先闻道的人——真正的共产党员，自然而然地就会在价值体系的进化过程中走在前面，从而赢得人民群众的信任与服从。

由于共产党必须坚持社会主义核心价值体系，而这个价值体系也无非就是《大学》所说的“大学之道”，所以我们认为，共产党应当是由闻道者所领导并用于培养闻道者的组织，党建工作的目标也就是引导全体党员真诚地拥抱这种价值体系，把自己的价值体系提升到与这种价值体系相吻合相一致的高度，不能口是心非。所有的党员，特别是当领导的党员，必须时时刻刻地清醒自觉地坚持社会主义核心价值体系，必须对自己的价值体系保持警惕，不能稀里糊涂地跟着感觉走，这是关系着党和国家前途命运的关键，在这个问题上差之毫厘，便会谬以千里，就像戈尔巴乔夫那样被永远地钉在历史的耻辱柱上。正如《大学》所说，“有国者不可以不慎，辟则为天下僇矣”，其意思是说，在这个关键问题上，管理国家的人不可以不谨慎，稍有偏差，就会被天下人推翻。

四、共产党人必须在价值体系上始终走在前列，才能永远保持先进性

人民的利益，归根到底要靠一套科学合理的价值体系来保障。哪个政党能够把大道“修之于党”，它就能够代表人民的利益，就具有了掌权执政的依据。现在看来，这个建设先进价值体系的工作只能由共产党人来做，这是共产党人的历史使命。当今世界政治的现实证明，那些不懂如何坚守大道的政党一旦执政掌权，只能是沐猴而冠，必然要导致灾难。

只有那种能够真心诚意地为人民谋幸福的政党，才能提出建设社会主义核心价值体系的目标。正如《大学》所说的那样：“心诚求之，虽不中不远矣。未有学养子而后嫁者也。”现在回头来看，中国共产党刚建立的时候不过十几个人，但那却是人类精神进化的一个关键环节，寻求救国救民真理的热血青年们必然要走到一起，共同奋斗，他们的行囊中并没有现成的

救国救民的方案计划，更不知道将来要建设社会主义核心价值体系，只不过是在面对人民群众所面临的现实难题和危险的时候，感同身受，寻求解决办法，心诚求之，自然就能找到正确答案。集合在党组织中的人们的闻道开悟的水平也有高低不同，大浪淘沙，有人落伍，有人变节，但也还有越来越多的人参加到党的队伍中来，不断地发展壮大，所以就在经历了无数曲折探索的过程之后，找到中国革命的正确道路，推翻了三座大山，先让中国人民站立起来，然后才能发展经济、改革开放，步步深入地推进中华民族的复兴进程，最终提出建设社会主义核心价值体系的目标，这是中华复兴过程中的画龙点睛的关键环节。

总结历史，我们可以得出这个认识，共产党是坚持社会主义核心价值体系的政党，应当是由在价值体系的进化过程中走在前列的人组成的政党。能够提出并坚持新的完善的价值体系，这是共产党区别于其他政党的本质特征，也是共产党人始终走在时代前列、永葆先进性、永远立于不败之地的力量之源。

因而，共产党人并不是因为有了共产党员的称号就天然地具有了执政权力，而是必须真正地把社会主义核心价值体系修之于身，始终保持共产党人的政治本色，成为名副其实的共产党人。只有真正地把社会主义核心价值体系"修之于党"，共产党人才能切实履行好领导社会进步的历史使命，把整个社会都引上"大学之道"；同时也只有做好了这件事情，党组织才能为自身坚持社会主义核心价值体系创造有利的环境，摆脱腐败现象的纠缠，保持先进性和纯洁性，全面提高党的建设科学化水平。党的自身建设并非是孤立地在党内进行，而是必须在积极履行领导社会进步的职能的过程中不断加强和完善。共产党必须旗帜鲜明地坚持社会主义核心价值体系，在这个问题上不能韬光养晦。如果党员干部队伍淡化了理想信念，不能坚守新的价值体系，也就失去了往社会生活中灌输新价值体系的能力，党的领导就会演变为一个徒有其表、似是而非的空壳；共产党也就失去了推动社会主义事业进一步前进的锐气和朝气，腐败现象就会成为一个挥之不去的阴影，牢牢地纠缠着党组织；这种情况如果持续下去，共产党执政地位的丧失也就是一件自然而必然的事情了。

率先闻道的人必须承担一项责任，照顾、看护、引导、帮助那些未闻道的人。在生活中，对整洁、文明的要求高的人，往往要付出更多的劳动，看见不整齐、不清洁的地方，他就要动手把它摆放整齐、打扫干净；那些对整洁、文明的要求不高的人则可以不管不问，安享他人的劳动成果。对于社会秩序来说，也是同样道理，那些对社会秩序要求不高的人，不知和谐之可贵，所以就可以随心所欲。比如某些改革派，本来是他们所主张的市场化取向的改革导致了现有的很多问题，诸如腐败现象、两极分化、道德滑坡，但他们却不反思自己当年的改革主张，而是贼喊捉贼地批评这些问题，把自己撇得干干净净，继续用他们那一套改革主张忽悠民众；另有一些人则怀揣绿卡，时刻准备拍屁股走人，跳船逃生，并且还称之为什么“自由、民主、人权”。而对于追求和谐社会的闻道者来说，就没有这种逃避责任的“自由、民主、人权”，所以就要率先垂范，就要忍辱负重，这是其无法逃避的命运。

由于闻道是一项社会整体的进步事业，共产党人不可能单独地闻道，因而就需要“亲民”，保持与人民群众的密切联系，吃苦在前，享受在后，与人民群众同呼吸，共命运。在关心人民群众的基本生活需要的同时，还要做好教育工作，领导他们走上“大学之道”。共产党人首先要创造出那样一种经济政治制度和社会舆论环境，潜移默化地把新的价值体系灌输到人民群众的头脑中，让人们蓬生麻中，不扶自直。另外，由于闻道只能靠每个人自己来完成，别人无法包办代替，也不能靠权势压服，所以，共产党人除率先垂范、为人民群众创造闻道的条件之外，还必须具有耐心与宽容。

现在，中华文明和人类文明又一次面临危机，这是儒学再一次焕发生机的机遇。由于彻底消灭私有制是一个社会政治过程，所以儒学要想实现“大学之道”的理想，就必须与共产主义事业结合起来；共产党人要想抵制私有制文化环境的腐蚀，也必须借鉴儒学的心性之学。由于两者之间所具有的这种内在的亲和力，那些真正的闻道者就可以把两者有机地结合起来，在当前这种危机重重的困境之中，为中华文明开辟一条生路，同时也为整个人类文明开辟一条生路。

把个人的闻道过程与共产主义运动有机结合起来

党中央提出了建设社会主义核心价值体系的目标，是一个伟大的理论创新，拓展了我们的视野，建立了一个宏大的理论参照系。站在这一伟大创新的基础上，我们便可看到，整个历史也无非是人类价值体系进化的过程，也就是原来没有认识到的需要上升到人的意识层面的过程。它不仅为解答现实难题指明了方向，也为个体生命打开一道通向更高境界的大门，这个境界实际上就是中国古人所孜孜以求的闻道。同时也正因为它为个体生命打开了通向更高人生境界的大门，在人们追求人的自由全面发展的过程中，共产主义运动自然也就具有了生机与活力。

一、所谓价值体系的进化就是人类对自身价值体系的认识过程

提出建设社会主义核心价值体系的目标，其中暗含着一个重大的理论突破，那就是肯定了价值体系在社会生活过程中的重要作用，这是对原有的思维与存在关系的哲学范式的突破。有了这个突破，我们才能进一步发现，整个历史也无非是人类价值体系的进化过程而已，这个进化过程就是历史发展的内在动力。所谓建设社会主义核心价值体系，也无非就认识那本来就存在于人们身上的价值体系，并自觉地推动这个价值体系的进化过程，追求那最高的价值，从而实现生命的最大价值。

对终极价值的追求是一个漫长的历史过程。按照马斯洛的需要层次理论，人类的需要可以分为五个层次，在不同的时期表现出来的各层次需要的迫切程度是不同的。人的最迫切的需要才是激励人行动的主要原因和动力，在价值体系的进化过程中，人们先从低层级的价值开始，先认识到低层级的价值，把它作为核心价值来追求，由于这种价值实际上并不是核心

价值，在其背后还有更重要的价值，所以当人们以它为核心价值的时候，就不能保证社会生活的稳定和谐，就会产生矛盾。

比如说对私人财富的追求，带来了高度发达的物质文明，同时也带来了两极分化。这实际上是坚持自由民主价值观的人们所真正喜欢的核心价值，在一开始只有少数人追求这个目标的时候，它对社会的危害就不严重，当人们都追求这个目标的时候，其危害就要显示出来了。这便是老子所说的："天下皆知美之为美，斯恶已。"再比如说，我们曾经把 GDP 作为核心价值，现在也仍然还是这样，这个标准也不是终极的价值。接受了这个价值，也就是接受了西方人的价值体系，也就自居劣势。GDP 就像特洛伊木马一样，肚子里藏着资本主义价值体系，把它作为核心价值，就必然会出现腐败现象、两极分化、生态环境的恶化、社会政治过程的恶化。

人们的价值体系是否完善，关键要看他把什么作为核心价值。比如说美国人认为自己依然代表着全世界民众向往的普世理想——自由和民主，这是不是普世价值呢？我们认为它是，但在人类价值体系中，它不是终极的核心的价值，在它之上，还有更重要的价值，它同样也是普世价值。只注意到了自由和民主，把它作为终极的核心价值，而忽略了更为重要的价值，那就必然会导致灾难。被忽略的通常是最重要的。

低层次的需要基本得到满足以后，它的激励作用就会降低，它所导致的问题使其核心地位无法保持下去，通过对它所带来的这些问题的分析，高层次的需要就显露出来。于是人们就要在价值体系上进一步前进，以高层级目标为核心价值，比如我们现在就意识到了以人为本、科学发展与和谐社会的目标。这样一个由低级目标上升到高级目标的认识和实践过程是一个必然要经历的过程，每一个层级的目标都要作为核心价值来追求，通过这个过程把人类的潜力发挥出来，同时也把这个目标所带来的弊端展示出来，人类才能进而认识到高一个层级的目标。

人们对自身价值体系的认识过程就是历史进步的内在动力，这个过程不断地延伸，最终达到社会主义核心价值体系的高度。哲学史，或者说人类精神成长史，即是发现社会主义核心价值体系的历程。与这个精神成长过程相应的，社会经济经济基础和上层建筑也经历了一个成长过程，最终稳定在共产主义历史阶段。

认识到这一点，我们便可发现，个人的闻道过程与共产主义运动本来就是一个有机统一的整体。人们之所以把两者分裂开来，只是由于自身的价值体系还没有达到社会主义核心价值体系的高度。我们所能做的，也无非提升自己的价值体系，一旦达到社会主义核心价值体系的高度，便可自然而然地发现两者之间的有机联系。

二、建设社会主义核心价值体系也就是中国古人所追求的闻道

从老子撰写《道德经》开始，中国人就开始追求闻道这个目标了，直到我们现在提出建设社会主义核心价值体系的目标，这是一个漫长的过程。两千多年来，我们对大道的理解经历了一个从混沌到清晰、从抽象到具体、从浮浅到深入的过程，在老子那里，大道是一个浑沌的表象，“有物混成，先天地生。寂兮寥兮，独立不改，周行而不殆，可以为天下母。吾不知其名，字之曰道，强为之名曰大”（《道德经》第二十五章）；程朱理学深化了对大道的认识，把它理解为“天理”；王阳明按照朱熹介绍的“格物”方法去寻找“天理”，经历了艰难的求索过程，最终把寻找“天理”的方向转到人的内心里来，把它归结为人所本来具有的“良知”。从老子孔子最初所说的“道”演变到程朱理学的“天理”，再演变到王阳明的“良知”，就像铁块经过反复锻打而去除杂质一样，中国人对大道的认识越来越精确，越来越接近于我们现在所说的社会主义核心价值体系。

只有与大道亲如一家的人才能真正地讲出大道。只有在闻道勤行的过程中，人们才能真正地与大道亲如一家。而要想达到这种程度，首先就需要有一个个体修行的过程，在个体的修行过程之上，还必须有一个社会历史过程。一个坚守大道的人要想实现自身的闻道开悟，就必然要致力于人类集体的闻道开悟，正因为如此，也就需要有一个共产主义运动。真正的闻道者必然要投身于共产主义运动，真正的马列主义者也必然要致力于社会主义核心价值体系的实践，这也就是《共产党宣言》所说的“同传统的观念实行最彻底的决裂”。

建设社会主义核心价值体系，除了要克服以物质财富的私人占有为核心的价值体系以外，还要克服许多与这种价值体系相伴随的缺陷，诸如盛气凌人、猜忌、骄傲等等。因而即使是闻道了，也只是人生的新起点，之

后还有大量的事情要做，还有许多需要注意的事项：有诸己而后求诸人，无诸己而后非诸人，要克服片面性，教条主义，善与人同，自力更生，培养出和谐社会的行为特征。

马列主义是开悟闻道之学，只有开悟闻道的人才是真正的共产党人。没有开悟闻道的人也会投身社会主义革命，也会加入共产党，但他们的目标并不是消灭这种把人分化为剥夺者与被剥夺者的社会关系，而不过是剥夺原来的剥夺者，把剥夺者与被剥夺者互换位置。虽然同是闹革命，人们的价值体系并不一致。因为需要团结一致以消灭敌人，所以这种不一致在夺取政权之前并不明显，而在夺取政权之后，这种不一致就开始暴露出来了。那些仍然被私有制价值体系控制着的人并不是真正的共产党人，他们仍然被资本主义价值体系控制着，在他们看来，物质财富的直接占有仍然是生活的唯一目的。这种人执政掌权就会自然而然地成为贪官污吏，在追求物质财富的同时把资本主义制度重新建立起来。当这种人在共产党内占据了主导地位之后，社会主义运动就必然要日渐式微，最终冰消瓦解，苏联东欧的社会主义政权的崩溃，其原因就在这里。共产党人要想摆脱这种宿命，就必须有一个价值体系的转变，必须开悟闻道，把立场真正地转移到马克思主义上来。

总结苏联东欧社会主义政权垮台的历史教训，我们便可深刻认识中国文化传统中的开悟闻道对于社会主义事业的重要性，进而认识到中国优秀文化传统与马克思主义的互补性。真正的共产主义者必然是闻道者，但在现实中，搞国学研究的人不懂社会主义，回避社会主义，甚至反对共产党的领导；坚持社会主义的人则不懂国学，回避国学，妄评国学，甚至大骂国学。双方都自以为是，却又都处于片面性之中。只有共产主义运动而没有内在修养的提升，社会主义事业就必然会因为失去内在动力而停滞、瓦解；只讲个性修养而没有社会主义革命，道德修养也会因为缺少适宜的社会环境而难以为继、步履维艰。处在这种片面性之中，双方都找不到解决现实难题的正确方案。一旦人们在价值体系上真正地成长到社会主义核心价值体系的高度，自然就可以克服片面性，把个人的闻道过程与共产主义运动有机地结合起来，就可以使两者都摆脱片面性，相得益彰，相辅相成，从而找到历史之谜的最终解答，开辟中国特色社会主义事业发展的新境界。

三、价值体系的新突破总是先在少数先进分子的头脑里产生，然后逐步蔓延开来

对大道的求索是少数人的事业。在此过程中，新的目标刚开始时不被大家接受，这是一个经常发生的历史现象。伟大的开拓者孤独地上下求索，急切地要把自己的新发现传达给自己的同胞，但无一例外地面对着误解、嘲笑，甚至受到强大的外部压力，所以他们的生命过程都是一场悲剧。当他们的思想被世人接受之后，又走上被绝对化的另一个极端，形成新的教条，于是又等待着新的探索者重新开始同样的过程。

在中华民族两千多年历史中，热衷于讨论大道的人很多，但真正把它付诸生活实践的人却很少，在生活实践领域里占主导地位的始终是小道。大多数人仍然站在本原论范式的基础上，关于大道是世界本原的问题，他们有大量的玄而又玄的讨论，却没有认识到大道在人们的认识过程中的作用，当然也就更没有认识到大道在实践中的作用。他们满足于对大道的虚浮的了解，盲目地赞颂一番，神乎其神的分析一番，然后就无事可做了。这就是荀子所批评的那种“口耳之学”，不是身体力行之学，他们始终站在大道之外。

由于上述原因，孔夫子虽然在死后得到了很高的荣誉，但同时也背负了几千年的骂名，因为真正能够理解并坚持其价值体系的人是很少的。在共产主义运动中，马克思也面临着同样的情况，“正像马克思关于七十年代末的法国‘马克思主义者’所曾经说过的，‘我只知道我自己不是马克思主义者’。”[①]要打破这种情况，人们就需要把自己的价值体系提升到马克思的水平上，只有达到了这个水平，才能算是掌握了精髓，才能正确认识和解决现实问题，寻找到实现共产主义理想的新的路线、策略，新的目标。达到了这个水平之后，他又开始面对着其他人的不理解。

人们都有一个价值体系，都以自己所达到的价值体系高度作为价值体系的最高点，对于超过了这个高度的其他人，他们就视而不见。如果回避不了，那就要采用一种方法把那个人拉回到自己的高度上，以维持自己的

[①]马克思恩格斯选集：第4卷[M]. 北京：人民出版社，1995：691.

自尊心。这也是心理学上的一种需要——自尊的需要。所以阿 Q 就有一个精神胜利法，小人物会这样自我欺骗，大人物也不能幸免。所以在共产党内也经常地存在着路线斗争，正确的路线也需要经过实践的检验，才能得到大家的认可。例如毛主席的遭遇就是这样，周总理作为亲历者，体会就非常深刻，他曾这样说：

“在十年内战的时候就是如此。我们主张打大城市，毛主席认为我们的力量小，不应该打大城市，应该集中力量建设根据地。但是毛主席的意见大多数不赞成，大家要打，他也只好跟着打。结果打败了，毛主席赶快在会议上提出：打败了证明这个办法不行，换一换吧！大家还不接受，他只好再等待，又跟着大家走。像刚才说的万里长征，就因为在江西打败了，硬拼消耗，拼到最后挡不住了，不得不退出江西。在长征路上，毛主席又提出了他的正确意见，在遵义会议上纠正了错误路线，带着红军爬雪山、过草地，冲出了危险的局面，到达了陕北。最后证明毛主席的主张是对的，多数是错的。这都说明，正确的意见不为大家所接受的时候，怎么办？就要等待，就要说服。大多数人通过的决定，组织上还要服从。当着群众被蒙蔽的时候，不容易接受真理，等他们慢慢地觉悟起来以后，就会拥护正确的意见。所以正确的意见常常是要经过许多等待、迂回才能取得胜利，为大家所接受。当然这个等待过程是痛苦的。假使那时党的领导机关很早就接受了毛主席的正确意见，革命就不会受那么大的损失，我们的力量就会更加壮大。但是我们这个落后的中国社会，反映到党内，反映到革命团体里，正确的意见常常不容易被大家立刻认识。这样就要等待、说服，就要经过痛苦的过程。”①

这种思想认识上的先进与落后的斗争是人类历史过程中普遍现象，不管是先进的认识，还是落后的认识，都有可能形成时代潮流，进而左右历史进程，历史发展过程也就是这种斗争的结果。不仅是先进人物对历史进程发挥了作用，落后人物也对历史进程发挥了作用。不仅是杰出人物影响着历史，普通人也同样影响着历史。

在当前的社会现实中，我们既取得了很多让全世界为之赞叹的辉煌成

①周恩来. 学习毛泽东(一九四九年五月七日)[DB/OL]. 铁血网 http://bbs.tiexue.net/post2_2625071_1.html.

就，也发展出了很多让全世界侧目的严重问题。与之相对应的，在中国人的精神世界中，也同样存在着巨大的两极分化，既有让全世界景仰的美德，也有令全世界惊奇的邪恶。一方面是我们真正地高举着以人为本的旗帜，这在抗震救灾中得到了充分的表现；另一方面，在经历 30 年的经济高速发展后，物质利益最大化成为许多国人的核心价值。回顾一下那些唯利是图者的历史，从工业酒精兑酒到注水猪、瘦肉精，从苏丹红到地沟油，从大头奶粉到三聚氰氨……某些人的良心已堕落到连婴儿都不放过了，这其实也还只是冰山的一角。

这就是我们的现状，成就与问题并存，美德与邪恶共生。早在改革开放之初，老一辈政治家就高瞻远瞩地提出要兼顾物质文明建设和精神文明建设。但今天我们所看到的是：物质文明建设成就卓绝，举世赞佩；而精神文明建设却少有起色，乏善可陈。精神文明建设的滞后已造成整个中国社会信仰缺失、道德败坏。照此下去，中国的前途就越来越令人担忧，中国民众就离幸福越来越远。

在这种情况下，我们必须下一番择优汰劣的功夫，理直气壮地坚持社会主义核心价值体系，让这种价值体系尽快地成长起来，成熟起来，达到黑格尔所希望的高度："为全体所尊重，通行有效于全体，并且为全体所承认。"[①]与此同时，我们还要理直气壮地批判丛林法则，让这种价值体系衰退萎缩，最终退出历史舞台。只有这样，才能落实科学发展观，把我们自己的事情办好，使社会趋向于和谐。在我们看来，整个历史也无非是人类价值体系的成长过程，这个过程必然要达到让大道或者说社会主义核心价值体系占据支配地位的阶段，社会主义也无非是创造相应的政治经济制度来保证这个成长过程的真正实现。社会主义与其他政治制度的根本区别就在于它服务于一个高级的目标，坚持着社会主义价值体系。

换言之，所谓坚持社会主义制度，也就是坚持社会主义核心价值体系，引导人性走向崇高。如果对人性中的邪恶予以放纵，那就不是社会主义。可这些年来，我们的优势没有发挥出来，却反而被西方国家以人权问题为借口死缠烂打，真所谓"黄钟毁弃兮，瓦釜雷鸣"，这个世界的价值体系的

[①]黑格尔[德]黑格尔．哲学史讲演录[M]．北京：商务印书馆，1981：97．

确是太混乱了，这个奥吉亚斯的牛圈需要有人来清理了。

但在30年改革开放的过程中，我们一直没有做好这件事情。在从西方学到了许多先进的技术的同时，也被迫适应他们那一套弱肉强食的丛林法则。经过这么多年的积累，问题越来越明显，这也是厚积薄发，老鼠拉木锨，大头还在后面呢。在这种情况下，我们不能抱怨别人，还是要从我们自己身上找原因。亡羊补牢，犹未为晚，只有从自己身上总结经验教训，才能成熟起来。我们不能听任西方人继续用他们的那一套"普世价值"来批评我们、演变我们，而是要用我们的价值体系来指点他们，将其修之于全世界，使之成为真正的普世价值，从而保证人类和谐幸福。

评价人生价值的根本标准也就是人们在社会价值体系进化过程中所起的作用是大还是小、是正还是负。一个人的生命是短暂的，但由于他把这有限的生命投入到社会价值体系的进化过程中，便可在人类文明的延续中继续存在下去，此即死而不亡者寿。有些人之所以甘愿呕心沥血，为人类精神大厦添砖加瓦，所追求的正是这种利益。

老子、孔子、佛陀、耶稣等人是这个过程的起点。此后江山代有才人出，各领风骚数百年，都还是要在同一个方向上继续深入，掘井及泉。先辈们并还没有把这件事情做完，把"最后的斗争"留给了我们这一代人，这既是我们的光荣与幸运，也是我们的责任。

四、共产主义运动的最终目标是人的自由全面发展

马克思在《1844年经济学哲学手稿》中有这样一句话，"共产主义是最近将来的必然的形式和有效的原则。但是，共产主义本身并不是人的发展的目标，并不是人的社会的形式"[①]，这段话曾经让我们百思不得其解，只有当意识到"以人为本"并把人的自由全面发展作为核心价值的时候，我们现在才解开了这个谜团。

共产主义作为一种社会制度，并不是终极目标，它只是历史发展的一个环节，是人的自由全面发展的前提和基础，只有人的自由全面发展，才是终极的目标。

[①]马克思恩格斯全集：第3卷[M]．北京：人民出版社，2002：311．

对于整个共产主义运动来说，要实现这个最终目标，必须经过一系列的发展环节，从最初的武装斗争、夺取政权，到改革开放、发展生产力，再到提出以人为本和构建和谐社会的目标，经历了一个漫长的过程。对于处在某个历史阶段的人们来说，就必须以当下所面临的阶段性目标作为核心目标，比如说推翻旧制度，比如说发展生产力。但在追求这些目标的时候，我们还必须明白，这些都还只是阶段性目标，是为了达到终极目标所必须经历的程序，而不是终极目标。《共产党宣言》中说："共产党人为着工人阶级的最近目的和利益而奋斗，但是他们在当前的运动中同时还坚持着运动的未来。"当我们把目标定位在夺取政权和发展生产力以满足人民的物质需要的时候，我们还必须记住人的自由全面发展这个终极目标。如果不是这样，而是把阶段性目标作为最终目标来追求，便会导致社会运行的不协调，就会出现自相矛盾、顾此失彼的情况，所以"两手抓"就总是一软一硬，社会经济发展就和谐不起来。

只有把人的自由全面发展作为核心价值，经济社会发展才能走向和谐。而要确立这个核心价值，不是仅仅发表一个文件就可以解决的，而是要有一个普遍的闻道开悟的过程，让这个目标成为人民群众自觉追求的目标。通过闻道过程，把人类有机地组织起来，这个把大道注入社会生活过程的过程，就像做面条时要把水与面粉和在一起。所以共产主义不是终极的目标，终极目标是人类生活的美化，正确应对内部与外部的各种挑战，保证人类的生存与发展。

政治活动的最终目标是什么？也无非是要把人们组织起来，调动人们的天赋才能，通过分工协作来满足人们的各种需要，正确解决社会集体所面临的各种问题，保证人类文明的继续。所以就要建立起一个价值体系，以约束人性中的邪恶倾向，发掘人性中向善的潜力，这就像修渠引水一样，让人性在合乎理性的渠道里流淌。

然而，能否认识到这个终极目标，则要取决于两个因素，第一个是政治家们自己的价值体系，如果他们自身的发展水平不高，那就认识不到这个终极目标；第二个是历史发展的高度，政治家们往往被眼前最紧迫的任务控制着，条件不具备，终极目标就提不出来。比如说对社会主义历史阶段的主要矛盾的认识，当前能够形成的共识是"人民日益增长的物质文化需要同落后的社会生产之间的矛盾”，这一方面是由于当前社会的现实，生存的自然必然性迫使许多人必须以物质财富的占有为核心价值，另一方面也表明，许多人的核心价值仍然是物质财富的私人占有，即使他们已经很富有，仍然无法在精神上摆脱这种价值体系的控制。

因而政治家就必须有更高的境界，才能目光远大，驾驭社会航船渡过激流险滩。孙思邈曾有这样的名言：“凡大医治病，必当安神定志，无欲无求，先发大慈恻隐之心，誓愿普救含灵之苦；若有疾厄来求者，不得问其贵贱贫富，长幼妍媸，怨亲善友，华夷愚智，普同一等，皆如至亲之想；亦不得瞻前顾后，自虑吉凶，护惜身命；见彼苦恼，若己有之，深心凄怆；勿避险峻，昼夜寒暑，饥渴疲劳，一心赴救。无作功夫形迹之心，如此可为苍生大医。”对治人身体之病的医生尚且有这样的要求，对于治国者岂不更应当提出这样的要求？

社会主义应当为个体提供生活保障，个体在此基础上应当力求实现更充分的发展，发展的尺度应当是以对社会所做贡献的大小来评价，这样便可以在个人与社会之间形成互相支持、互相促进的良性循环。但是，我们观察到，在社会主义制度建立之后，社会与个人的关系有一个双向的不配套。

从个体来说，如果人们不能自觉地为社会整体利益服务，不考虑履行对等的义务，而是仅仅要求社会为个体提供生活保障，提供自由民主条件，就不能形成互相支持的良性循环。人们自己达不到可以享受自由民主的水平，只想硬要自由民主权利，那就是企图拔着自己的头发离开地球。这就是从个体方面的认识上的不到位，在实践上也同样不到位，是一个寄生性的人格，只要社会照顾，不肯为社会贡献，他所要求的利益与实际做的奉献不对等。

从社会来说，则要建设一个激励机制，调动人的积极性，通过引导人性的充分发展来满足人的各种需要。资本主义用一只“看不见的手”来行使这项功能，用生存的自然必然性的强制压力来驱使人们行动起来，它把人锁定在基本物质需要的发展层次上。如果社会主义继续沿用这个机制来组织社会生活过程，也就没有理由要求个体按照社会主义的要求来行动，所谓价值体系的建设就是在沙漠中植树，就是一个软弱无力的“应该”。

这种双向的认识不到位，必然导致实践上的混乱，互相指责，进入恶性循环。要打破这种恶性循环，就需要执政者在价值体系上站在高处，正确运用执政权力，一方面为社会成员提供生活保障，另一方面引导其建立新的价值体系。

五、两种价值体系的冲突是社会主义历史阶段的主要矛盾

从资本主义向共产主义过渡的时期，社会价值体系必须经历一个由资本主义价值体系上升到社会主义核心价值体系的过程。只有完成了这个过程，社会主义才能最终稳定下来，资本主义才能彻底被抛弃。因此，完成这个过程，是共产主义运动的终极目标。

共产主义运动也经历了不同的发展阶段，在这些阶段中有不同的核心目标，或者是夺取政权、巩固政权，或者是发展经济。共产主义运动的核心动力就是新的价值体系，所以，在所有这些阶段都存在着两种价值体系的冲突，但不是主要矛盾，或者说被其他矛盾掩盖着而没有纯粹地表现出来，在经历了这些阶段之后，建设社会主义核心价值体系的目标才能提上日程。

现在回头来看，即使是在过去的那种彼此对立的阶级之间的激烈斗争的下面，也包含着两种价值体系的冲突；在无产阶级政党内部的路线斗争，也是两种价值体系的冲突。现在我们所面临的国际国内的各种矛盾冲突，究其实质，都仍然是价值冲突。坚持认为人性自私的人们不管彼此间有多少矛盾，在面对坚持新的价值体系的时候，不管是来自哪个国度，也不管是什么肤色，立即毫不犹豫地站在一起、坚决反对。

比如，人们为什么反对毛主席，他是伟大的开国领袖，为中国人民的解放事业奉献了一生，为什么还会遭到反对，这不过是因为毛主席代表了人性中向上的倾向。那些渴望堕落的人接受不了向上的倾向，还有一些人并非不知道善恶，只是由于他们在堕落的路上走得太远了，失去了向上进化的可能性，所以就对毛主席所代表的进化方向特别反感，就像总也考不及格的孩子对好学生特别反感一样。他们主张的多元化，其潜台词也无非就是兽性化、堕落化。改革开放以来，某些人唯西方之马首是瞻，把西方的那一套价值体系奉为教条，所反复宣传的观念就是人性都是自私的。这

是因为他们与西方人处于同样的价值水平上，他们自己就没有闻道，却又运用各种工具宣传自己的价值体系，结果就进一步强化资本主义价值体系，阻碍社会价值体系的进化。他们把与私有制相配套的人性发展水平视为永恒不变的人性，与之相应的，他们也就把与这种人性水平相配套的政治制度视为永恒的政治制度。这些年来，这种价值体系在各种宣传媒体上招摇过市，一直没有得到有力的抵制，在这种情况下，要想构建和谐社会，那就非常困难。

对于整个人类来说，也是同样道理。当今世界一片混乱，各种矛盾纠缠在一起，找不到化解的途径。有发达国家与不发达国家之间的矛盾，有国内的阶级矛盾，有民族矛盾，有文化冲突，共产党内有腐败与反腐败的斗争，包括在一个小家庭内也有绵延不断的无休无止的冲突，所有这些冲突，最后都可以归因为价值体系的狭隘片面。只有在人们自觉追求闻道的情况下，才能摆脱片面狭隘状态，各种积重难返的冲突才能逐步化解，就像阳光下的积雪一样逐步消融。这个道理适用于任何人，包括美国人，也不能例外，但与其他人不同的是，美国人在愚蠢、贪婪及扭曲的政治结构的控制下，更加难于正确地思考人类的未来以合理地行动，所以就始终陷在他们自己制造出来的一场又一场的冲突中难于自拔。

由于共产党人提出了建设社会主义核心价值体系的目标，所以，在社会主义历史阶段就出现了一种新的冲突——建设社会主义核心价值体系与坚持落后价值体系的冲突，前者引导人类从矛盾内耗中解放出来，走向自由幸福、和谐稳定的未来，后者则力图把人类继续滞留在内耗丛生的状态之中，走向自我毁灭的深渊。在两种价值体系的冲突中，是站在社会主义核心价值体系的立场上，还是站在丛林法则的立场上，这是每个人都必须面对的选择。

六、对社会价值体系进行变革是很困难的任务

社会发展的路径取决于无数人类个体价值体系的发展水平所形成的合力；由于个体价值体系的方向经常是在人们没有注意到它的时候就已经被社会环境决定了，所以社会发展的路径就这样被处在人们的意识之外的力量决定了，即使人们认识到问题的存在，人们想进行选择，也没有机会了。

西方人习惯于把自己的国家利益隐藏在“天赋人权”的外衣下，连他们自己也没有能力把两者区别开来。那些不遗余力地推销价值观外交的人也并非就是虚伪，他们一面做着符合自身国家利益的事情，一方面又虔诚地相信他们的价值体系，这就是由于其价值体系的超循环的稳定运行而导致的一种“集体无意识”。

美国人能够选择社会主义道路吗？对于通过民主方式上台的领导人来说，他不可能对社会深层的价值体系进行变革。在选举过程中，候选人要迎合民众，民众虽然喜欢变化，但他们的智力水平难于触及深层次的价值体系问题。正由于这个原因，即使有人发现美国走在错误道路上，也只能跟着走，眼睁睁地在这条道路上一直走下去。

在这种情况下，对于共产党人来说，要想改变社会运行轨道，就必须把社会主义核心价值体系灌输到社会运行过程中去，而要做好这件事，首先就要运用武力夺取政权。这不是因为共产党喜欢暴力，而是因为面对着握有专政工具的旧的执政者，必须运用暴力。这些旧的执政者们，具有落后的价值体系而不自知，对于具有先进价值体系的共产党人采取的是“宁可错杀三千，不可放过一个”的政策，在这种情况下，共产党如果用说服的教育的方法、议会投票的方式，就不可能夺取政权。

现在看来，用社会主义价值体系取代私有制价值体系是共产主义运动的终极目标，武装革命不过是在这个运动的起步阶段的两种价值体系冲突的一种特殊表现形式。中国共产党之所以能够建立新中国，并顺利地对社会进行一系列的社会主义改造，则是因为掌握了专政力量，压制了那些反动派对这些革命措施的反对意见，因而就能荡涤旧社会的污泥浊水，对社会进行彻底的大扫除。没有共产党的领导和强大的专政工具的支持，就无法完成社会的巨大变革。能够把暴力掌握在价值体系先进的人手里，这在历史上是很罕见的事情，所以中国的历史进步就很迅速，跨越的步子迈得很大。如果不是通过伟大的人民革命，建立起社会主义政权，中国人就无法清扫自己房间里肮脏丑陋的东西——娼妓、土匪、花柳病、会道门、卖身契、童养媳；就像现在的印度一样，还有种姓制度等很落后的东西，很难清除。从社会价值体系进化的历史进程来看，毛主席等老一辈革命家对历史的贡献非常巨大。

夺取政权之后，共产党人就要采用一种和平的说服教育的方式来进行价值体系的建设了，两种价值体系的冲突就进入了一个新阶段。然而那些坚持丛林价值体系的人并不会乖乖地服从，他们心里很不服气，对社会主义制度很不适应，无产阶级专政的力量可以把社会主义制度强加在他们头上，却不能把社会主义核心价值体系强加在他们头脑里。那些坚持着旧价值体系的人一有机会就要表现自己。包括在共产党内，也存在很多这样的人，他们在价值体系上仍然站在旧世界的基础上。他们只能按照自己的价值体系来行动，这就像人们只能以自己熟悉的语言来思考问题一样，要想不让他们这样做是违背自然规律的。他们之所以主张民主，就在于掩盖其所坚持的低级价值体系。一个人并不因为其处于“民”的位置，其主张就具有天然合理的依据，各种不同的主张，不管其持有者是官还是民，都要以是否符合以人为本、科学发展观和构建和谐社会的标准来判断是非。

那些没有闻道的人也想掌权，他们也感觉到自己的价值体系拿不出手，如果明确地主张“价值体系落后者掌权”，那就很不像话，所以他们就主张“一人一票”，不管价值体系先进还是落后，以票数多少来决定谁当总统。这种所谓“民主”就是辜鸿铭所说的“群氓崇拜”，它将把社会过程牢牢地锁定在低水平的运行轨道上。由于民主派的主张实际上是坚持旧的价值体系，于是就会与那些想要坚持社会主义价值体系的人们发生价值冲突。这种冲突的结果决定着社会的走向。所有的人都对社会生活的走向发挥了作用，有人把社会生活中的一切问题都归因为领导人的失误，这种说法本身就是肤浅的。当然，培养出了这样的人，没有做好人的教育工作，作为领导，共产党应当承担主要责任并总结教训，在价值体系的进化过程中，发挥领导作用，引导历史潮流。要想保持社会进步的趋势，共产党人必须勇于承担历史责任，坚持社会主义政治体制，保证闻道者掌权，也即是具有社会主义核心价值体系的人掌握执政权力。

面对着千百万人的习惯势力，坚持社会主义价值体系的领导人就有很多无奈。政治家们并非是随心所欲地创造历史，而是在既定的前提下行动，这个前提是他无法选择的。现有社会的价值体系，不管是何种水平，不管是财富，还是包袱，他都必须接受下来，然后再找出改进之策。价值体系的调控工作在社会管理中处于最高的层级，如果在这个层级上的工作不到位，其所带来的问题必然是全面的弥漫性的，不可能通过其他层级的工作进行补救；这项工作同时也是一件具有高度艺术性的工作：

首先，他要保证社会生活的正常运转。在这个问题上，要坚持资本主义价值体系就很容易，因为社会生活本来就是这样组织起来的；与之相应的，要坚持社会主义价值体系则很难，一是缺少这样的民众，虽然在长期革命斗争中形成了一支革命队伍，但这些人在私有者的汪洋大海中微不足道，而且这支队伍本身也良莠不齐。二是在私有者的汪洋大海中，社会主义经济制度难于存活，这也就是为什么国有企业成了冰棍、必须进行改革的内在原因。但采用这种价值体系所维持的社会无法可持续地运转下去，要保持社会的正常运转，迟早要进行价值体系的建设。

其次，他必须正视两种价值体系的冲突，并要驾驭这种冲突，使社会主义核心价值体系的超循环稳定地运行起来，显示其优越性，从而保持社会主义事业发展进步的势头。他还必须正确处理价值冲突，不能一味采用专政的方式强制性地推行自己的价值体系，专政的强制力量也是有限的，难于长期地持续下去。也不能采取回避矛盾的方式，这样只能使资本主义价值体系发展起来，形成时代潮流，冲垮社会主义制度。所以就要采用润物细无声的方式，采用潜移默化、循序渐进的方式来推行自己的价值体系。文化需要革命，同时又需要守常。但必须是达到了某个高度，才有了可守的阵地；在没有夺取这个阵地之前，则需要进攻。所以就需要对自己所处的位置与敌我双方的态势有全面的了解，不能自处劣势还自我感觉良好。归根到底，民众的价值体系决定历史发展的大势。人民群众的觉悟需要时间，不能揠苗助长，但又不能消极等待，所以就需要在适应人民群众觉悟水平的同时，积极主动，有所作为，保持价值体系进化的动能。

七、价值体系的建设是当今时代的紧迫问题

众所周知，当今人类面临着许多难题。在当今时代各种尖锐复杂的矛盾中，什么是主要矛盾？有人说是民主与专制的矛盾，有人说是文化冲突，有人说是生存竞争，这些说法都只抓住了表面现象，没有抓住根本。最根本的冲突还是两种价值体系的冲突，是坚持社会主义方向、推进价值体系继续进化、摆脱丛林法则的纠缠，还是坚持资本主义方向、阻碍价值体系

的进化、坚持丛林法则，这两种价值体系的冲突的结果决定了人类的命运，如果坚持社会主义方向的力量战胜了坚持资本主义方向的力量，人类就可以进一步进化，真正地成为人，反之则会堕落退化、返回到人的动物状态。正像中医学理论所说的那样："正胜邪则病退，邪胜正则病进"。

只有自觉地坚持社会主义核心价值体系，才能找到主要矛盾，成为历史进步的推动力。就像地球对人的吸引力一样，由于习以为常，人们并不感觉到它的存在；但当人们想要飞出地球的时候，就会感到被一只无形的大手紧抓不放。价值体系的"超循环"过程也同样对人存在巨大的牵引力，人们也同样习以为常，浑然不觉。即使他们的生活过程充满了困扰甚至是危险、痛苦、陷阱，对未来充满了焦虑，也仍然没有深入到价值体系上查找原因。深入到价值体系的层次查找原因并解决问题，这是马克思主义者的历史使命。

即使是马克思主义者，也必须经历一个循序渐进的由浅入深的过程，在改造旧世界的过程中逐步接触到这个问题，首先要反帝反封建，建立社会主义制度，然后要清除旧制度所留下的经济基础及各种社会痼疾，发展生产力。对我们来说，很多难题已经被我们的前辈们解决了，社会主义制度建立起来了，经过改革开放，生产力也发展起来了，翻两番的目标早就实现了，但是我们并没有像童话的结尾所说的那样"从此过着幸福的生活"，我们仍然面临着很多困扰与危险，甚至更复杂，更难解决；正是这些难题迫使我们注意到价值体系问题，反思自身价值体系的问题，其目标就是为了认识这个控制着我们的命运并与我们作对的神秘力量，把它置于人类理性的自觉控制之下，这是人类漫长进化过程的结果，也是人类进入新的历史发展境界的通行证。

所谓建设社会主义核心价值体系，也就是在价值体系上来一个升级转换。就像电脑软件需要升级一样，人类价值体系也需要升级。当代人类面临着许多极其复杂的问题，环境污染、两极分化、资源短缺、人口爆炸，如此等等，其根源就在于价值体系的缺陷。这些问题使世界变得越来越不稳定、难以预测和充满危险，严重地威胁着人类的命运；无论是东方还是西方，无论是社会主义还是资本主义，都处在这样的阴影之下。由于纠结在一起的问题太多太复杂，孤立的就事论事的解决办法不可能从根本上解决问题，最多也不过是把最后危机到来的时间推迟一些。

为什么会这样，就在于现实的经济运行过程被资本主义价值体系控制住了，它不以人为本，它把资本盈利的目标放在人的生存之上，这种机制决定了它是一种吃人的机制。西方海盗杀了近一亿印第安人，二战期间日本鬼子杀了3000多万中国人，现代资本主义仍然四出挑衅，不断发动战争，它就像中国神话中那只名叫饕餮的怪兽一样，看见什么吃什么，最后把自己的身体也吃了，只剩下一张大嘴。人类要想继续生存下去，就必须摆脱这个机制的控制，建设一个新的价值体系。

许多见识深刻的作家如池田大作、汤因比、贝恰、拉兹洛、弗洛姆，很早就认识到价值体系变革的必要性，美国人戴蒙德在《崩溃——社会如何选择成败兴亡》中也说道："对任何一个社会而言，成败的关键在于知道哪些核心价值观应该继续尊崇，而哪些随着时代的变化应该摒弃，并寻找新的价值观。"[①]包括顽固坚持资本主义价值体系的布热津斯基也认为，"我所论及的问题是棘手的、深深植根于长期历史潮流中的问题，解决这些问题首先需要对基本的政治和社会价值观念作深刻的重新评价。"[②]"必须正视的现实是，如果美国社会占主导地位的价值观念没有大的变化，在这方面就不可能有大的改进……目前突出强调——特别是大众文化主要媒体的大肆渲染——对物质财富的崇拜，提倡消费和鼓吹自我放纵就是幸福生活，从而掩盖了主要的社会难题，并抑制了做出某种终将采取真正有效补救行动的反应。"[③]"美国显然需要花一段时间，在哲学上进行自我批判。在这一时期内必须认真地认识到：以相对主义的享乐至上作为生活的基本指南，是不能构成任何坚实社会支柱的，一个社会没有共同遵守的绝对确定的原则，相反却助长个人的自我满足，那么，这个社会就有解体的危险。"他认为，"只有掀起一次新的历史浪潮，使价值观念和行为方式发生变革，才会把积弊革除。"[④]上述作家都感到，私有制的价值体系在制导着这个世界走向崩溃，必须有一个价值体系的转换才能从根本上解决这些问题，挽救人

[①][美]贾雷德·戴蒙德．崩溃——社会如何选择成败兴亡[M]．上海世纪出版集团，2012：453.

[②][美]布热津斯基．大失控与大混乱[M]．北京：中国社会科学出版社，1995：3.

[③]同上，123.

[④]同上，125、235.

类的命运。

我们中国的老子早在两千多年前就已经发现这个问题，并指出了解决问题的路径，那就是他在《道德经》中所说的：“修之于身，其德乃真；修之于家，其德乃余；修之于乡，其德乃长；修之于国，其德乃丰；修之于天下，其德乃普。”为什么两千多年来，没有人能够做好这件事情呢？这是因为个人与社会之间的有机联系，单个人不可能单独地获得解放，人只有在整个社会价值体系进化的过程中才能实现自身的解放，而这个社会价值体系的进化过程，必须经过好几个历史发展阶段，人类的潜力才能充分表现出来。相对于个人的生命过程来说，则是一个极其漫长的历史过程。老子虽然能够提出把大道修之于天下的任务，却看不到这个任务的实现，所以就只能孤独地骑着大青牛出关了。

认识到价值体系问题的存在并自觉进行价值体系的建设，对于整个人类的生存发展来说，都是至关重要的紧迫问题。对当代中国来说，这个问题则更为紧迫。中国特色社会主义事业的深入发展向我们提出了许多重大问题，其中的核心问题就是摆脱低水平价值体系的控制，建设社会主义核心价值体系，从而把社会稳定在社会主义发展轨道上；在此基础上，才能提高社会管理的科学化水平。做好这件事情，自然也就使我们站在人类精神进化的制高点上，演奏第一小提琴。

马克思曾经说过：“一个时代的迫切问题，有着和任何在内容上有根据的因而也是合理的问题共同的命运：主要的困难不是答案，而是问题。因此，真正的批判要分析的不是答案，而是问题。正如一道代数方程式只要题目出得非常精确周密就能解出来一样，每个问题只要已成为现实的问题，就能得到答案。世界史本身，除了用新问题来回答和解决老问题之外，没有别的方法。因此，每个时代的谜语是容易找到的。这些谜语都是该时代的迫切问题，如果说在答案中个人的意图和见识起着很大作用，因此，需要用老练的眼光才能区别什么属于个人，什么属于时代，那么相反，问题却是公开的、无所顾忌的、支配一切个人的时代之声。问题是时代的格言，是表现时代自己内心状态的最实际的呼声。”[①]

[①]马克思恩格斯全集：第1卷[M]. 北京：人民出版社，1995：203.

社会价值体系的每一个进步，都是灾难把人类逼进死胡同，逼迫人们破釜沉舟去拼一场。价值体系的进化自有其内在逻辑，不到能改变时神仙也改变不了，到了可以改变时，也就是矛盾积累到足可以摧毁原有的价值秩序时，自然而然就出现了历史的大拐点。当今人类就面临着这样的局面，要摆脱自我毁灭的趋势，必须有一个价值体系的转换。在这个问题上，人类没有选择，所能够选择的只能是，“是以我们自愿选择的愉快的方式来解决，还是以不得不接受的不愉快的方式来解决，如战争、种族屠杀、饥荒、传染病和社会崩溃等。”①

八、人类完成价值体系转换的希望寄托在中国共产党人的身上

西方国家也有人意识到要进行价值体系的改造，但遗憾的是，他们不具备条件，虽然生产力水平很高，但由于没有共产党的领导和社会主义制度，所以就摆不脱资本主义价值体系的控制，只能眼睁睁地看着自己的社会走向自我毁灭。

而在我们中国，一向具有注重闻道的优秀传统，不管是道家还是儒家、佛教，都以启发人们开悟闻道为目标，这其实也就是要求人们进行价值体系的转换。但由于不具备闻道开悟的政治条件，所以道儒佛三家都没有做好这件事。现在，实现这个目标的条件终于具备了：

一是有了共产党的领导，这是一个坚持社会主义核心价值体系的政党，有严密的组织动员能力。

二是有了社会主义制度，共产党执政，能够借助国家权力来推动价值体系的建设，把社会主义核心价值体系修之于国，进而修之于全球。

三是生产力发展起来了，在生产力水平低下的历史条件下，人们被基本物质需要控制着，难于接受高层次的人生目标，现在有了生产力的高度发展，接受高层次人生目标也就具有了条件。

同时我们所面临的许多复杂问题也迫使我们行动起来，从价值体系的建设上寻找解决问题的办法。诸如为什么腐败现象越来越多、控制不住；为什么两极分化、违法犯罪现象越来越猖獗？如此等等。我们不能违背了

①[美]贾雷德·戴蒙德. 崩溃——社会如何选择成败兴亡[M]. 上海：上海世纪出版集团，2012：8.

改革开放的初衷，不能返回人压迫人、人剥削人的陈旧模式。正是这种严峻局面，迫使我们深入查找这些问题的根源——社会价值体系的缺陷，正是这些复杂问题使我们站在了历史进步的制高点上，迫使我们做好社会价值体系的引导调控和建设工作，进而釜底抽薪地解决上述问题。

历史只提出自己能够解决的问题。当今人类所面临的各种危机正是推进人类完成价值体系进化的动力；是继续固守资本主义价值体系、走向自我毁灭，还是建设社会主义核心价值体系、走向人类文明的新境界，整个人类都面临着选择。我们相信，生存的需要将迫使人类完成价值体系的进化。正如里夫金等人所说："万事如意之时，谁也不会想去改变他们的生活方式——除非他们疯了。"①历史正有条不紊地走向自己的目标，虽然有很多人还看不明白。

虽然马克思很早就完成了从以物为本到以人为本的转换，但要把这个新的价值体系普及开来，成为全社会的共识，形成新的"超循环"，还需要一个漫长的历史发展过程，经过找到革命力量、夺取政权、发展生产力等一系列发展阶段，才能为人民群众的普遍精神进化创造经济、政治和文化的条件。马克思说过："人类始终只提出自己能够解决的任务，因为只要仔细考察就可以发现，任务本身，只有在解决它的物质条件已经存在或者至少是在生成过程中的时候，才会产生。"②从《共产党宣言》问世到现在已经 160 多年了，现在应当是到了解决这个问题的时候了。美国前国务卿基辛格也曾撰文说："中美关系的恰当标签应是'共同进化'，而不是'伙伴关系'。这意味着两国都注重国内必须做的事情，在可能的领域开展合作，调整关系，减少冲突。任何一方都不完全赞同对方的目标，也不假定利益完全一致，但双方都努力寻找和发展相互补充的利益。为了两国人民，为了全球福祉，美国和中国应该作此尝试。任何一方都很庞大，不可能任由对方支配。因此，在战争或冷战式冲突中，双方都没有能力确保获胜。"③但遗憾的是，作为美国文化中的有识之士，他虽然也知道中美两国需要共

①[美]杰里米·里夫金，特德·霍华德．熵：一种新的世界观[M]．上海：上海译文出版社，1987：57．

②马克思恩格斯选集：第 2 卷[M]．北京：人民出版社，1995：33．

③[美]亨利·基辛格．中美关系的恰当标签应是"共同进化"［DB/OL］．凤凰读书网 http://book.ifeng.com/shuzhai/detail2012_10/14/18242131_0.shtml．

同进化，却不知道进化的方向就是价值体系的进化。

现在，西方资本主义制度百孔千疮，难以为继，只能祈求上帝帮助其解决面临的诸多问题。他们那一套价值体系行将就木的命运已不再是什么秘密了，代之而起的只能是东方文明的伟大智慧。中国共产党科学地总结历史经验，提出了建设社会主义核心价值体系的新任务，开辟了一个新的正确的方向，沿着这个方向，我们必将找到历史之谜的圆满解答。只有经历艰难曲折后得到的真理才能深刻地留在社会集体的记忆里，这些环节都是不可省略的过程，它们都是我们的宝贵财富。相比于那些“困而不学”、在天灾与人祸的恶性循环中找不到出路的民族来说，中华民族在经过这些艰难曲折之后找到了这个新方向，这是一件非常幸运的事情。

只有在始终坚持着“为人民服务”宗旨的共产党的领导下，中华民族才能实现这种在政治文明意识上的觉醒，自觉地把国家权力运用于中华民族集体闻道的目标，造福于中华民族。

九、共产党人在价值体系问题上必须保持清醒

当今人类需要有一个价值体系的进化，新的价值体系已经孕育在社会的母体之中，已经到了脱胎而出的时候了。但要完成这个历史飞跃，需要有一个政党来组织领导，哪个政党具有这种组织领导能力呢？那就只能是中国共产党了。中国共产党的历史使命就是运用国家政权的力量来进行组织动员，开展社会主义核心价值体系的建设，并以这种新的价值体系为“序参量”来重组社会生活，从而使社会生活彻底革命化。只有这样提出问题和认识问题，只有切实搞好社会主义核心价值体系的建设，共产党人才能保持革命性、先进性，代表历史进步的方向，代表人民的根本利益，开创人类的美好未来。在这个问题上，中国共产党人必须保持头脑清醒。两种价值体系的冲突是当今时代的主要矛盾，中国共产党人如果不能自觉坚持社会主义核心价值体系，人类就只能被锁定在自我毁灭的轨道上，失去了希望。

反过来说，如果中国共产党不能履行这一历史使命，抓好价值体系的建设，也就无法保持执政地位。用进废退，这是自然法则。应当由党组织承担的历史责任，如果党组织认识不到，承担不起来，那他就必然会边缘

化，退出历史舞台。我们已经有前车之鉴，从苏联东欧那些共产党的情况来看，这已经是历史事实，而不是假设。从赫鲁晓夫开始，经过勃列日涅夫，最后是戈尔巴乔夫，他们不知道价值体系的建设，葬送了第一个社会主义政权，被永远地钉在历史的耻辱柱上。如何保持共产党人的革命性、先进性，这是共产主义运动所一直没有解决好的关键问题，在这个问题上，一直是听天由命的状态，在革命战争时期，艰苦危险的环境培养了共产党人的革命性、先进性，而在和平建设时期，则难于一代一代地继续保持下去。现在，中国共产党也面临着同样的挑战，如果不能自觉进行价值体系的建设，就不能保持革命性、先进性，就无法从传统文化的泥淖中解脱出来，就无法抵制腐朽价值体系的侵蚀，也就无法承担我们的历史使命，在这种情况下，尽管我们也知道西方敌对势力有一个“先使共产党腐败，再以反腐败之名灭亡之”的计划，仍然没有能力跳出这个圈套。

我们可以观察到这样一个规律，社会道德水平越高，共产党的执政地位就越稳固，反之，社会道德水平越是下滑，距离共产党的价值体系的差距就越大，价值冲突就越尖锐，说服教育工作就越难做，共产党的执政地位就越不稳固。社会生活过程中自发地存在着一种趋向衰败的倾向，这就是低水平价值体系的“超循环”。由于存在这种自发的堕落倾向，所以跑官买官、贪污腐败等社会丑恶现象，都不需要领导者进行提倡，它们可以自发地产生。假如有那么一些人的职位是买来的，就会在这个地方的干部管理上形成一套潜规则；假如在一个地方出现了黑社会，也会在这个地方形成恶性循环。如果听任旧价值体系的“超循环”继续下去，西方人就可以耐心地等到中国社会剧变的那个时刻。这是一个自组织过程，在旧价值体系的“超循环”过程中，共产党的执政地位就会越来越危险，不管把党建工作的重要性强调到何种高度，都仍然无济于事。

与之同时，我们所面临的严峻局面，也迫使我们另辟蹊径，不能继续跟在西方文化的后面邯郸学步。有这样一个极其典型的例证，据报道，16年来，河南省交通厅已有四任厅长相继“落马”：

曾锦城受贿约 30 万元，1997 年 10 月被判处有期徒刑 15 年。

张昆桐受贿 100 余万元，2001 年 3 月，被判处无期徒刑。

石发亮受贿近 2000 万元，2006 年 8 月被判处无期徒刑。

董永安受贿约 3000 万元，2012 年 11 月被判处无期徒刑。

从上述情况中，我们可以观察到贪污数额越来越大这样一个发展趋势。另外我们也了解到，他们并非原本就是贪官，对腐败现象也都保持着警惕，比如说曾锦城在上任时就曾以写血书的方式给河南省委表白：“我以一个党员的名义向组织保证，我绝不收人家的一分钱，绝不做对不起组织的一件事……。”张昆桐一上任便向省委领导表示一定要吸取前任厅长的沉痛教训，并提出口号：“让廉政在全省高速公路上延伸。”石发亮在刚上任时也表示要吸取张的教训，提出的口号是“一个‘廉’字值千金”，并将其细化成“两个原则”：“不义之财分文不取，人情工程一件不干。”

回顾他们的表态，许多人认为他们说了假话、伪善，但我宁可相信他们是真心希望能够保持廉洁的。只是由于在市场经济价值体系的“超循环”不断强化的大环境下，身处敏感的岗位，他们难逃被拉下水的命运。人在江湖，身不由己。从这个角度来看，我们不能仅仅对他们表示痛恨，还应当有一份同情，他们明知交通厅长是一个有危险的岗位，仍然义无反顾地来到这个岗位，违心地收受贿赂，最后把赃款交给纪委、检察院，身败名裂，付出了巨大的代价。一连四任交通厅长如同飞蛾扑火一样，前赴后继地倒在岗位上，我们应当对这一现象高度重视，认真研究。

另外，我们也听说，河南省的高速公路的总长度在全国各省中是最长的，这个成绩肯定与这 16 年来的四任厅长的工作密切相关。我们要想发展生产力，就必须借助于市场经济模式，这是一个不可超越的历史过程。共产党人既然要运用这种模式，那就必须付出一部分共产党人被腐蚀的代价，就需要有这样一批人去飞蛾扑火，这也是共产党人的一种“自我牺牲”精神，在与狼共舞的同时，也就存在着被狼咬掉一块肉的风险。虽然从个体的角度来看，腐败分子并不想自我牺牲，在潜意识中图的就是“位高金多”。但从客观上来看，他们的悲剧性生命过程，就是发展社会生产力所必须付出的代价。老子说，“天地不仁，以万物为刍狗”；我们也可以套用过来说，“经济发展过程不仁，以贪官为刍狗”。

毫无疑问，我们可以与狼共舞，但也要小心提防，不能被狼吃掉。在私有制价值体系的超循环控制着社会运行过程的情况下，我们现在面临的局面很严重，两极分化不断扩大，矛盾日趋尖锐，虽然经济总量上去了，但社会凝聚力却下来了，在这种情况下，我们就难于应对国际敌对势力的挑战。我们如果继续听任温水煮青蛙，让西方那一套价值体系继续侵蚀党的肌体，共产党的执政地位就必然要遇到挑战，社会管理就日益艰难，这种趋势发展下去，就会对党造成致命伤害，甚至亡党亡国。在与狼共舞的同时，我们必须保护自己不受伤害，历史留给我们的时间已经不多了。

要想保护党组织自己，我们就要建设社会主义核心价值体系，提高社会价值体系的高度，这是我们自我保护的唯一途径。打破旧价值体系的“超循环”，建设社会主义核心价值体系的“超循环”，这是关系到共产党的生死存亡的根本问题，我们在这个问题上没有心存侥幸的余地，只有坚持做好这项工作，别无选择。

所以我们必须在这个关系到自身生死存亡的关键问题上保持头脑清醒，必须旗帜鲜明，不能韬光养晦。共产党的执政地位是人类文明延续下去的唯一的希望，任何企图否定共产党执政地位的议论都必将导向人类的自我毁灭。现在不仅有国外敌对势力和他们豢养的代理人主张政治体制改革，还有大量目光短浅、自以为是的人们，以民主自由人权的名义反对共产党的执政地位，认为它是独裁专制，主张政治体制改革，甚至在党内也有人这么主张，他们代表着人类自我毁灭的倾向。

近年来很流行一种关于执政权力的法理依据的说法，其大意是说，谁如果执政，需要经过一个投票。这是一个似是而非的甚至是有害的说法，要避免人类的自我毁灭，就必须坚持“价值体系先进者掌权”，这是政治活动所必须遵循的法则。与“一人一票”的法理依据相比，“价值体系先进者掌权”应当摆在首要位置，所以可以称之为“第一依据”。谁的价值体系先进，就应当由谁掌权，价值体系的先进性就是他应当掌权的依据。为了与“一人一票”所提供的所谓“法理依据”相区别，我们把这个依据称为“价值依据”。

虽然共产党内出现了腐败现象，但我们却不能因此而否定共产党的执政地位，此即所谓“投鼠忌器”。任何企图取代共产党的执政地位的人，有谁具有比那些真正的共产党人更高的道德水平？有那么一些人，他们拿着党内腐败现象说事，其目的也不过是为了自己也上台腐败一把，这是其低水平价值体系的必然结果。共产党处在价值体系进化的前列，要想解决共产党内的腐败现象，只有依靠共产党自己，因为只有共产党才有那种抵制腐败现象的价值体系。现在党中央对腐败现象保持严厉打击的高压态势，既打老虎，又拍苍蝇，同时又大力倡导和培育社会主义核心价值观，营造风清气正的社会环境，使领导干部“不想腐”、“不能腐”、“不敢腐”。我们不仅找到了根治腐败的办法，那就是建设社会主义核心价值体系，实现一个价值体系的升级转换，同时又具备了建设社会主义核心价值体系的历史机遇，具有了把大道与社会经济过程结合起来的有利条件，只要我们认真地抓好落实，自然就可以从腐败现象的纠缠中脱颖而出，实现“干部清正、政府清廉、政治清明”的目标。

十、闻道勤行，自觉建设社会主义核心价值体系

社会主义核心价值体系的建设是一项异常复杂艰难的工作，要想通过建设新的价值体系来解决当下的紧迫问题，肯定是远水救不了近火。但我们绝不能因此就轻视价值体系的建设，只有在不断推进社会价值体系进化的过程中，社会主义各项事业才能逐步走上正轨，如果没有新价值体系的成长，社会生活就不会有质的改变，由于价值体系的缺陷所造成的问题只能是越来越多，越来越难于应付，最终将推动社会生活过程走向崩溃。为了保障人类文明的延续，我们在应付现实具体问题的同时，还必须落实十八大报告的要求：“深入开展社会主义核心价值体系学习教育，用社会主义核心价值体系引领社会思潮、凝聚社会共识。”把它融入国民教育、精神文明建设和党的建设全过程，贯穿改革开放和社会主义现代化建设各领域。

怎样才能达到上述目标呢？归根到底还是要按老子所提出的那个思路：“修之于身，其德乃真；修之于家，其德乃余；修之于乡，其德乃长；修之于邦，其德乃丰；修之于天下，其德乃普。”归根到底还是要沿着儒家所说的“修身齐家治国平天下”去做，全社会每一个人都要这样做，谁也不能置身事外。不管是当领导的，还是普通百姓，都应当从修之于身做起，自觉地完成价值体系的转换。所谓建设社会主义核心价值体系，也就是要求每个人的价值体系都成长起来，达到社会主义核心价值体系的高度。内在的价值体系的高度是决定性的，“修之于身，其德乃真”。对于社会集体来说，也是同样，只有把社会主义核心价值体系建设起来，形成稳定的“超

循环”并占据主导地位之后，社会主义制度才能不断发展完善，最终稳定下来。

建设社会主义核心价值体系所要达到的目标，其实也就是中国传统文化中所一向追求的开悟闻道。所有的人，不管他们在性别、年龄、学历、地位、才能等方面有多大的差别，他们都珍惜自己仅有一次的生命，都力图为自己寻找到并坚守那种最好的价值体系，这是每一个人的本能。但我们也看到，有相当数量的人缺少对价值体系问题的自觉，被那些在无意识状态下接受过来的价值体系控制住了，虽然非常在意自己的民主自由与人权，却没有能力认识自己的真正的利益之所在，也不能客观准确地认识外部环境，所以就不能合理地行动，就会搬起石头砸自己的脚。要想摆脱这种悲剧命运，就必须有一个价值体系的提升过程。这也就是以往的所有的宗教家道德家们所说的闻道、开悟。

从以往的圣贤们的实践中，我们认识到，个体虽然受制于社会环境，但也有可能超越时代的限制。他们有一个共识，那就是相信人性本善，它是潜藏于人类本性中的深层次需要，只要把它发掘出来，人们就可以放下屠刀，立地成佛，成为一个新人。我们于是就可以避免片面性，既不要以基本需要反对高级需要，也不要以高级需要妨碍基本需要；既要坚持发展生产力，又要坚持社会主义理想；随着这种新人的不断增加，我们的社会主义事业也就可以克服左右摇摆的幼稚病，既不右，也不左，中道而行。社会整体的开悟产生于个体的开悟，这是一个由量变到质变的发展过程。所以，中国古人就说：“自天子以至于庶人，壹是皆以修身为本”。

不管时代潮流如何堕落，人都可以借助于对高尚神圣目标的追求而卓然自立于流俗之上，在推进社会价值体系的进化过程中，使生命获得最大的价值。命运使我们具有了人的躯体与智力，这是大自然施予我们的巨大恩惠，所以我们就应当高度珍惜，善加运用，给其安装上最高级的价值体系，使自身的潜力得到最大的发挥。如果人们具有了人的躯体与智力，却不具有人的价值体系，把这个躯体与智力用于动物的价值体系，那就是暴殄天物。所以我们都应当重视自己，改变在价值体系问题上的自卑盲从或者是狂妄自负，为自己找到最重要的核心价值，从而使自己仅有一次的生命得到充分发展，实现最大的价值。在由这种闻道勤行的人组成的社会集体中，自然就可以形成一种健康向上的物质文明、政治文明和精神文明。

闻道是很神秘的事情，闻道者很难把他对大道的认识传达给没有闻道的人。《庄子·天运》已经发现了这个问题："使道而可献，则人莫不献之君；使道而可进，则人莫不进之于其亲；使道而可以告人，则人莫不告其兄弟；使道而可以与人，则人莫不与其子孙。然而不可者，无他也，中无主而不止，外无正而不行。"其意思是说，如果能把大道献给君王的话，没有人会不把它献给君王；如果能把大道奉给父母的话，没有人会不把它奉给父母；如果能把大道告诉别人的话，没有人会不把它告诉自己的兄弟；如果能把大道送给别人的话，没有人会不把它送给子孙。可人们为什么不这么做呢？这是因为，如果他人心中没有接受大道的"主"，也就是说，如果其价值体系尚未成长到可以接受大道的程度，就算是把大道告诉他，也仍然无法停留在他心上；就算是他能够在思想上理解大道，也仍然由于缺少适宜的外部环境而无法把大道贯彻到行动上。

现在看来，闻道之难的原因就在于，生活在特定社会环境中的人们，被这个社会的价值体系"超循环"戴上一副价值体系"眼镜"，他必须借助于这副"眼镜"才能看清现实，而这副眼镜同时又是有局限的，一个只知个人物质利益的"下士"，其价值体系的狭隘使其目光短浅，无法看到社会集体的利益，更无法理解那种为集体利益而甘于奉献的情怀；这种低水平的价值体系必然会限制他对客观世界的认知水平，锁定了他的奋斗目标，其审美趣味也必然是低下的，就算是有人告诉他真实的客观情况、高级的目标和优雅的趣味，也会被他的"眼镜"所屏蔽，就像我们的眼睛看不见红外线和紫外线一样。闻道之难就在于人们难于摘掉这副"眼镜"。

虽然闻道很难，但仍然有很多中国人不肯放弃对大道的追求，执着地在黑暗中摸索，并把所摸索到的答案传达给自己的同胞。由于各自的体验不同，所以便有顿悟与渐悟的争论。如朱熹与陆九渊的争论，惠能与神秀的争论，其分歧并不是什么主观唯心主义与客观唯心主义的区别，而是通过什么途径达到圣贤的境界，是通过阅读圣人经典和刻苦修行，还是发现并坚持自己的良知，是渐悟还是顿悟。其实这两者不可偏废，对大道必须有执着的追求，需要有一个长期积累的过程，只要功夫到了，自然就会由量变到质变，明心见性，豁然开朗。因为大道本来就潜藏在我们身上。它就是王阳明所说的“良知”，“这良知人人皆有……众人自孩提之童，莫不完具此知”，只是由于环境、习性等因素障蔽了它，所以就需要通过自己的体悟磨练来认识它，“本体功夫一悟尽透”，“世之君子惟务致其良知，则自能公是非同好恶，视人犹己，视国犹家，而以天地万物为一体”。[①]佛教也有“一切众生皆有佛性”之说，佛与普通人的差别只在“悟”与“不悟”之间，一旦洞见自性与佛性并无两样，便可“明心见性”，立地成佛。有志于建设社会主义核心价值体系的人，就必须追求“开悟”这个目标，把社会主义核心价值体系“修之于身”，此即所谓“君子务本，本立而道生”。特别是当领导的，必须率先闻道、开悟，然后才有可能通过自己的一言一行，潜移默化地影响其他人，传播先进的价值体系。口能言，且又身能行，此即所谓“国宝”也。

中国人进行了两千多年的探索，现在，我们共产党人以博大的胸怀吸纳继承了东西方人类文明的优秀成果，提出了建设社会主义核心价值体系的目标，于是我们便可澄清古人在闻道问题上所留下的神秘主义迷雾，使神秘的难以捉摸的闻道具有了具体内容，成为一种大家都可以理解的目标。这样一来我们便可闻道勤行，与社会主义核心价值体系融为一体，自然也就能卓然自立于流俗之上，保持革命理想，保持蓬勃朝气、昂扬锐气和浩然正气，用言传身教来传播这种价值体系。通过闻道勤行，我们也就可以把共产主义运动与个人的闻道过程有机结合起来，中华优秀传统文化便可在共产党人的奋斗中返本开新，重新焕发活力。随着这样做的人越来越多，便可由量变来推动社会的质变，形成稳定的“超循环”，把社会稳定在和谐社会的运行轨道上，我们便可实现中华民族的伟大复兴，并进而引领时代潮流，促进世界和谐，保障人类在地球上的繁衍生息。

[①][明]王阳明．传习录[M]．广州：广州出版社，2001：203、256、175.

参考文献

[1][魏]王弼.老子道德经[M]；[清]魏源.老子本义[M].上海：上海书店，1992.

[2]四书白话注解[M].长春：长春古籍书店，1982.

[3]马克思恩格斯选集[M]．北京：人民出版社，1995.

[4]马克思恩格斯全集[M]．第3卷．北京：人民出版社，2002.

[5]马克思．资本论[M]．北京：人民出版社，2004.

[6]列宁选集[M]．北京：人民出版社，1995.

[7]毛泽东文集[M]．北京：人民出版社，1999.

[8]邓小平文选[M]．第三卷．北京：人民出版社，1993.

[9][法]卢梭．社会契约论[M]．北京：商务印书馆．1994.

[10][德]黑格尔．哲学史讲演录[M]．北京：商务印书馆，1981.

[11][德]尼采．论道德的谱系[M]．北京：三联书店，1992.

[12][德]恩斯特•卡西尔．人论[M]．上海译文出版社，1985.

[13][美]坎农．躯体的智慧[M]．北京：商务印书馆，1985.

[14][日]池田大作，[意]奥锐里欧•贝恰．二十一世纪的警钟[M]．北京：中国国际广播出版社，1988.

[15][美]库利．人类本性和社会秩序[M]．北京：华夏出版社，1989.

[16][美]拉兹洛．进化——广义综合理论[M]．北京：社会科学文献出版社，1988.

[17][美]布热津斯基．大失控与大混乱[M]．北京：中国社会科学出版社，1995.

[18][法]莫里斯•迪维尔热.政治社会学[M].北京：华夏出版社，1987.